普通高等院校计算机基础教育“十四五”规划教材

MySQL 数据库技术实训教程

朱扬清　霍颖瑜◎主　编
曹新林　钟　勇◎副主编

内容简介

本书在编写时兼顾“数据库系统原理”课程的理论教学需要与实际项目开发需要，贴近全国计算机等级考试二级 MySQL 数据库设计内容。

全书包含实训、习题两篇。第一篇共有 16 个实训，包含 MySQL 安装与配置、MySQL 数据库基础操作、数据定义、数据库完整性、数据更新、数据查询、创建索引、视图的操作、存储过程与存储函数、触发器、事件、数据库安全性、数据库备份与恢复、使用 MySQL Workbench 操作数据库、嵌入式 SQL 编程、基于 Java 的数据库应用系统设计与开发，有助于培养学生的自主学习能力。第二篇习题分 11 章，以选择题、填空题、判断题的形式高度总结数据库系统原理课程的各章知识点，便于学生进行基本知识的学习。书后附有 MySQL 常用命令、MySQL 常用函数及操作符、API-C、MySQL 编程简介。

本书内容通俗易懂、案例丰富、实用性强，适合作为高等院校计算机科学与技术、软件工程、网络工程、物联网、大数据、信息管理等专业的数据库系统课程的实验指导书，也适合作为参加全国计算机等级考试——二级 MySQL 数据库的考试用书，以及 MySQL 数据库爱好者的自学教材。

图书在版编目（CIP）数据

MySQL 数据库技术实训教程/朱扬清，霍颖瑜主编. —北京：中国铁道出版社有限公司，2021.8（2024.1重印）
普通高等院校计算机基础教育“十四五”规划教材
ISBN 978-7-113-27680-5

Ⅰ.①M… Ⅱ.①朱… ②霍… Ⅲ.①SQL 语言-关系数据库系统-高等学校-教材 Ⅳ.①TP311.138

中国版本图书馆 CIP 数据核字(2021)第 039317 号

书　　名：MySQL 数据库技术实训教程
作　　者：朱扬清　霍颖瑜

策　　划：刘丽丽　　　　编辑部电话：（010）51873202
责任编辑：刘丽丽　包　宁
封面设计：付　巍
封面制作：刘　颖
责任校对：孙　玫
责任印制：樊启鹏

出版发行：中国铁道出版社有限公司（100054，北京市西城区右安门西街 8 号）
网　　址：http://www.tdpress.com/51eds/
印　　刷：三河市兴达印务有限公司
版　　次：2021 年 8 月第 1 版　2024 年 1 月第 2 次印刷
开　　本：787 mm × 1 092 mm　1/16　印张：18.25　字数：456 千
书　　号：ISBN 978-7-113-27680-5
定　　价：48.00 元

前　言

现代计算机信息技术与网络的飞速发展，加快了数据库技术的广泛应用，从小型单项事务处理系统到大型信息系统，从联机事务处理到联机分析处理，从一般企业管理到计算机辅助设计、计算机集成制造系统、电子政务、电子商务、地理信息系统等，越来越多的领域采用数据库技术来存储和处理信息资源。特别是随着互联网和物联网的发展，广大用户可以直接访问和使用数据库，例如网上购物、网上银行、城市交通查询、智能导航、智慧环境、智慧城市、智慧教育等，数据库已经成为每个人生活中不可缺少的部分。“数据库系统原理”是我国高等院校物联网工程、计算机科学与技术、网络工程、软件工程等专业必修的专业基础课，是兼有理论和实践的综合性课程。通过“数据库系统原理”课程的学习，学生可掌握数据库的基本概念、数据库设计理论及设计方法，提高运用数据库技术解决本专业和相关领域实际问题的能力。

要想学好数据库系统原理及应用技术，必须加强学生动手能力培养。通过实训（实验）教学提升学生设计数据库的能力和开发数据库应用系统的能力，为学生开发实际数据库项目打下基础。

本实训教程由长期从事“数据库系统原理”课程教学的高校教师和企业数据库开发人员编写。既充分考虑支持“数据库系统原理”课程理论教学的需要，也考虑实际项目开发需要的数据库技术，并兼顾全国计算机等级考试——二级 MySQL 数据库设计内容。

本书包括实训和习题两篇及附录内容。

第一篇共有 16 个实训内容，分别为 MySQL 安装与配置、MySQL 数据库基础操作、数据定义、数据库完整性、数据更新、数据查询、创建索引、视图的操作、存储过程与存储函数、触发器、事件、数据库安全性、数据库备份与恢复、使用 MySQL Workbench 操作数据库、嵌入式 SQL 编程、基于 Java 的数据库应用系统设计与开发。每个实训在讲解基本理论、基本示例的基础上，安排有学生独立完成的实训（实验）内容，能够有效培养学生的自主学习能力。

第二篇有 11 章习题内容，分别为数据库基础、关系数据库、关系数据库语言 SQL、数据库安全性、数据库完整性、关系数据理论、数据库设计、数据库编程、关系查询处理和查询优化、数据库恢复技术、并发控制。以选择题、填空题、判断题的形式高度总结了数据库系统原理课程各章内容，方便学生进行基本知识的复习。

附录部分包括 MySQL 常用命令、MySQL 常用函数及操作符、API-C、MySQL 编程简介。为读者查阅 MySQL 命令、常用函数、C 语言嵌入式编程有关命令提供了便捷。

本书由朱扬清、霍颖瑜任主编，曹新林、钟勇任副主编，全书由朱扬清、霍颖瑜审稿和定稿。实训 1 至实训 13 以及习题部分由朱扬清编写，实训 14 由钟勇编写，实训 15 由曹新林编写，实训 16 以及附录由霍颖瑜编写。朱扬清、霍颖瑜、钟勇是长期从事数据库技术教学与研究的老师，曹新林是企业数据库开发技术人员。陈美莲、黄仁根、何国健、吴建洪四位老师参与了本书资料整理、部分章节的编写工作。

本书得到了 2018 年度广东省高等教育教学改革项目——基于创新能力培养的教学方式方法改革研究与实践、2020 年全国高等院校计算机基础教育研究会计算机基础教育教学研究项目——“产教协同育人研究的课程与实训课程的开发与实践研究”（编号：2020-AFCEC-016）以及佛山科学技术学院教材出版项目的支持。

中国铁道出版社有限公司对于本书的出版给予了大力支持。

对以上参与本书编写及整理资料的老师、各级支持项目以及中国铁道出版社有限公司表示诚挚的感谢。

由于编者水平有限，不足之处在所难免，敬请广大读者批评指正，以便我们修订改正。

编　者

2021 年 3 月

目　录

第一篇　实　训

第二篇　习　题

附　　录

第一篇

实　训

实训1 MySQL 安装与配置 «

实训目的

了解数据库的基本知识，了解 MySQL 数据库管理系统的特点、存储引擎、操作环境，学会安装和配置 MySQL 数据库以及安装 Workbench。

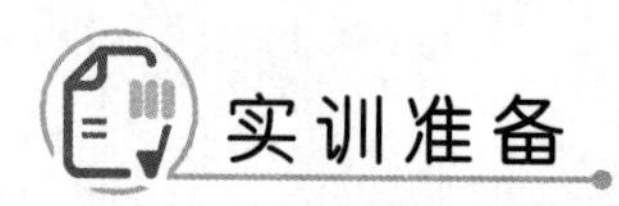

实训准备

了解 MySQL 数据库管理系统各个版本的差异，到 MySQL 网站阅读相关技术文档。

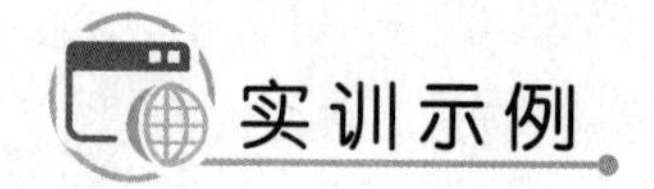

实训示例

1.1 基础知识

1.1.1 数据库的四个基本概念

1．数据

数据（Data）是用来描述事物的符号记录，是信息具体的表现形式。数据有多种表现形式，如数字、字母、汉字、特殊字符等，也可以是图形、图像、动画、影像、声音等多媒体数据，还可以是档案记录、商品销售记录、地理空间数据等。

2．数据库

数据库（DataBase，DB）是长期存储在计算机内的、有组织的、可共享的数据集合。例如，把客户的档案记录、商品库存等数据有序地组织并存放在计算机内，构造客户订单数据库，能够为企业的经营活动提供高效、准确的业务数据支持。

3．数据库管理系统

数据库管理系统（DataBase Management System，DBMS）是位于操作系统与用户之间的一层数据管理软件，是数据库系统的核心。数据库管理系统按照一定的数据模型科学地组织和存储数据，能够高效地获取数据，提供安全性和完整性等机制，有效地管理和维护数据。DBMS

的主要功能包括数据定义、数据操纵、数据库建立和维护、数据库运行管理等。

4. 数据库系统

数据库系统（DataBase System，DBS）是指引入数据库技术的计算机系统。一个完整的数据库系统包括数据库、相关计算机硬件、数据库管理系统及其开发工具、数据库管理员和用户等。

1.1.2 数据模型

数据模型（Data Model）是对现实世界数据特征的抽象。数据库中的数据就用数据模型进行表示。根据模型应用的不同目的，数据模型可以分为概念模型、逻辑模型和物理模型。

1. 概念模型

概念模型（Conceptual Model）用来描述现实世界的事物，与具体的计算机系统无关。在设计数据库时，用概念模型来描述现实世界的各种事物及其联系。下面先介绍一些概念模型中的基本概念。

（1）实体

客观存在并相互区别的事物称为实体（Entity）。实体可以是具体的人、事、物，也可以是抽象的概念，如商品、学生、职工、部门等都可以作为实体。

（2）属性

实体具有的某种特性称为实体的属性（Attribute）。一个实体可以由多个属性描述。例如，教工实体可以由教工号、姓名、性别、所在院系、联系电话、身份证号等属性组成。

（3）码

唯一标识实体的属性集称为码（Key）。例如，学号是学生实体的码。

（4）实体型

用实体名及其属性名集合来抽象和刻画同类实体，称为实体型（Entity Type）。例如，教工（教工号，姓名，性别，出生日期，所在院系，联系电话，身份证号）就是一个实体型。

（5）实体集

同一类型实体的集合称为实体集（Entity Set）。例如，全体学生就是一个实体集，全体教工也是一个实体集。

（6）联系

在现实世界中，事物内部的特性及各事物之间是有关系的。这些关系称为实体内部的联系以及实体之间的联系（Relationship）。实体内部的联系通常是指组成实体的各属性之间的联系，例如，知道了教工的身份证号就一定知道与之对应的姓名，即身份证号和姓名这两个属性之间有联系。实体之间的联系通常是指不同实体集之间的联系，例如，一个班有多名学生，一个学生只属于一个班级，学生与班级这两个实体之间有联系。两个实体集之间的联系有一对一、一对多和多对多等多种类型。

实体集 A 中的一个实体最多与实体集 B 中一个实体相关联，反之亦然，则称实体集 A 与实体集 B 具有一对一联系（简写为 1:1）。例如，一个班级只有一个班长，一个班长只能在一个班任职。

实体集 A 中的一个实体与实体集 B 中的多个实体相关联，但实体集 B 中的一个实体最多与实体集 A 中一个实体相关联，则称实体集 A 与实体集 B 具有一对多联系（简写为 1:n）。例如，班级与学生之间是一对多联系，即每个班级包含多个学生，但是每个学生只能属于一个班级。

实体集 A 中的一个实体与实体集 B 中的多个实体相关联，而实体集 B 中的一个实体也可以与实体集 A 中的多个实体相关联，则称实体集 A 与实体集 B 具有多对多联系（简写为 $m:n$）。例如，学生与课程两个实体集之间具有多对多的联系，一个学生可以选修多门课程，一门课程也可以被多个学生选修。

（7）概念模型表示的方法

概念模型表示的方法很多，其中最常用的是实体-联系方法（Entity-Relation Approach），简称 E-R 方法，又称 E-R 模型或 E-R 图。即用图的形式来描述实体、实体的属性、实体之间的联系。表示实体、属性、联系的图形分别是矩形、椭圆、菱形。在 E-R 图中，在矩形内写明实体的名称；在椭圆内写明实体的属性，并用无向边将椭圆与相关的实体连接起来；在菱形框内写明联系的名称，用无向边分别与有关的实体连接起来，并在无向边上标上联系的类型（如 1:1、1:n、m:n）。图 1-1 所示为学生选课数据库的 E-R 模型图。

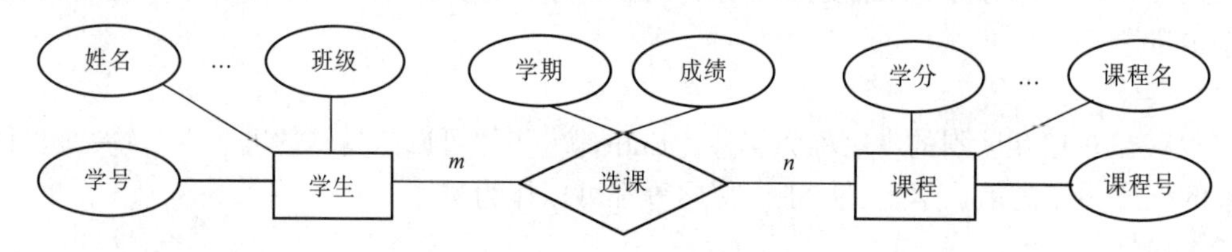

图 1-1　学生选课 E-R 模型

2．逻辑模型

逻辑模型（Logical Model）是具体的 DBMS 所支持的数据模型。任何 DBMS 都是基于某种逻辑模型。主要的逻辑模型有层次模型（Hierarchical Model）、网状模型（Network Model）、关系模型（Relational Model）、面向对象模型（Object-Oriented Model）、对象关系模型（Object Relation Model）、半结构化模型（Semistructure Model）等。本书主要讲解关系模型的概念、技术与方法，对其他逻辑模型的具体内涵不做介绍，感兴趣的读者请参考其他书籍。

3．物理模型

物理模型用于描述数据在存储介质上的组织结构。每一种逻辑数据模型在实现时都有与其对应的物理数据模型。物理数据模型不仅由 DBMS 的设计决定，而且与操作系统、计算机硬件密切相关。物理数据结构一般都向用户屏蔽，用户不必了解其细节。

1.1.3　关系模型

关系模型是用二维表结构来表示实体及实体间联系的模型，并以二维表格的形式组织数据库中的数据。目前，大多数 DBMS 都支持关系模型，如 Oracle、MySQL、SQL Server 等。

关系数据库是目前应用最广泛的数据库，以关系模型作为逻辑数据模型，采用关系作为数据的组织方式。

1．基本概念

关系的数据结构就是二维表。不论实体，还是实体之间的联系，都用关系表示。从用户角度看，关系数据库以二维表格的形式组织数据，例如表 1-1 为一张学生信息登记表。

表 1-1 学生基本信息

学 号	姓 名	性 别	出生日期	籍 贯	民 族	班 号	身份证号	手机号
20180520101	张志华	女	2000-3-5	上海	汉族	CS0101	***1	1391234568*
20180520103	李坤	男	1999-12-3	深圳	汉族	CS0101	***2	1391678985*
20180520201	陈绍果	男	2000-2-6	昆明	白族	CS0102	***3	1501581422*
…	…	…	…	…	…	…	…	…

下面以表 1-1 为例，介绍几个关系模型的概念。

（1）表

表（Table）又称关系，由表名、若干列及若干行数据组成。在数据库中，每个表有唯一的名称，表中每一行数据描述一个学生的基本信息。表的结构称为关系模式，例如表 1-1 的关系模式可以表达为：

学生基本信息（学号，姓名，性别，出生日期，籍贯，民族，班号，身份证号，手机号）

在以上关系中，表名及列名用汉字表示，在实际建立数据表时，为了访问数据表及各列数据的方便，一般采用汉语拼音或英文单词的形式表示，如“学生信息表”用 student_tb 表示，“学号”用 studentNo 表示等。

（2）列

表中的列（Field）又称字段或属性。每一列都有一个名称，称为字段名、属性名或列名。每一列表示实体的一个属性，具有相同的数据类型。在表中，字段名必须唯一。

（3）行

表中的行（Row）又称元组（Tuple）或记录（Record）。表中的一行即为一个元组，代表一个实体。每行由若干字段值组成，每个字段值描述该实体的一个属性或特征。

（4）关键字

关键字（Key）是表中能够唯一确定一个元组的属性或属性组。关键字又称码或主键。例如表 1-1 中的字段“学号”就是关键字，因为学号可以确定班级中学生的唯一性，通过学号可以找到一个学生的各项基本信息。有些表，需要几个属性（即属性集合或者属性组）才能确定记录（元组）的唯一性。例如，表 1-2 所示选课成绩表，通过一个属性（如学号或者课程号）都不能确定记录的唯一性，但是将学号和课程号组合起来就能够确定记录的唯一性，这里的关键字就是用两个字段的组合（学号，课程号）来表示。

表 1-2 选课成绩表

学 号	课 程 号	开 课 学 期	成 绩
20180520101	1	2019-2020-1	89
20180520101	2	2019-2020-1	90
20180520201	3	2018-2019-1	53
…	…	…	…

（5）候选键

如果一个表中具有多个能够唯一标识一个元组的属性，则这些属性称为候选键。例如表 1-1 中的学号、身份证号都是候选键。建立数据表时，选择一个候选键作为主键。

（6）外部关键字

外部关键字（Foreign Key）又称外键。如果表的某个字段不是本表的主键或候选键，而是另外一个表的主键或候选键，则该字段称为外键。例如表 1-2 中的学号在选课成绩表中不是主键（学号不能确定该表元组的唯一性，第一条记录和第 2 条记录的学号是一样的），但学号是表 1-1 学生基本信息表的主键，因此，学号是选课成绩表的外键。

（7）域

域（Domain）表示属性的取值范围。例如表 1-1 学生基本信息表中的“性别”字段的取值范围是“男”或“女”，表 1-2 中的“成绩”字段取值范围是 0～100 等。

（8）数据类型

表中的每个字段表示同一类信息，具有相同的数据类型。例如表 1-1 中的“姓名”字段的数据类型要定义为字符类型。

2. 关系（表）的基本性质

① 关系必须满足最基本要求：每一列必须是不可再分的数据项。

② 表中的任意两个元组不能完全相同。

③ 每一列的数据类型必须相同，且列的值来自相同的域。

④ 不同列的值可以出自同一个域，但列名不能相同。

⑤ 表中列的顺序可以任意交换，行的顺序也可以任意交换。

1.2 MySQL 的安装与配置

学习数据库应用技术，首先要选择一个数据库管理系统。目前，主流的数据库管理系统有 Oracle、SQL Server、MySQL、DB2、Visual FoxPro、Access 等。

MySQL 是一个关系型数据库管理系统，由瑞典 MySQL AB 公司开发，目前属于 Oracle 旗下产品。MySQL 是最流行的关系型数据库管理系统之一，MySQL 所使用的 SQL 是用于访问数据库的最常用标准化语言。MySQL 软件采用了双授权政策，分为社区版和商业版，由于其体积小、速度快、总体拥有成本低，尤其是开放源码这一特点，一般中小型网站的开发都选择 MySQL 作为网站数据库。因此，本书采用 MySQL 数据库管理系统进行学习。

1.2.1 MySQL 的系统特性

① MySQL 系统使用 C 和 C++编写，并使用了多种编译器进行测试，保证了源代码的可移植性。

② 支持 Linux、Mac OS、Novell Netware、OpenBSD、OS/2 Wrap、Solaris、Windows 等多种操作系统。

③ 为多种编程语言提供了 API。这些编程语言包括 C、C++、Python、Java、Perl、PHP、Eiffel、Ruby、.NET 等。

④ 支持多线程，充分利用 CPU 资源。

⑤ 优化的 SQL 查询算法，有效提高了查询速度。

⑥ 既能够作为一个单独的应用程序运行，也能够作为一个库而嵌入到其他软件中。

⑦ 提供多语言支持，常见的编码（如中文的 GB 2312、BIG5 等）都可以用作数据表名

和数据列名。

⑧ 提供 TCP/IP、ODBC 和 JDBC 等多种数据库连接途径。

⑨ 提供用于管理、检查、优化数据库操作的管理工具。

⑩ 支持大型的数据库。可以处理拥有上千万条记录的大型数据库。

⑪ 支持多种存储引擎。

随着 MySQL 数据库版本的递增，会不断有新的系统特性增加进来。

1.2.2 MySQL 的存储引擎

MySQL 中的数据用各种不同的技术存储在文件（或者内存）中。每一种技术都使用不同的存储机制、索引技术、锁定水平并且最终提供广泛的不同的功能和能力。通过选择不同的技术，能够获得额外的速度或者功能，从而改善数据库应用系统的整体功能。这些不同的技术以及配套的相关功能在 MySQL 中被称作存储引擎（又称表类型）。MySQL 默认配置了许多不同的存储引擎，可以预先设置或者在 MySQL 服务器中启用。可以选择适用于服务器、数据库和表格的存储引擎，以便在选择如何存储信息、如何检索信息以及需要数据结合什么性能和功能的时候提供最大的灵活性。MySQL 提供了多种存储引擎，以便在不同情况下选择。MySQL 存储引擎分类如下。

① MyISAM：拥有较高的插入、查询速度，但不支持事务。

② InnoDB：5.5 版本后 MySQL 的默认数据库、事务型数据库的首选引擎，支持 ACID 事务，支持行级锁定。

③ BDB：源自 Berkeley DB，事务型数据库的另一种选择，支持 COMMIT 和 ROLLBACK 等其他事务特性。

④ Memory：所有数据置于内存的存储引擎，拥有极高的插入、更新和查询效率。但是会占用和数据量成正比的内存空间，并且其内容会在 MySQL 重新启动时丢失。

⑤ Merge：将一定数量的 MyISAM 表联合而成一个整体，在超大规模数据存储时很有用。

⑥ Archive：非常适合存储大量的独立的，作为历史记录的数据。因为它们不经常被读取。Archive 拥有高效的插入速度，但其对查询的支持相对较差。

⑦ Federated：将不同的 MySQL 服务器联合起来，逻辑上组成一个完整的数据库。非常适合分布式应用。

⑧ Cluster/NDB：高冗余的存储引擎，用多台数据机器联合提供服务以提高整体性能和安全性。适合数据量大、安全和性能要求高的应用。

⑨ CSV：逻辑上由逗号分割数据的存储引擎。它会在数据库子目录中为每个数据表创建一个.CSV 文件。这是一种普通文本文件，每个数据行占用一个文本行。CSV 存储引擎不支持索引。

⑩ BlackHole：黑洞引擎，写入的任何数据都会消失，一般用于记录 binlog 做复制的中继。

另外，MySQL 的存储引擎接口定义良好。有兴趣的开发者通过阅读文档可以编写自己的存储引擎。

1.2.3 MySQL 的安装

1. 下载 MySQL 软件

MySQL 是开源软件，任何人可以从网站上下载，不需要支付费用。用户根据自己使用的操作系统类型，从 https://dev.mysql.com/downloads/mysql/上免费下载对应的 MySQL 软件包。

MySQL 软件版本在不断更新，为方便初学者使用，本书采用 MySQL 5.5.9 为介绍版本，在 Windows 7 64 位操作系统下进行安装和使用。

MySQL 提供了命令行客户端和 MySQL 图形化管理工具。MySQL 命令行客户端是在安装 MySQL 的过程中被自动配置到计算机上的，以 C/S 工作模式连接和管理 MySQL 服务器。MySQL 图形化管理工具是基于窗口界面的一种管理工具，相对于命令行客户端管理工具在操作上更直观和便捷。MySQL 图形化管理工具有很多，例如 phpMyAdmin、MySQL Workbench 等。本书采用 MySQL Workbench 5.2.31 为 MySQL 图形化管理工具进行介绍。

MySQL 下载的软件包分为自动安装软件包（即.msi 文件）和非自动安装软件包（即.zip 文件）。自动安装软件包包括安装 MySQL 所需要的全部文件，包括配置向导、可选组件等。非自动安装软件包包含完整安装包中的全部文件，但是不包括配置向导，需要手动安装和配置。本书下载的软件包为 mysql-5.5.9-winx64.msi 和 mysql-workbench-gpl-5.2.31a-win32.msi，二者皆为自动安装软件包。

2. MySQL 服务器的安装。

双击 mysql-5.5.9-winx64.msi 安装包，启动安装过程，如图 1-2 所示。

单击图 1-2 中“Next”按钮，进入下一步，如图 1-3 所示。

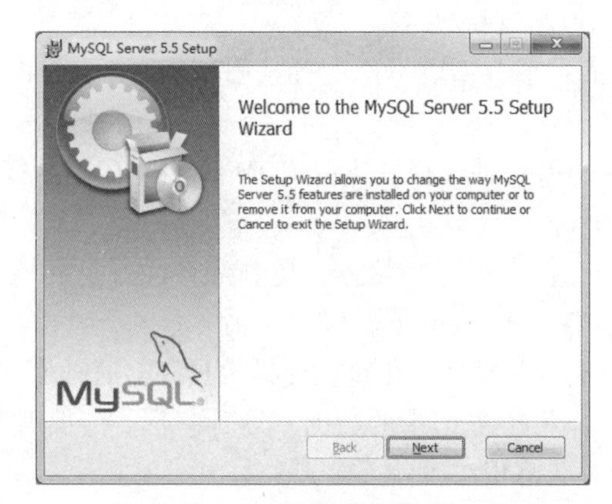

图 1-2　安装启动界面

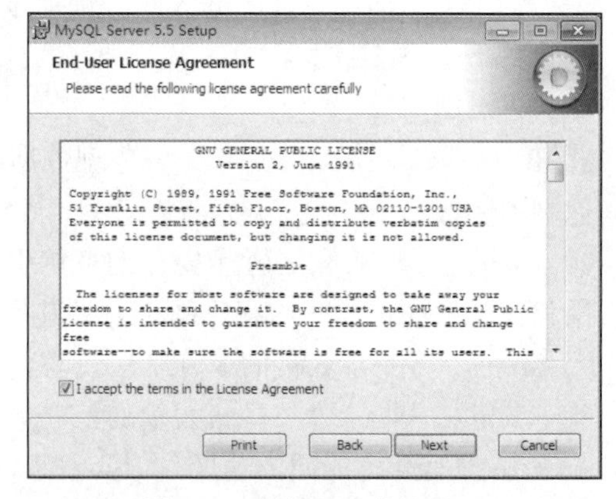

图 1-3　最终用户协议界面

在图 1-3 中选中“I accept the terms in the License Agreement”复选框，单击“Next”按钮，进入下一步，如图 1-4 所示。

MySQL Community Server 5.5.9 有三种安装类型：

- Typical（典型安装）：只安装 MySQL 服务器、mysql 命令行客户端和命令行实用程序。
- Custom（定制安装）：允许用户自己选择想要安装的软件组件和安装路径。
- Complete（完全安装）：安装软件包内包含的所有组件，包括嵌入式服务器库、基准套件、支持脚本和文档。

这里，选择“Complete”选项，单击“Next”按钮，进入准备安装界面，如图 1-5 所示。

单击图 1-5 中的“Install”按钮，进行安装，安装过程界面如图 1-6 所示。

安装完成后出现图 1-7 所示的界面。图 1-7 说明安装到此，当前 MySQL 订阅版本包含的软件情况，包括 MySQL 企业版服务器软件包、MySQL 企业版监控服务软件包、MySQL 产品支持软件包。

单击图 1-7 中的“Next”按钮，出现图 1-8 所示的界面，对 MySQL 企业版监控服务软件进行介绍。

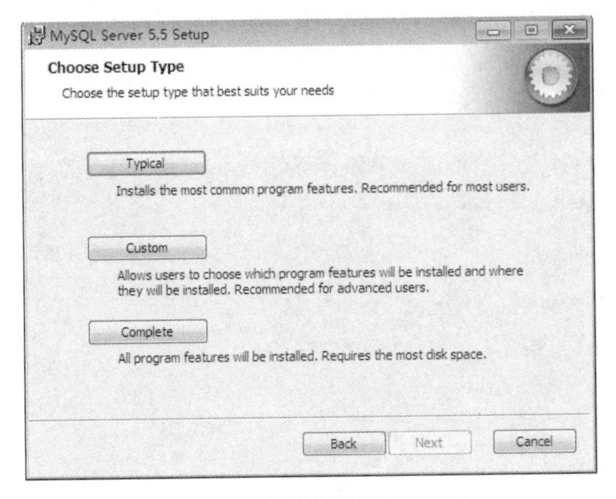

图 1-4　选择安装类型界面

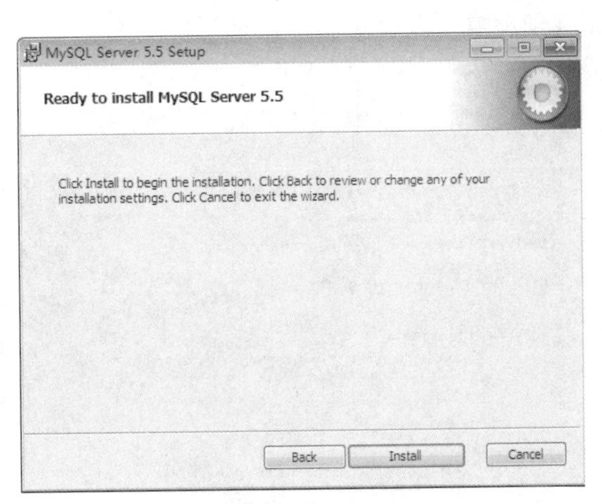

图 1-5　准备安装界面

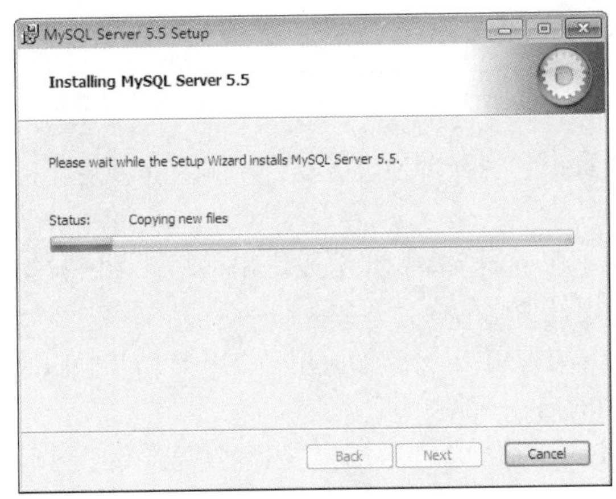

图 1-6　安装过程界面

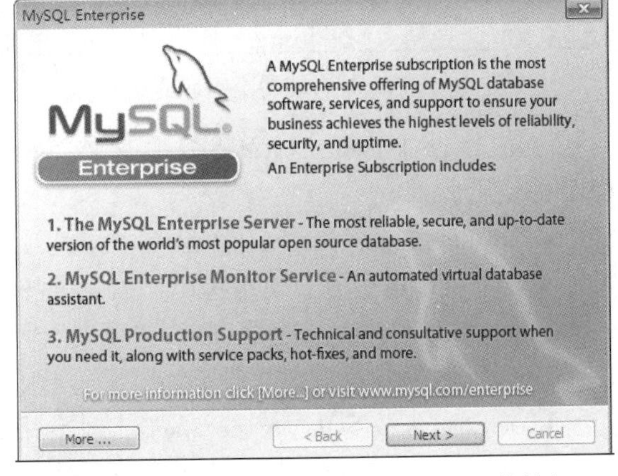

图 1-7　当前安装软件包含的 MySQL 软件包

单击图 1-8 中的“Next”按钮，出现图 1-9 所示的配置服务器欢迎界面。

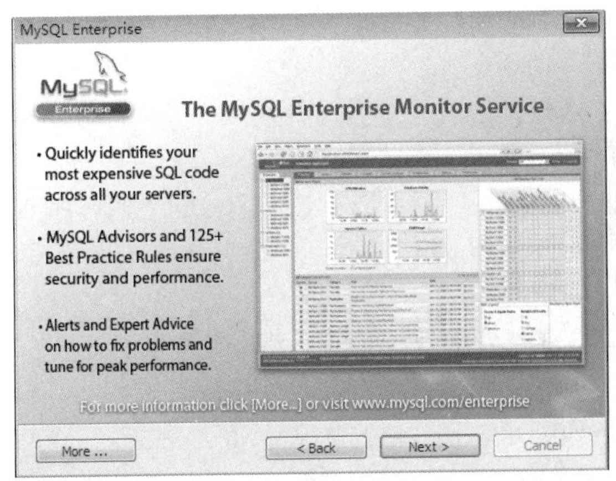

图 1-8　MySQL 企业版监控服务介绍界面

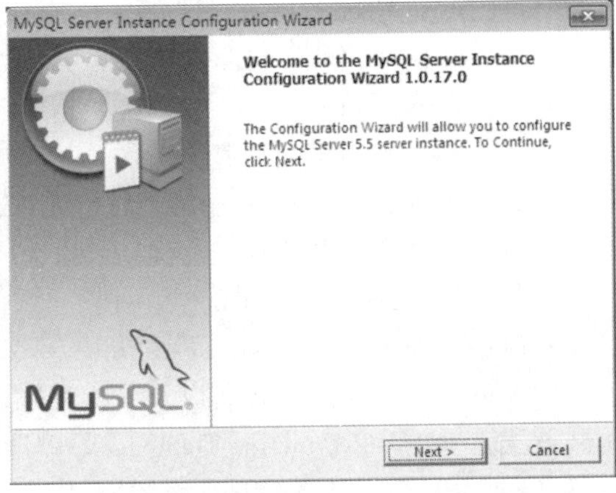

图 1-9　MySQL 配置服务器欢迎界面

单击图 1-9 中的“Next”按钮，出现图 1-10 所示的选择注册类型界面。注册类型分为 Detailed Configuration（详细配置）和 Standard Configuration（标准配置）。Detailed Configuration（详细配置）能够对服务器进行优化配置。Standard Configuration（标准配置）适合快速启动，不考虑服务器配置。这里选择 Detailed Configuration（详细配置）。

单击图 1-10 中的“Next”按钮，进入图 1-11 所示的选择服务器类型界面。

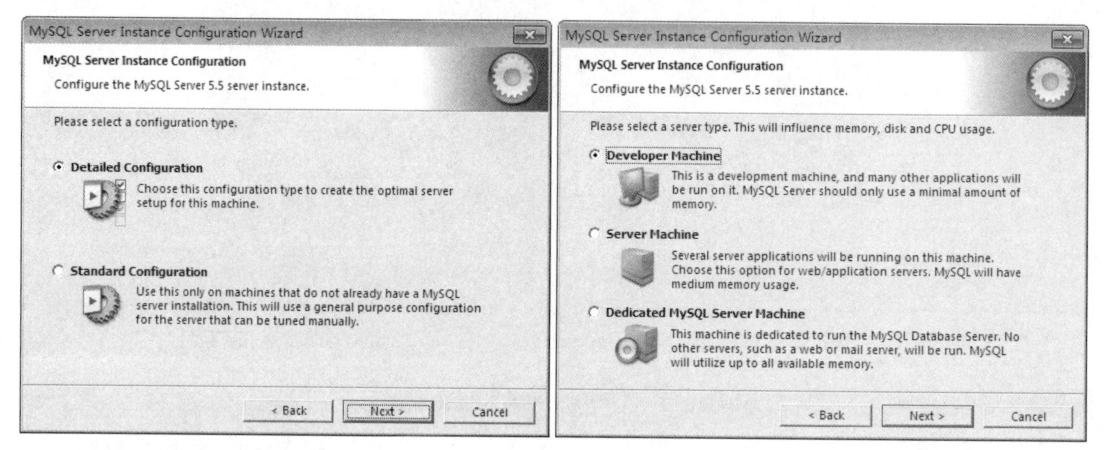

图 1-10　选择注册类型界面　　　　图 1-11　选择服务器类型界面

在图 1-11 中，有三种 MySQL 服务器类型供选择。选择哪种服务器将影响内存、硬盘和 CPU 的使用。

- Developer Machine（开发机器）：该选项表示服务器主要用于开发应用程序，在该服务器上可以运行多个应用程序，该服务器使用最少化的内存资源。
- Server Machine（服务器）：该选项表示服务器主要用于服务器应用，如用于 FTP、Mail、Web 服务器等，该服务器使用最适当比例的内存资源。
- Dedicated MySQL Server Machine（专用 MySQL 服务器）：该选项表示服务器专门用于 MySQL 数据库服务器，没有 Web、Mail 等其他服务，该服务器会利用所有可利用的内存资源。

这里，选择“Developer Machine”单选按钮，以便于进行数据库应用系统程序开发。单击图 1-11 中的“Next”按钮，进入图 1-12 所示的 Database Usage（数据库使用）界面。

在图 1-12 中，有三种 Database Usage（数据库使用）：

- Multifunction Database（多功能数据库）：选择该选项，将会对服务器使用快速的事务 InnoDB 存储引擎和高速访问数据表的 MyISAM 存储引擎进行优化。
- Transactional Database Only（只是事务处理数据库）：选择该选项，将会对应用程序和事务性 Web 应用程序进行优化，该选项同时使用 InnoDB 存储引擎和 MyISAM 存储引擎，但主要使用 InnoDB 存储引擎。
- Non-Transactional Database Only（只是非事务处理数据库）：该选项适合于简单的 Web 应用、监控、注册以及分析程序，只使用非事务的 MyISAM 存储引擎。

这里选择“Multifunction Database”单选按钮，单击图 1-12 中的“Next”按钮，进入图 1-13 所示的 InnoDB 表空间设置界面。

本机默认安装驱动器是 C 盘，所以 InnoDB 默认安装的路径是 C 盘下的安装路径。根据用户实际数据量情况，也可以选择其他磁盘存放 InnoDB 数据表。

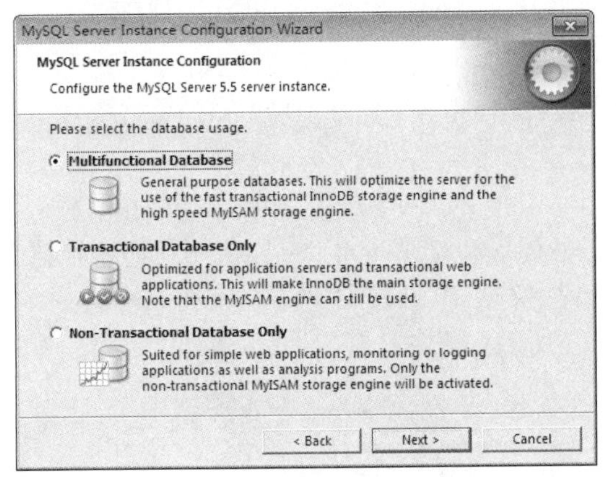

图 1-12　选择数据库使用界面

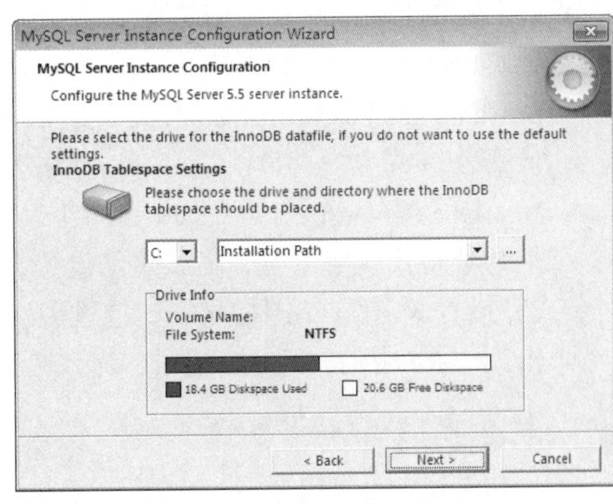

图 1-13　InnoDB 表空间设置界面

这里使用默认安装路径。单击图 1-13 中的“Next”按钮，进入图 1-14 所示的服务器并发连接设置界面。

为防止服务器资源耗尽，需要根据不同的业务设置服务器的并行连接数量。在图 1-14 中，有三个选项：

- Decision Support（DSS）/OLAP：该选项不需要高并发连接数，并假定平均连接并发数为 20。
- Online Transaction Processing（OLTP）：如果服务器需要大量的并发连接数量（如 Web 服务等），则选择该选项，最大连接数为 500。
- Manual Setting：根据服务器并发连接的实际情况，手动设置并发连接的数量。

这里选择 Decision Support（DSS）/OLAP 单选按钮，单击“Next”按钮进入图 1-15 所示的联网选项界面。

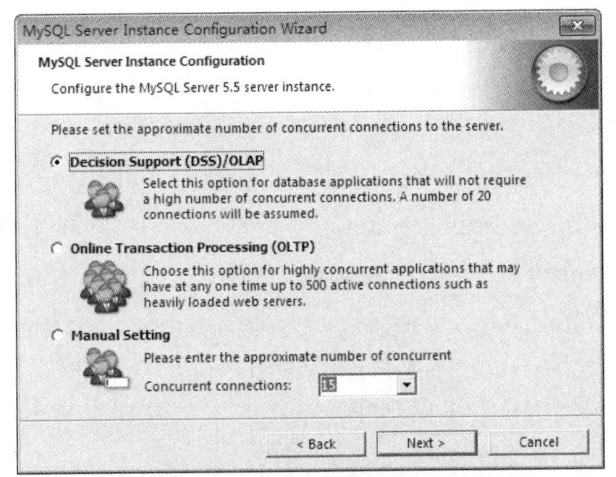

图 1-14　服务器并发连接设置界面

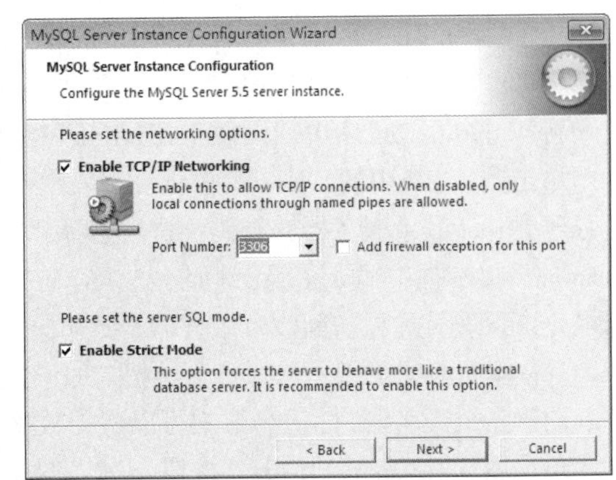

图 1-15　联网选项界面

图 1-15 设置客户端应用程序与数据库服务器通信的协议。这里将 Enable TCP/IP Networking 和 Enable Strict Mode 两个复选框都选中，并且使用 3306 端口号，以便支持客户端通过 TCP/IP 协议远程访问数据库服务器，同时使安装的软件包发挥传统数据库服务器的功能。单击图 1-15 中的“Next”按钮，进入图 1-16 所示的字符集设置界面。

在图 1-16 中，有三种字符集可以设置：

- Standard Character Set（标准字符集）：这是默认选择的字符集，为 Latin1 字符集，适合于英语和西欧国家的语言。
- Best Support For Multilingualism（支持多种语言）：该选项选择 UTF8 字符集，适合于多种语言。
- Manual Selected Default Character Set/Collation：在下拉列表中手动选择一个字符集。

如果想要使用汉字字符，需要手动设置，将字符集设置成 gbk（可以使用简体和繁体中文），或者设置成 gb2312 国标汉字。这里手动设置字符集为 gb2312。

单击图 1-16 中的“Next”按钮，进入图 1-17 所示的服务选项界面。

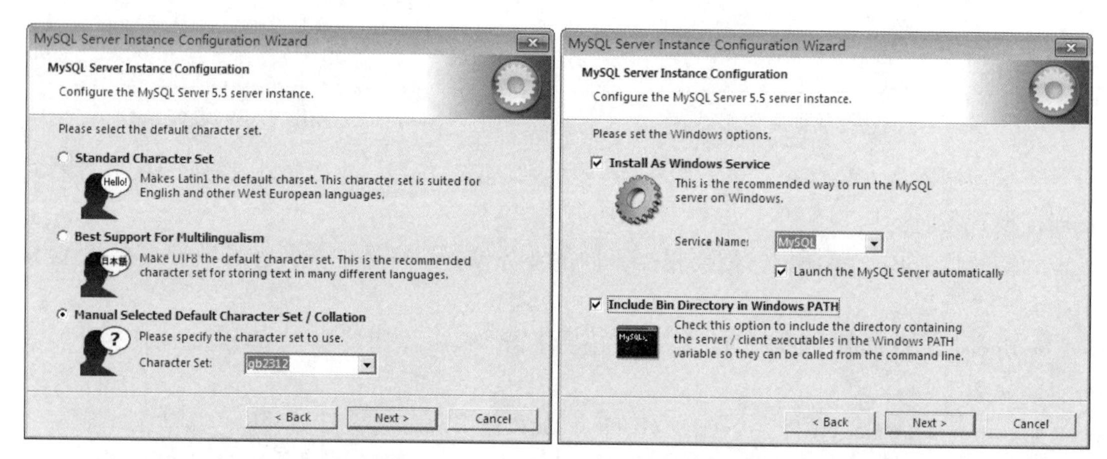

图 1-16　字符集设置界面　　　　图 1-17　服务选项界面

在基于 Windows 平台上，可以将 MySQL 服务器安装成 Windows 服务，安装完成 MySQL 并且计算机重新启动后，可以自动启动 MySQL 服务器。在图 1-17 中，选择“Install As Windows Service”复选框，在“Service Name”下拉列表中选择或者输入服务名称，这里使用默认名称 MySQL，并且选择“Launch the MySQL Server automatically”复选框，以便计算机启动时自动启动 MySQL 服务。同时要选择“Include Bin Directory in Windows PATH”复选框，将 MySQL 的 bin 目录路径加入到 Windows PATH 中，以便于 Windows 操作系统寻找服务器客户端程序所在位置。

单击图 1-17 中的“Next”按钮，进入图 1-18 所示的安全选项对话框。在图 1-18 中，设置管理员 root 登录服务器的密码。这里选择“Modify Security Settings”复选框，并在“New root password”文本框中输入密码，例如 123456，在“Confirm”文本框中再次输入密码（也是 123456）。如果允许管理员远程访问该台服务器，要选择“Enable root access from remote machine”复选框，如果只从本机登录，则不选择该复选框。如果选择“Create An Anonymous Account”复选框，则可以创建一个匿名账户，匿名账户可以连接数据库，但不能操作数据库，这里不创建匿名账户。

单击图 1-18 中的“Next”按钮，进入图 1-19 所示的配置执行对话框。单击“Execute”按钮执行配置程序。

图 1-19 中所有配置选项执行完后，出现图 1-20 所示的完成界面。单击图 1-20 中的“Finish”按钮即完成了 MySQL 的安装。

安装 MySQL 以后，就可以利用服务器/客户端程序登录到 MySQL 服务器，利用命令进行服务器管理、数据库的创建、数据库管理等工作。

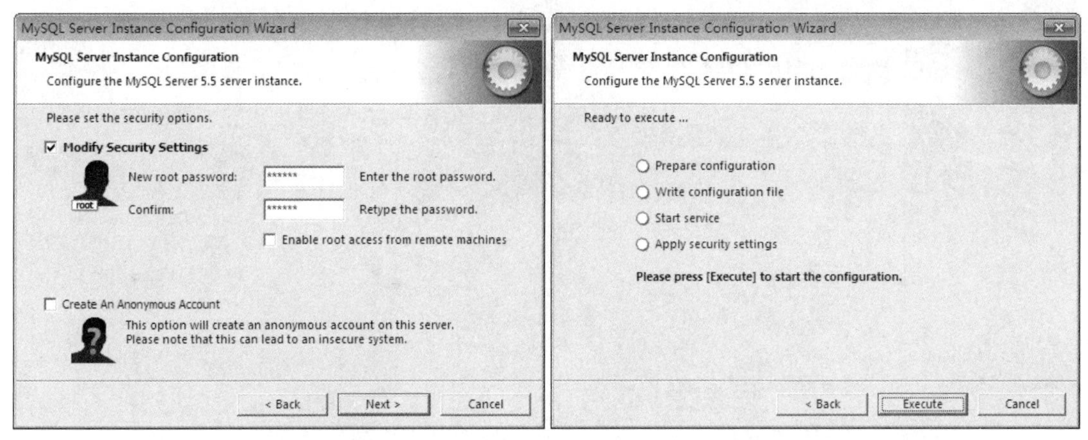

图 1-18　安全选项界面　　　　图 1-19　配置执行界面

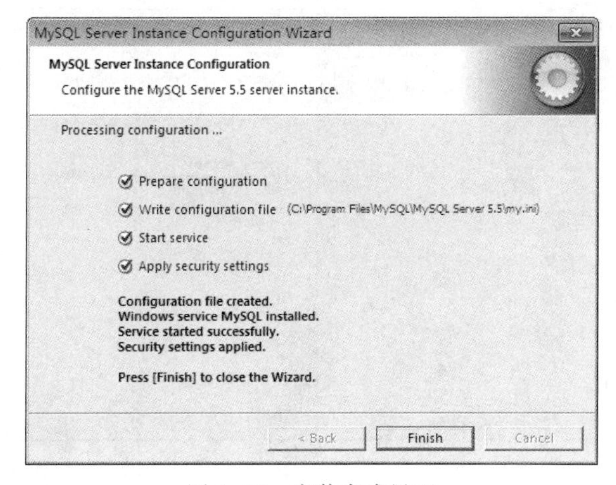

图 1-20　安装完成界面

1.2.4　Workbench 的安装

双击磁盘上的 mysql-workbench-gpl-5.2.31a-win32.msi 文件，即可打开图 1-21 所示的 Workbench 安装启动界面。

单击图 1-21 中的“Next”按钮，进入图 1-22 所示的选择安装文件夹界面。用户可以选择一个文件夹存放 Workbench 安装文件，也可以使用系统默认文件夹存放安装文件。本书使用系统默认的文件夹存放 Workbench 安装文件。

单击图 1-22 中的“Next”按钮，进入图 1-23 所示的选择安装类型界面。Workbench 有两种安装类型，一个是 Complete（完全安装，安装 Workbench 的所有功能），一个是 Custom（定制安装，用户可以根据自己的需要选择安装某些功能组件，一般适合高级用户）。本书选择 Complete 安装类型。

单击图 1-23 中的“Next”按钮，进入图 1-24 所示的开始安装界面。单击图 1-24 中的“Install”按钮开始安装 Workbench，安装过程如图 1-25 所示。安装 Workbench 所有组件后，出现图 1-26 所示的安装完成界面，单击图 1-26 中的“Finish”按钮完成 Workbench 的安装。

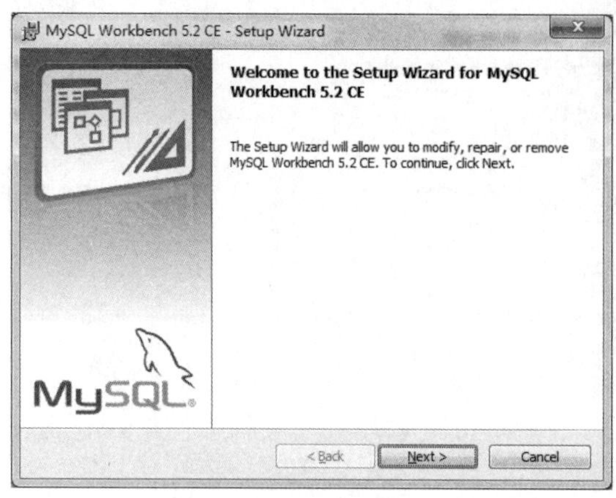

图 1-21　Workbench 安装启动界面

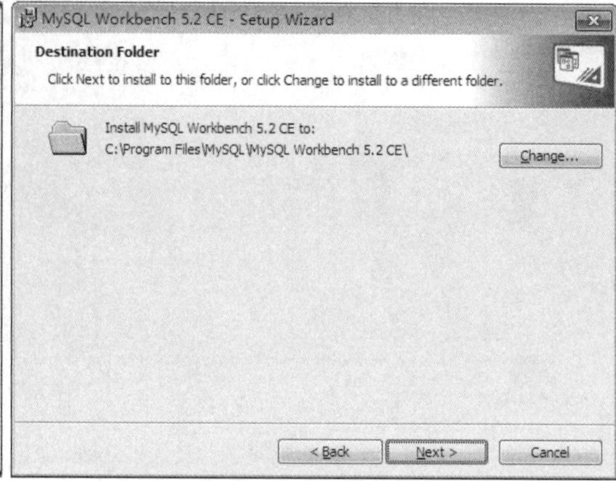

图 1-22　选择安装文件夹界面

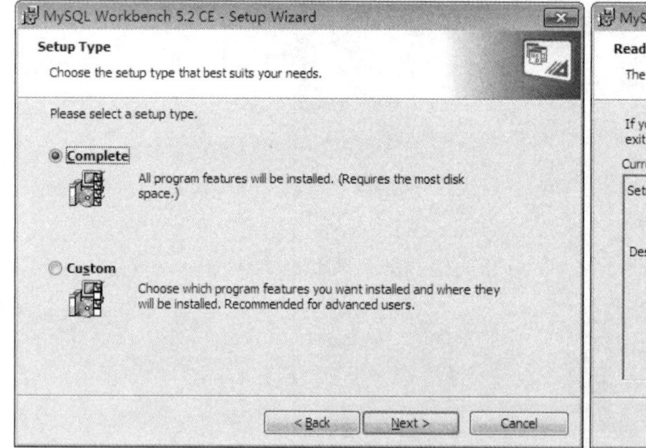

图 1-23　选择安装类型界面

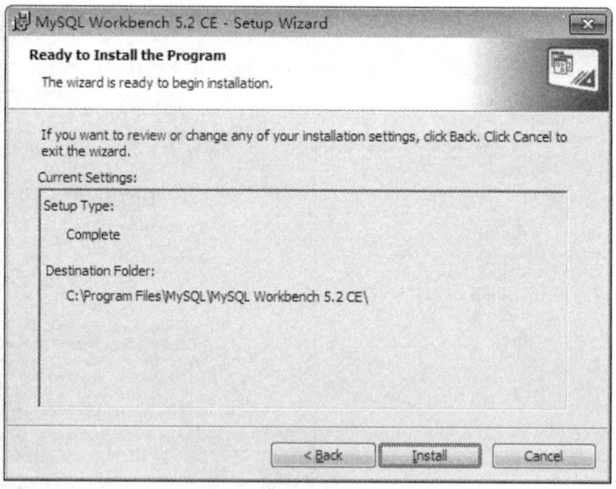

图 1-24　开始安装界面

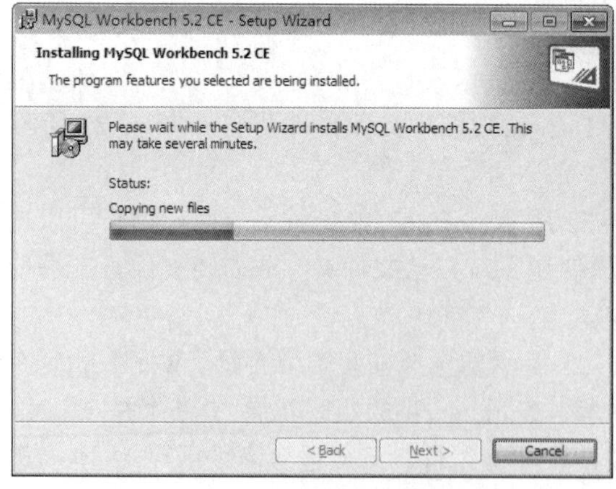

图 1-25　安装过程界面

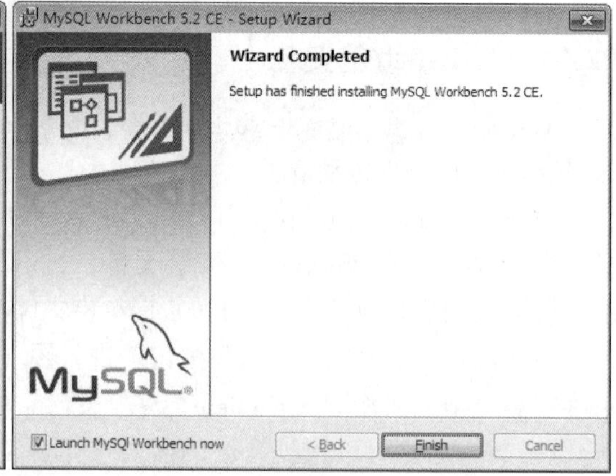

图 1-26　安装完成界面

实训内容与要求

1. 练习 MySQL 和 Workbench 安装。
2. 找寻一款其他数据库管理系统，并进行安装，如 SQL Server 2016。

MySQL 数据库基础操作 «

实训目的

了解 MySQL 的编程语言、数据类型、运算符号、表达式、函数，掌握 MySQL 数据库的基础操作，如登录、各种基本命令的执行与结果分析。

实训准备

了解 SQL 的特点，阅读有关 MySQL 编程语言的基本语法与使用。

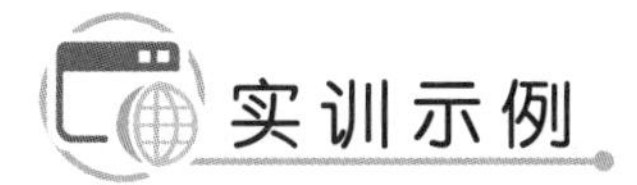

实训示例

2.1 MySQL 的编程语言

MySQL 安装完毕后，就在机器上搭建好了一个完整的数据库管理系统，数据库使用者就可以通过命令行形式或者图形化界面形式访问数据库、实施数据库的各种操作。进行数据库访问和各种数据库操作需要通过 SQL（Structured Query Language，结构化查询语言）完成。SQL 是各类数据库交互方式的基础。

2.1.1 SQL 简介

SQL 是一种专门用来与数据库通信的语言，目前已经成为国际标准语言，各个数据库厂家都推出了各自的 SQL 软件与 SQL 接口软件，使大多数数据库均用 SQL 作为共同数据存取语言和标准接口，使不同的数据库系统之间的互操作有了共同的基础。SQL 具有如下优点：

① SQL 不是某个特定数据库的专有语言，所有关系数据库都支持 SQL。

② SQL 简单易学。SQL 语句都是由描述性的英语单词组成，核心功能只用了 9 个动词，易于学习。

③ SQL 功能强大。可以进行非常复杂的数据库操作，同时可以嵌入其他高级语言中进行编程。目前，很多数据库管理系统软件都在标准 SQL 基础上扩展了 SQL 的功能，但都以标准

SQL 为基础。读者对 MySQL 的学习，应以 SQL 为基础，加强动手实践，才能更好地掌握 SQL 并熟练操作数据库。

2.1.2 MySQL 语言

MySQL 支持的 SQL 具有如下功能：

1. 数据定义语言（Data Definition Language，DDL）

数据定义语言主要用于对数据库及数据库中各种对象进行创建、修改、删除等操作。数据库对象主要有表、索引、约束、规则、视图、触发器、存储过程等。包含如下三个动词：

- CREATE：用于创建数据库或数据库对象。
- ALTER：用于修改数据库或数据库对象。
- DROP：用于删除数据库或数据库对象。

对于不同的数据库对象，上述三个 SQL 语句语法会有不同。

2. 数据操纵语言（Data Manipulation Language，DML）

数据操纵语言主要用于对数据库中的数据进行查询、更新和删除操作。包含如下四个动词：

- SELECT：用于从表或视图中查询数据。
- INSERT：用于将数据插入到表或视图中。
- UPDATE：用于修改表或视图中的数据。
- DELETE：用于从表或视图中删除数据。

3. 数据控制语言（Data Control Language，DCL）

数据控制语言主要用于对数据库对象的安全控制。包含如下两个动词：

- GRANT：用于授予权限，将语句许可或对象许可的权限赋予给用户或角色。
- REVOKE：用于收回权限，收回赋予用户或角色访问语句或对象的许可权限。

2.1.3 MySQL 的数据类型

每一个常量、变量和参数都有数据类型，用来指定一定的存储格式、约束和有效范围。MySQL 提供了多种数据类型，主要包括数值型、字符串类型、日期和时间类型。

1. 数值类型

MySQL 支持所有标准 SQL 中的数据类型，包括严格数值类型（INTEGER、SMALLINT、DECIMAL 和 NUMERIC），以及近似数值类型（FLOAT、REAL 和 DOUBLE PRECISION），并在此基础上进行了扩展。扩展后增加了 TINYINT、MEDIUMINT 和 BIGINT 这三种长度不同的整型，并增加了 BIT 类型，用来存放位数据。表 2-1 列出了 MySQL 5.5 中支持的数值类型，其中 INT 是 INTEGER 的同名词，DEC 是 DECIMAL 的同名词。

表 2-1　MySQL 中的数值类型

整数类型	字 节	最 小 值	最 大 值
TINYINT	1	有符号-128 无符号 0	有符号 127 无符号 255
SMALLINT	2	有符号-32 768 无符号 0	有符号 32 767 无符号 65 535

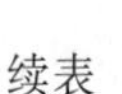

续表

整数类型	字　节	最 小 值	最 大 值
MEDIUMINT	3	有符号-8 388 608 无符号 0	有符号 8 388 607 无符号 1 677 215
INT、INTEGER	4	有符号-2 147 483 648 无符号 0	有符号 2 147 483 647 无符号 4 294 967 295
BIGINT	8	有符号-9 223 372 036 854 775 808 无符号 0	有符号 9 223 372 036 854 775 807 无符号 18 446 744 073 709 551 615
浮点数类型	字　节	最 小 值	最 大 值
FLOAT	4	± 1.175 494 351E–38	± 3.402 823 466E+38
DOUBLE	8	± 2.225 073 858 507 201 4E–308	± 1.797 693 134 862 315 7E+308
定点数类型	字　节	描　　述	
DEC(M,D) DECIMAL(M,D)	M+2	最大取值范围与 DOUBLE 相同，给定的 DECIMAL 的有效取值范围由 M 和 D 决定	
位 类 型	字　节	最 小 值	最 大 值
BIT(M)	1 ~ 8	BIT(1)	BIT(64)

每一种数据类型都有其取值范围，如果超出数据类型范围的操作，会显示“Out of range”错误提示。因此，在选择数据类型时要根据实际情况确定其取值范围，并根据确定的结果选择数据类型。

2. 字符串类型

MySQL 提供了多种字符串数据的存储类型，表 2–2 列出了 MySQL 5.5 支持的字符串类型。

表 2–2　MySQL 中的字符串类型

字符串类型	描述及存储需求
CHAR(M)	M 为 0 ~ 255 的整数，定长字符串
VARCHAR(M)	M 为 0 ~ 65 535 的整数，值长度+1 字节，不定长字符串
TINYBLOB	允许长度 0 ~ 255 字节，值的长度+1 字节
BLOB	允许长度 0 ~ 65 535 字节，值的长度+2 字节
MEDIUMBLOB	允许长度 0 ~ 167 772 150 字节，值的长度+3 字节
LONGBLOB	允许长度 0 ~ 4 294 967 295 字节，值的长度+4 字节
TINYTEXT	允许长度 0 ~ 255 字节，值的长度+1 字节
TEXT	允许长度 0 ~ 65 535 字节，值的长度+2 字节
MEDIUMTEXT	允许长度 0 ~ 167 772 150 字节，值的长度+3 字节
LONGTEXT	允许长度 0 ~ 4 294 967 295 字节，值的长度+4 字节
VARBINARY(M)	允许长度 0 ~ M 字节的变长字节字符串，值的长度+1 字节
BINARY(M)	允许长度 0 ~ M 字节的定长字节字符串

表 2–2 中比较常用的字符串类型是 CHAR 和 VARCHAR。CHAR 类型是定长字符串类型，如 CHAR(8)说明定义的变量是字符类型，在内存中占 8 字节，最多表示 8 个字符，如果字符数量小于 8 个，也占用 8 个字符宽度，没有字符的位置用空格补位。VARCHAR 是不定长字

符串类型，如 VARCHAR(8)说明定义的变量是字符类型，它表示该变量可以存储 1 ~ 8 个字符，并且随着存储的字符数量不同而占用不同字节的存储空间（实际占用内存空间等于字符数 +1），最多表示 8 个字符，在内存中最多占 9（8+1）字节。

除表 2-2 列出的字符串类型以外，MySQL 还支持 ENUM 和 SET 类型。

ENUM 是枚举类型，它的取值范围需要在创建表时通过枚举的方式显式指定。对 1 ~ 255 个成员的枚举需要 1 个字节存储；对于 256 ~ 65 535 个成员，需要 2 个字节存储。最多允许有 65 535 个成员。例如“create table t(gender enum('M','F'));”语句中，gender 就是枚举型字段变量，它的取值只能从 M 和 F 两个值中取其一。

SET 是集合类型，它的取值范围需要在创建表时通过集合的方式显式指定。集合可以包含 0 ~ 64 个成员，1 ~ 8 成员的集合占 1 字节；9 ~ 16 成员的集合占 2 字节；17 ~ 24 成员的集合占 3 字节；25 ~ 32 成员的集合占 4 字节；33 ~ 64 成员的集合占 8 字节。例如“create table t(col set('a','b','c','d'));”语句中，col 的取值可以是 a、b、c、d 四个值的任意组合值，如可以是'a'、'b'、'c'、'd'、'a,b'、'a,c,d'等。

3. 日期时间类型

MySQL 中提供了多种数据类型用于日期和时间的表示。表 2-3 列出了 MySQL 5.5 支持的日期和时间类型。

表 2-3　MySQL 中的日期和时间类型

日期和时间类型	字　节	最 小 值	最 大 值
DATE	4	1000-01-01	9999-12-31
DATETIME	8	1000-01-01 00:00:00	9999-12-31 23:59:59
TIMESTAMP	4	19700101080001	2038 年的某个时刻
TIME	3	-838:59:59	838:59:59
YEAR	1	1901	2155

2.1.4　MySQL 表达式

表达式是常量、变量、列名、复杂计算、运算符和函数的组合。

1. 常量

常量是指在程序运行过程中值不变的量，又称字面值或标量值。常量的使用格式取决于值的数据类型，可以分为字符串常量、数值常量、十六进制常量、时间日期常量、位字段值、布尔值和 NULL 值。

① 字符串常量：指用单引号或双引号括起来的字符序列，分为 ASCII 字符常量和 Unicode 字符串常量。

② 数值常量：可以分为整数常量和浮点数常量。整数常量是不带小数点的十进制数，浮点数常量是使用小数点的数值常量。

③ 十六进制常量：一个十六进制值通常指定为一个字符串常量，每对十六进制数字被转换为一个字符，其最前面有一个大写字母“X”或小写字母“x”。

④ 日期时间常量：是用单引号将表示日期时间的字符串括起来而构成的。

⑤ 位字段值：可以使用 b'value'格式符号书写位字段值。其中，value 是一个用 0 或 1 书

写的二进制值。

⑥ 布尔值：只包含两个可能的值，分别是 TRUE 和 FALSE。其中，FALSE 的数字值是“0”，TRUE 的数字值是“1”。

⑦ NULL 值：通常用于表示“没有值”“无数据”等意义，它与数值类型的“0”或字符串类型的空字符是不同的。

2. 变量

变量用于临时存放数据，变量中的数据可以随着程序的运行而变化。变量有名字和数据类型两个属性。变量的名字用于标识变量，变量的数据类型用于确定变量中存放数值的格式和可执行的运算。

在 MySQL 中，变量分为用户变量和系统变量。在使用时，用户变量前面添加一个符号“@”，用于将其与列名分开；而大多数系统变量应用于其他 SQL 语句中时，必须在系统变量名前添加两个“@”符号。

3. 运算符号

MySQL 提供了算术运算符、位运算符、比较运算符、逻辑运算符。

① 算术运算符：+（加）、-（减）、*（乘）、/（除）和%（求模）5 种运算。

② 位运算符：&（位与）、|（位或）、^（位异或）、~（位取反）、>>（位右移）、<<（位左移）。

③ 比较运算符：=（等于）、>（大于）、<（小于）、>=（大于或等于）、<=（小于或等于）、<>（不等于）、!=（不等于）、<=>（相等或都等于空）。

④ 逻辑运算符：NOT 或!（逻辑非）、AND 或&&（逻辑与）、OR 或||（逻辑或）、XOR（逻辑异或）。

2.1.5 系统函数

对于一些常规的功能，MySQL 预先编写好了函数，程序运行时可以直接调用。MySQL 提供了 100 多个函数，大致分为如下几类：

① 数学函数。例如，ABS()、SORT()函数。

② 聚合函数。例如，SUM()、COUNT()函数。

③ 字符串函数。例如，ASCII()、CHAR()函数。

④ 日期和时间函数。例如，NOW()、YEAR()函数。

⑤ 加密函数。例如，ENCODE()、ENCRYPT()函数。

⑥ 控制流程函数。例如，IF()、IFNULL()函数。

⑦ 格式化函数。例如，FORMAT()函数。

⑧ 类型转换函数。例如，CAST()函数。

⑨ 系统信息函数。例如，USER()、VERSION()函数。

必须要注意的是，出现在 MySQL 表达式中的命令动词、函数名、分隔符号等要用英文半角符号，否则会给出语法错误的提示信息。

2.2 MySQL 数据库系统基础操作

2.2.1 运行控制台（命令行）窗口

选择“开始”→“运行”命令，在“运行”对话框中输入 cmd，单击“确定”按钮或直接按【Enter】键进入控制台（即 DOS 界面），如图 2-1 所示。图 2-1 中的“C:\Users\New_Era”路径根据 Windows 设置的登录用户名不同而不同，这里“New_Era”是本机 Windows 登录设置的用户名。在此界面中即可输入命令。

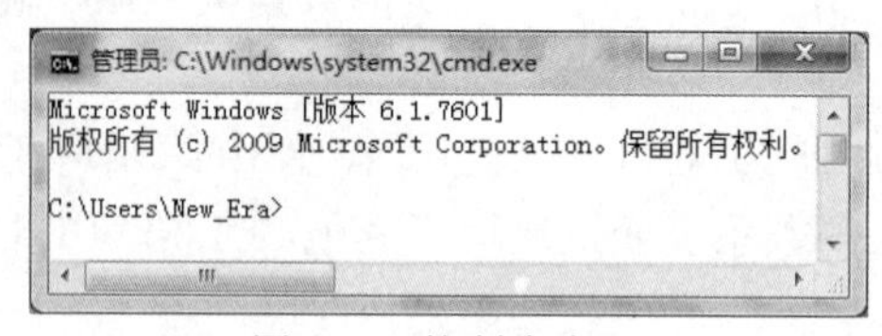

图 2-1　控制台窗口

2.2.2 启动或停止 MySQL 服务器命令

默认安装 MySQL 以后，计算机启动后就会自动运行 MySQL 服务。也可以利用 Windows 服务或者用命令启动或关闭 MySQL 服务。

1. 在命令提示符下利用 net start 或 net stop 命令启动或关闭 MySQL 服务

启动 MySQL 服务的命令：net start mysql。

停止 MySQL 服务的命令：net stop mysql。

图 2-2 显示了停止 mysql 服务和启动 mysql 服务。

2. 利用 Windows 服务启动或关闭 MySQL 服务

在图 2-3 所示的 Windows 任务管理器中，在“服务”选项卡的“名称”列中找到“MySQL”并右击，在弹出的快捷菜单中选择相应命令即可停止或启动 MySQL 服务。

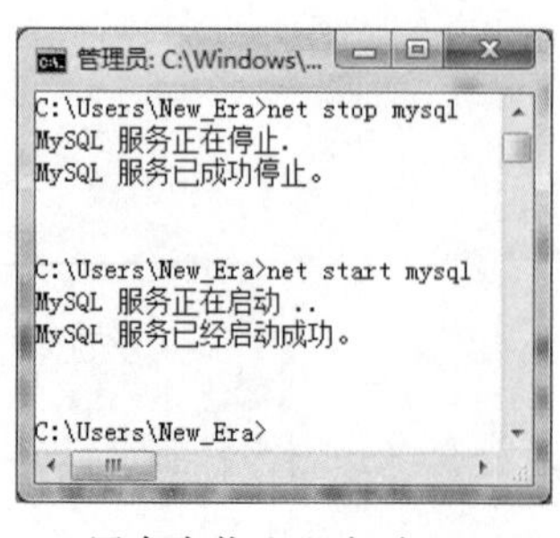

图 2-2　用命令停止和启动 MySQL 服务

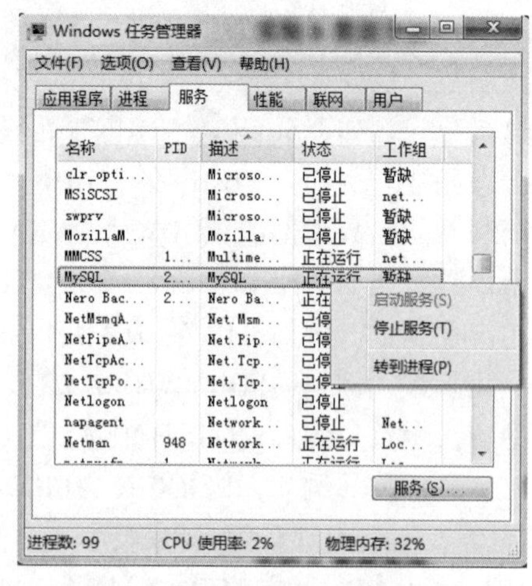

图 2-3　Windows 任务管理器启动或停止 MySQL 服务

3. 在命令提示符下利用 MySQL 管理工具关闭或启动 MySQL 服务

启动 MySQL 服务的命令：mysqld –console。

停止 MySQL 服务的命令：mysqladmin –u root –p shutdown。

图 2–4 显示了先用 mysqladmin –u root –p shutdown 命令停止 mysql 服务，再用 mysqld --console 命令启动 mysql 服务的情况。

图 2–4 中，要想操作数据库，需要再启动一个 cmd 窗口，并输入连接数据库命令，2.2.4 节会具体讲解。

```
管理员: C:\Windows\system32\cmd.exe - mysqld --console
C:\Users\New_Era>mysqladmin -u root -p shutdown
Enter password: ******

C:\Users\New_Era>mysqld --console
200606  9:33:18 [Note] Plugin 'FEDERATED' is disabled.
200606  9:33:18 InnoDB: The InnoDB memory heap is disabled
200606  9:33:18 InnoDB: Mutexes and rw_locks use Windows interlocked functions
200606  9:33:18 InnoDB: Compressed tables use zlib 1.2.3
200606  9:33:18 InnoDB: Initializing buffer pool, size = 96.0M
200606  9:33:18 InnoDB: Completed initialization of buffer pool
200606  9:33:18 InnoDB: highest supported file format is Barracuda.
200606  9:33:20  InnoDB: Waiting for the background threads to start
200606  9:33:21 InnoDB: 1.1.5 started; log sequence number 3193526
200606  9:33:22 [Note] Event Scheduler: Loaded 1 event
200606  9:33:22 [Note] mysqld: ready for connections.
Version: '5.5.9-log'  socket: ''  port: 3306  MySQL Community Server (GPL)
```

图 2–4 mysqladmin –u root –p shutdown 停止 MySQL 服务及 mysqld --console 启动 MySQL 服务

2.2.3 在命令提示符下利用 MySQLAdmin 管理工具修改 root 的密码

命令格式：mysqladmin –u root –p password 新密码

例如，mysqladmin –u root –p password 654321，就将密码改成了 654321，如图 2–5 所示。

在图 2–5 中，输入命令：mysqladmin –u root –p password 654321 以后，在 Enter password：右边输入的是旧密码。

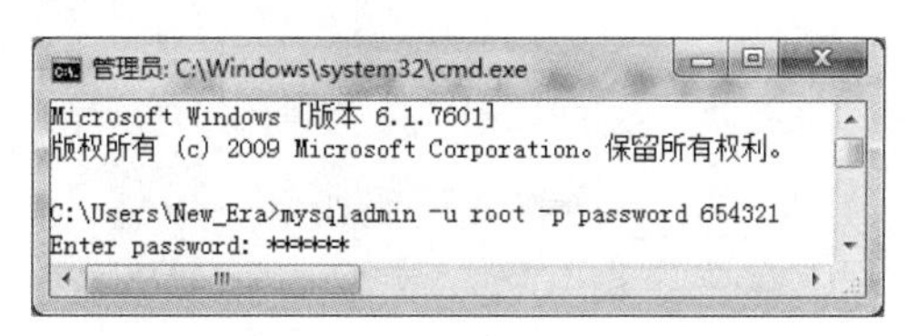

图 2–5 修改登录 MySQL 服务器用户密码

2.2.4 连接和退出 MySQL 服务器的命令

1. 连接 MySQL 服务器的命令

命令格式：mysql –h 主机地址 –u 用户名 –p 用户密码

如果是连接本机 MySQL 服务器，则“–h 主机地址”可以省略，本书是连接本机 MySQL 服务器。

输入命令：mysql –u root –p123456

连接成功界面情况如图 2–6 所示。

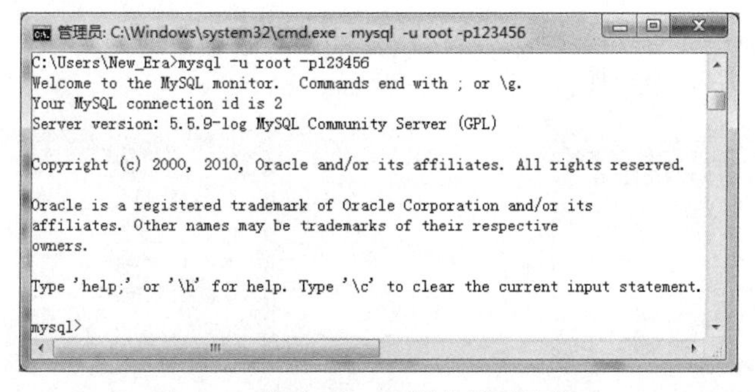

图 2–6 登录 MySQL 服务器后的界面

2．退出 MySQL 服务器的命令

格式：exit 或者 quit

执行 exit 或者 quit 命令后的界面如图 2-1 所示。

以后的 SQL 命令练习都在图 2-6 下进行。

2.2.5 使用 MySQL 命令输出表达式

【例 2-1】输出 MySQL 系统的版本号和当前日期。

输入命令：select version( ),current_date( );

函数 version( )显示系统的版本号，函数 current_date( )显示系统日期。命令执行结果如图 2-7 所示。显示 MySQL 系统版本号是 5.5.9，执行该命令时的日期是 2020 年 5 月 27 日。

【例 2-2】输出表达式：2+5+(8–3)*5/9 的值。

输入命令：select 2+5+(8–3)*5/9;

该命令执行结果如图 2-8 所示。

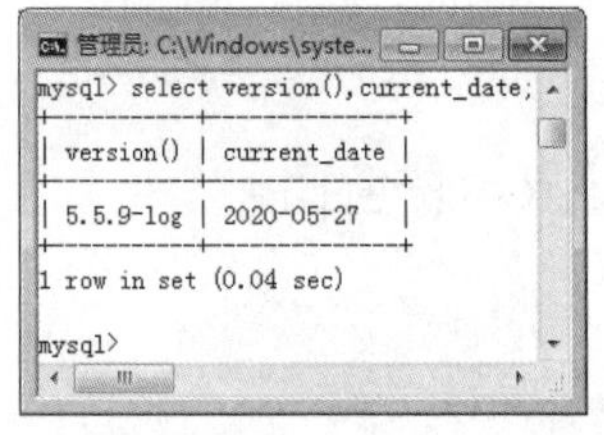

图 2-7 服务器版本号、系统时间输出界面

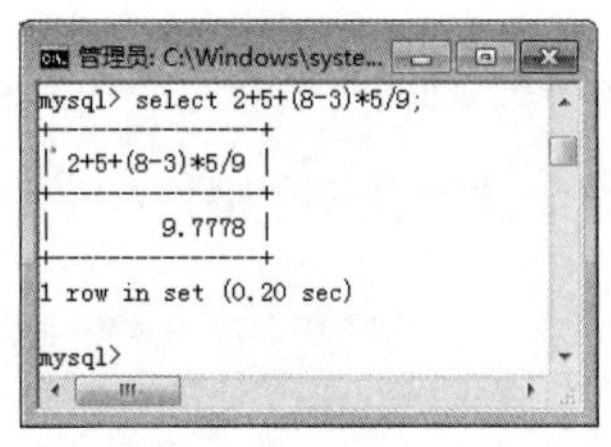

图 2-8 表达式计算界面

MySQL 命令格式说明如下：

① 一个命令通常由 SQL 语句组成，随后跟着一个分号（有些命令不需要分号，如 exit 或 quit 命令）。

② 当发出一个命令时，MySQL 将它发送给服务器并显示执行结果，然后显示另一个 mysql>表示它准备好接受其他命令。

③ MySQL 用表格（行和列）方式显示查询输出。第一行包含列的标签，随后的行是计算结果。通常，列标签是取自数据库表列的名字。如果计算一个表达式，则用表达式本身标记列。在计算表达式时可以给计算结果的列命名，如图 2-9 所示的命令，就将表达式的计算结果列命名为：数值计算。

④ MySQL 显示结果是多少行，以及计算花了多长时间。

⑤ 不必在一行内给出一个命令，较长的命令可以输入到多行中。MySQL 通过寻找终止分号来决定语句的结束，而不是用输入行的结束决定命令是否输入完毕。如图 2-10 所示，就是用多行输入一个命令的示例。

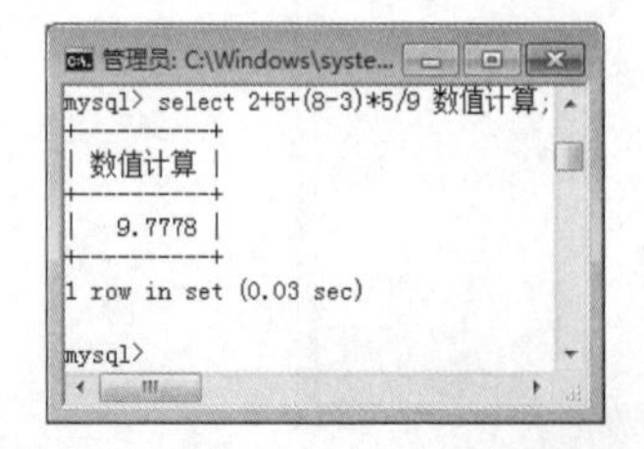

图 2-9 给表达式计算结果重新命名

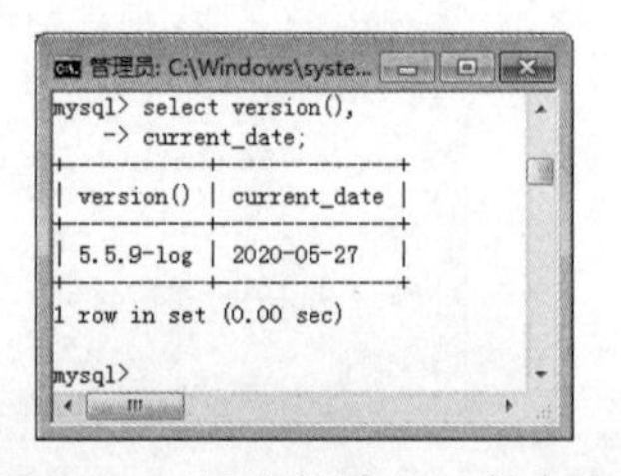

图 2-10 用多行输入一条命令

⑥ 在图 2-10 所示的例子中，在输入多行计算的第一行后，要注意提示符如何从 mysql> 变为->。表 2-4 显示出可以看见的各个提示符并简述它们所表示的 MySQL 的状态。

⑦ MySQL 命令不区分大小写，但所有命令中的字符、分隔符号必须是英文半角符号。

表 2-4 MySQL 提示符

提 示 符	含 义
mysql>	准备好接收新命令
->	等待多行命令的下一行
‘>	等待下一行，等待以单引号'开始的字符串的结束
“>	等待下一行，等待以双引号"开始的字符串的结束
/*>	等待下一行，等待以/*开始的注释的结束，结束符用*/

2.2.6 MySQL 汉字乱码的处理

使用 MySQL 数据库时，有时会遇到汉字乱码问题，如对 MySQL 数据库命令显示、输入、修改时出现乱码或命令出错、网页显示 MySQL 数据时所有汉字都变成了？号等。出现这个问题的原因是数据库字符集设置出现了不支持汉字的情况，将字符集设置成 gb2312、gbk、utf8 等支持多字节编码的字符集都可以存储汉字。

1. 利用命令设置汉字字符集

用命令 show variables like 'character_set_%';查看当前数据库字符集设置情况。图 2-11 显示了利用该命令查看当前数据库字符集设置情况。

```
mysql> show variables like 'character\_set\_%';
+--------------------------+---------+
| Variable_name            | Value   |
+--------------------------+---------+
| character_set_client     | gbk     |
| character_set_connection | gbk     |
| character_set_database   | gbk     |
| character_set_filesystem | binary  |
| character_set_results    | gbk     |
| character_set_server     | gbk     |
| character_set_system     | utf8    |
+--------------------------+---------+
7 rows in set (0.08 sec)

mysql>
```

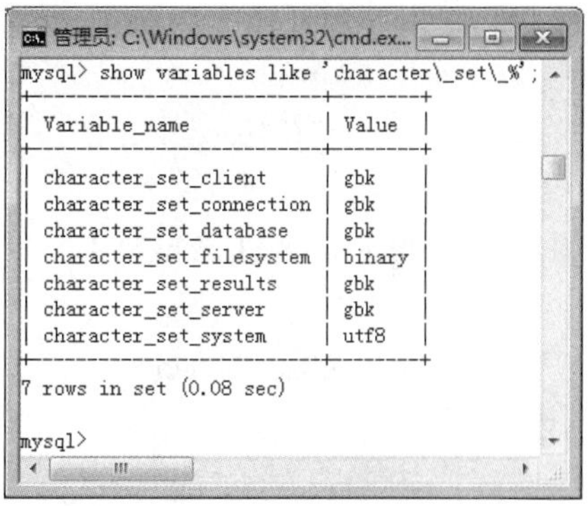

图 2-11 查看数据库字符集设置情况

将图 2-11 所示的变量除 character_set_filesystem 以外，设置成能够支持汉字的字符集即可。图 2-11 显示的当前变量的字符集设置可以支持汉字显示。如果发现有变量不能支持汉字显示，可以用命令修改，例如：

```
set character_set_results=utf8;
```

就将变量 character_set_results 的值修改成 utf8 了。

2. 通过修改 my.ini 文件参数设置汉字字符集

在安装 MySQL 时可以选择汉字字符集编码。如果已经安装完成，可以更改文件 my.ini（此文件在 MySQL 的安装目录下）中的配置以达到设置编码的目的。分别在[mysql]和[mysqld]配置段中增加或修改 default-character-set 和 character-set-server 变量，使它们的值是 gb2312、gbk、utf8 之一。内容类似如下：

```
[client]
port=3306
[mysql]
default-character-set=gb2312
[mysqld]
port=3306
basedir="C:/Program Files/MySQL/MySQL Server 5.5/"
datadir="C:/ProgramData/MySQL/MySQL Server 5.5/Data/"
```

```
character-set-server=gb2312
default-storage-engine=INNODB
```

在上述代码中，加粗显示的两行代码 default-character-set=gb2312 和 character-set-server=gb2312 就设置了字符集为 gb2312。同时，用户应知道代码行 basedir="C:/Program Files/MySQL/MySQL Server 5.5/"是 MySQL 系统安装的路径文件夹，代码行 datadir= "C:/ProgramData/MySQL/MySQL Server 5.5/Data/"是用户创建数据库、数据表等文件存放的路径文件夹。

实训内容与要求

1. 练习本实训示例的所有命令。

2. 练习下面一些命令（需要登录 mysql 后操作，即在图 2-6 显示的界面中操作）。在下面命令右边出现的“/*……*/、#.....、-- ”都是注释语句。

（1）help data types; /*显示 mysql 的数据类型*/

（2）help show; /*显示 show 命令的语法*/

（3）help select; /*显示 select 命令的语法*/

（4）select abs(-18); /*abs 为求绝对值函数，输出-18 的绝对值*/

（5）select sqrt(16); /*sqrt 为求平方根函数，输出 16 的平方根 4*/

（6）select sqrt(abs(-16)); /*先求-16 的绝对值 16，再计算 16 的平方根 4*/

（7）select left("Teacher",3); #left(String,n)函数返回字符串 String 左边 n 个 #字符，本题返回 Tea 三个字母

（8）select right("Teacher",3); #right(String,n)函数返回字符串 String 右边 n 个 #字符，本题返回 her 三个字母

（9）select substr("Teacher",5,2); #substr(String,m,n)函数返回字符串 String 第 m 个 #字符开始的 n 个字符，本题返回 he 两个字母

（10）select curdate(),current_date(); # curdate(),current_date()两个函数都显示系统 #的日期

（11）select current_timestamp(),localtime(),now(),sysdate();
-- current_timestamp(),localtime(),now(),sysdate()
-- 四个函数都是显示系统时间的函数

（12）select timestampdiff(year,'2000-12-19',current_date());
-- 函数 timestampdiff(unit,begin,end)计算的是两
-- 个日期之差，begin 是开始日期，end 是结束
-- 日期；unit 是时间单位，可以用 year、quarter、
-- month、week、day、hour、minute、second、
-- microsecond 等。计算两个日期相差的年、季度、
-- 月、周、天、小时、分、秒、微秒。如果用
-- 于计算年龄，它计算的是周岁

MySQL 提供了丰富的数据类型、函数，大家可以通过查询资料进行全面的练习。

数据定义 ‹‹‹

熟练掌握对数据库、数据表修改与删除等操作。

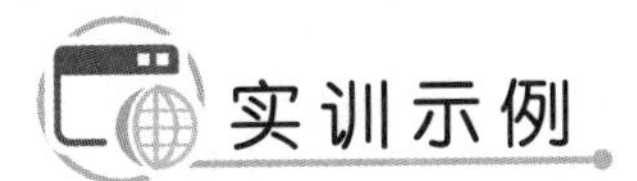

了解 MySQL 创建数据库、修改数据库和删除数据库命令的语法。

实训示例

3.1 实训用的数据库

本书以学生–选课数据库作为讲解 SQL 数据定义、数据操纵、数据查询和数据控制等内容的实训示例数据库，以供应–零件–项目数据库作为学生实训内容操作的数据库。

3.1.1 学生–选课数据库简介

学生–选课数据库包含以下 3 个表：

- Student(Sno,Sname,Ssex,Sbirthday,Snative,Snation,Sphone)
- Course(Cno,Cname,Cpno,Ccredit)
- SC(Sno,Cno,Oterm,Grade)

Student、Course、SC 三个数据表的数据示例分别如表 3–1、表 3–2、表 3–3 所示。

表 3–1　学生基本信息表

学号 Sno	姓名 Sname	性别 Ssex	出生日期 Sbirthday	籍贯 Snative	民族 Snation	手机号 Sphone
20180520101	张志华	女	2000–3–5	上海	汉族	1391234568*
20180520103	李坤	男	1999–12–3	深圳	汉族	1391678985*
20180520201	陈绍果	男	2000–2–6	昆明	白族	1501581422*
20180710101	李华英	女	2000–1–19	佛山	汉族	1701891987*

续表

学号 Sno	姓名 Sname	性别 Ssex	出生日期 Sbirthday	籍贯 Snative	民族 Snation	手机号 Sphone
20180710102	周之桐	男	2000-12-18	北京	汉族	1391234090*
20180890123	孙大军	男	1999-12-31	西安	苗族	1387658901*
20180890135	孙之梦	女	2000-3-9	长春	满族	1378900909*
20180710129	朱治国	男	2000-5-18	长春	汉族	1361254667*
20180520301	达蒙蒙	女	2000-11-10	沈阳	蒙古族	1358796001*

表 3-2　课程表

课程号 Cno	课程名 Cname	先修课 Cpno	学分 Ccredit	课程号 Cno	课程名 Cname	先修课 Cpno	学分 Ccredit
1	数据库技术	9	4	6	大数据技术	4	2
2	计算机网络	9	3	7	物联网导论		2
3	C 语言程序设计		4	8	数据结构	3	3
4	Java 面向对象程序设计		4	9	计算机操作系统	3	4
5	人工智能概论		2				

表 3-3　选课表

学号 Sno	课程号 Cno	开课学期 Oterm	成绩 Grade	学号 Sno	课程号 Cno	开课学期 Oterm	成绩 Grade
20180520101	1	2019-2020-1	89	20180520101	9	2018-2019-2	50
20180520101	2	2019-2020-1	90	20180520101	3	2018-2019-1	53
20180520201	1	2019-2020-1	85	20180890135	4	2018-2019-2	80
20180710101	3	2019-2020-1	80	20180520301	3	2018-2019-1	75
20180710102	4	2019-2020-1	70	20180520103	3	2018-2019-1	65
20180890123	5	2019-2020-1	58	20180520201	9	2018-2019-2	90
20180890135	6	2019-2020-1	57	20180520201	3	2018-2019-1	85
20180710129	7	2019-2020-1	95	20180710101	5	2019-2020-1	70
20180520301	8	2019-2020-1	91	20180710102	7	2019-2020-1	52
20180520103	9	2019-2020-1	69				

3.1.2　供应-零件-项目数据库简介

供应-零件-项目数据库包含以下 4 个表：

- S(SNO,SNAME,STATUS,CITY)
- P(PNO,PNAME,COLOR,WEIGHT)
- J(JNO,JNAME,CITY)
- SPJ(SNO,PNO,JNO,QTY)

供应商表 S 由供应商代码（SNO）、供应商姓名（SNAME）、供应商状态（STATUS）、供应商所在城市（CITY）组成。

零件表 P 由零件代码（PNO）、零件名（PNAME）、颜色（COLOR）、质量（WEIGHT）组成。

工程项目表 J 由工程项目代码（JNO）、工程项目名（JNAME）、工程项目所在城市（CITY）组成。

供应情况表 SPJ 由供应商代码（SNO）、零件代码（PNO）、工程项目代码（JNO）、供应数量（QTY）组成。

S、P、J、SPJ 四个数据表的数据示例分别如表 3-4、表 3-5、表 3-6、表 3-7 所示。

表 3-4 供应商表 S

SNO	SNAME	STATUS	CITY
S1	精益	20	天津
S2	盛锡	10	北京
S3	东方红	30	北京
S4	丰泰盛	20	天津
S5	为民	30	上海

表 3-5 零件表 P

PNO	PNAME	COLOR	WEIGHT
P1	螺母	红	12
P2	螺栓	绿	17
P3	螺丝刀	蓝	14
P4	螺丝刀	红	14
P5	凸轮	蓝	40
P6	齿轮	红	30

表 3-6 工程项目表 J

JNO	JNAME	CITY
J1	三建	北京
J2	一汽	长春
J3	弹簧厂	天津
J4	造船厂	天津
J5	机车厂	唐山
J6	无线电厂	常州
J7	半导体厂	南京

表 3-7 供应情况表 SPJ

SNO	PNO	JNO	QTY
S1	P1	J1	200
S1	P1	J3	100
S1	P1	J4	700
S1	P2	J2	100
S2	P3	J1	400
S2	P3	J2	200
S2	P3	J4	500
S2	P3	J5	400
S2	P5	J1	400
S2	P5	J2	100
S3	P1	J1	200
S3	P3	J1	200
S4	P5	J1	100
S4	P6	J3	300
S4	P6	J4	200
S5	P2	J4	100
S5	P3	J1	200
S5	P6	J2	200
S5	P6	J4	500

3.2 数据定义

3.2.1 定义数据库

数据库可看作一个专门存储数据对象的容器，数据对象包括表、视图、触发器、存储过程等，其中表是最基本的数据对象。在 MySQL 中，必须先创建好数据库，然后才能创建存放于数据库中的数据对象。安装好 MySQL 后，用户登录到 MySQL 服务器，就可以开始创建和使用数据库了，这里涉及数据库的创建、选择、查看、修改和删除等操作。

1. 创建数据库

创建数据库是在磁盘上划分一块区域用于数据的存储和管理。创建数据库的语法是：

```
CREATE {DATABASE|SCHEMA} [IF NOT EXISTS] db_name
[[DEFAULT] CHARACTER SET [=] charset_name] [[DEFAULT] COLLATE [=] collation_name];
```

语法说明如下：

- 语句中“[ ]”内为可选项。
- 语句中“|”用于分隔花括号中的选择项，表示可任选其中一项来与花括号外的语法成分共同组成 SQL 语句命令。
- db_name：数据库名。在文件系统中，MySQL 数据存储区域以目录（文件夹）方式表示数据库。
- IF NOT EXISTS：在创建数据库前进行判断，只有该数据库不存在时才执行创建数据库操作。
- CHARACTER SET：用于指定数据库字符集，charset_name 为字符集名称。例如 gb2312 就是简体中文字符集名称。
- COLLATE：用于指定字符集校对规则，collation_name 为校对规则的名称。例如 gb2312_chinese_ci 就是简体中文字符集的校对规则。

【例 3-1】 创建一个名为 jxgl 的数据库，输入语句如下：

```
create database jxgl;
```

结果如图 3-1 所示。系统显示“Query OK, 1 row affected (0.01 sec)”，表示该数据库创建成功。如果再次执行“create database jxgl;”命令，如图 3-2 所示，系统显示“ERROR 1007 (HY000): Can't create database 'jxgl'; database exists”，表示数据库已经存在。

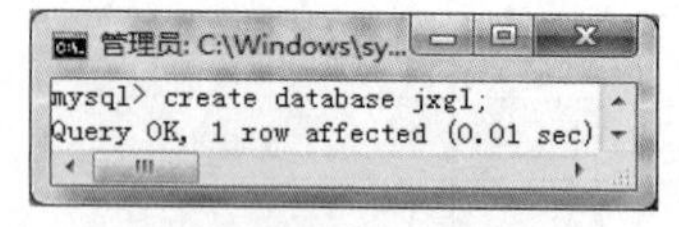

图 3-1　数据库创建成功界面

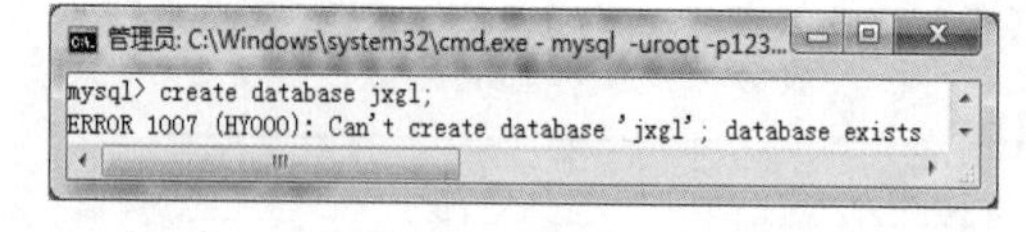

图 3-2　数据库已经存在不能创建界面

上述创建数据库命令成功后，会在系统文件夹“C:\ProgramData\MySQL\MySQL Server 5.5\data”下创建一个与数据库名称相同的文件夹 jxgl，其中包含一个名称为 db.opt 的文件，用于存储所创建数据库的全局特性，如默认字符集校对规则等。

2. 选择数据库

在用户创建数据库后，要选择某数据库为当前数据库，才能对其中的对象进行操作。在 MySQL 中，使用 USE 命令可以将当前数据库修改为另一个数据库。语法格式为：

```
USE db_name;
```

命令“USE jxgl;”就将当前数据库修改为 jxgl 了，这时才能对 jxgl 数据库中的对象进行操作，如创建数据表、向数据表插入记录等。

3. 查看数据库

查看数据库的语法是：

```
SHOW {DATABASES | SCHEMAS};
```

该命令能够列出当前用户权限范围内的数据库名称列表。

【例 3-2】查看当前用户（root）可查看的数据库列表。

输入如下语句：

```
SHOW DATABASES;
```

执行结果如图 3-3 所示。其中 jxgl 是刚才创建的数据库；mysql 是描述用户访问权限的数据库；information_schema 保存关于 MySQL 服务器维护的所有其他数据库的信息，如数据库名、数据库的表、表字段的类型与访问权限等；performance_schema 数据库主要用于收集数据库服务器性能参数；test 数据库用于用户利用该数据库进行测试工作。安装 MySQL 后，系统会自动创建 mysql、information_schema、performance_ schema、test 四个数据库。

4．修改数据库

可以利用修改数据库的命令修改数据库的默认字符集。修改数据库默认字符集命令语法如下：

```
ALTER {DATABASE | SCHEMA} db_name [DEFAULT] CHARACTER SET [=] charset_ name
[DEFAULT] COLLATE [=] collation_name;
```

上述命令中的参数意义在创建数据库命令中已经解释，这里不再赘述。如果数据库默认字符不能支持汉字显示，可以利用例 3-3 来修改。

【例 3-3】修改已有数据库的默认字符集和校对规则。

输入如下命令：

```
ALTER DATABASE jxgl DEFAULT CHARACTER SET gb2312 DEFAULT COLLATE
gb2312_chinese_ci;
```

执行上述命令后就将数据库 jxgl 的字符集修改成了 gb2312。

5．删除数据库

删除数据库是将已创建的数据库文件夹从磁盘空间上清除，数据库中的所有数据也同时被删除。删除数据库命令的语法如下：

```
DROP {DATABASE | SCHEMA} [IF EXISTS] db_name;
```

【例 3-4】删除数据库 jxgl。

输入如下语句：

```
DROP DATABASE jxgl;
```

上述命令执行后，就将刚才创建的数据库 jxgl 删除了。使用 SHOW DATABASES 命令查看数据库，可以发现 jxgl 已经没有了，如图 3-4 所示。

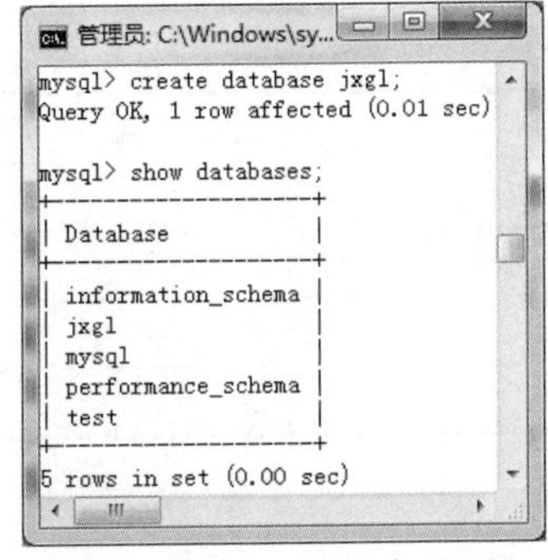

图 3-3　查看数据库界面

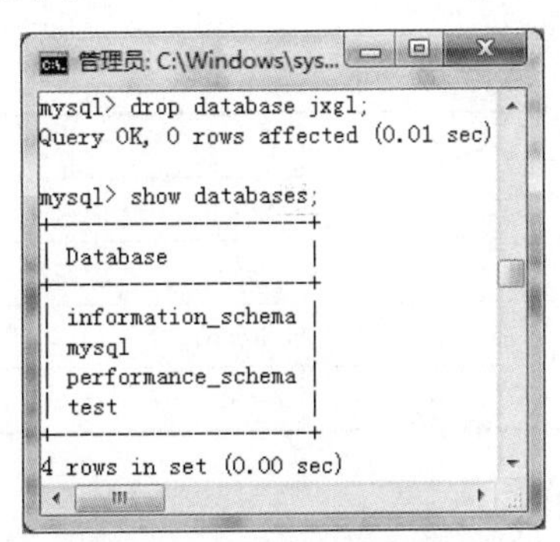

图 3-4　数据库删除界面

3.2.2 定义表

创建数据库后，就可以在数据库中创建数据表了。数据表是数据库中最重要、最基本的数据对象，是数据存储的基本单位，如果没有表，数据库中其他数据对象就没有意义。数据表是被定义字段的集合，创建数据表的过程是定义每个字段的过程，也是实施数据完整性的过程。

确定表中每个字段的数据类型是创建表的重要步骤。表 3-8 是学生数据表 Student 的结构。这里需要说明的是，确定一个字段的类型首先要分析这个字段的所有值中最大值或者可能最大值，然后寻找能够描述这个最大值又节约内存资源的数据类型作为该字段的数据类型。例如表 3-8 中的学号被定义成了 char(11)，有的用户会说为什么不定义成 int 类型呢？那就需要先分析表 3-1 学生基本信息表的学号宽度，这里学号宽度是 11 位数字，而 int 类型最大值是无符号整型值 4294967295（10 位数字），不能表达 11 位宽度的学号，如果这里用 int 作为学号的类型，在创建表后插入字段数据时就会出现"值溢出"错误，导致 11 位学号数据不能被插入到数据表中。表 3-8 中字段类型和宽度就按该原则确定。

表 3-8　学生表 Student 的结构

含　义	字段名	数据类型	宽　度
学号	Sno	char	11
姓名	Sname	varchar	20
性别	Ssex	enum	
出生日期	Sbirthday	date	
籍贯	Snative	varchar	20
民族	Snation	varchar	20
手机号	Sphone	char	11

表 3-9 和表 3-10 分别是课程表和选课表的结构。

表 3-9　课程表 Course 的结构

含　义	字段名	数据类型	宽　度
课程号	Cno	int	
课程名	Cname	varchar	30
先修课	Cpno	int	
学分	Ccredit	int	

表 3-10　选课表 SC 的结构

含　义	字段名	数据类型	宽　度
学号	Sno	char	11
课程号	Cno	int	
开课学期	Oterm	char	11
成绩	Grade	int	

1. 创建表

创建数据表用 CREATE TABLE 命令，其基本语法格式为：

```
CREATE TABLE tbl_name(字段名 1 数据类型 [列级完整性约束条件] [默认值]
[,字段名 2 数据类型 [列级完整性约束条件] [默认值]]
[,……]
[,表级完整性约束条件])[ENGINE=引擎类型];
```

【例 3-5】创建表 3-8 的 Student 数据表，要求使用 InnoDB 存储引擎。

如果没有创建数据库 jxgl，需要利用 CREATE DATABASE jxgl;命令先创建数据库，然后利用 USE jxgl;命令将当前数据库修改为 jxgl。然后输入创建数据表的命令：

```
CREATE TABLE Student(Sno char(11) not null unique,Sname varchar(20) not null,
Ssex enum('男','女'),Sbirthday date,Snative varchar(20),Snation varchar(20),
Sphone char(11))ENGINE=InnoDB;
```

结果如图 3-5 所示。

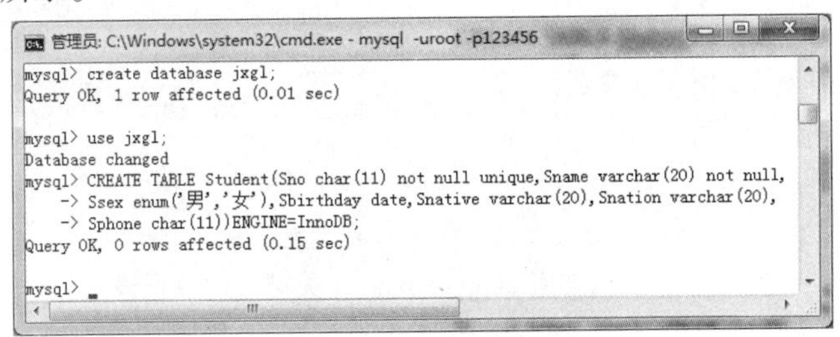

图 3-5 创建数据表

使用 CREATE TABLE 创建数据表时应该注意如下语法：

（1）指定表名和字段名

使用 CREATE TABLE 创建数据表必须指定表名。指定表名有两种方式，一种是在选定了当前数据库后，直接在 CREATE TABLE 后面给出表名，如 CREATE TABLE Student，如果没有选定当前数据库，也可以在创建数据表时指定数据库，如 CREATE TABLE jxgl.Student，这里 jxgl 是必须存在的数据库，该语句说明 Student 数据表是在数据库 jxgl 中创建，注意 jxgl 与 Student 之间用英文小数点“.”分隔。

表中每个字段的定义是以字段名开始的，后跟字段的数据类型以及可选参数，如果创建多个字段，则字段之间需要用逗号分隔。字段名在表中必须唯一。

（2）完整性约束条件

在使用 CREATE TABLE 语句创建数据表的同时，可以定义与该表有关的完整性约束条件，包括实体完整性约束（PRIMARY KEY、UNIQUE）、参照完整性约束（FOREIGN KEY……REFERENCES）和用户自定义约束（NOT NULL、DEFAULT、CHECK）等。当用户操作数据表中的数据时，DBMS 会自动检查该操作是否遵循这些完整性约束条件。如果完整性约束条件涉及多个字段，则必须创建表级完整性约束条件；如果只是涉及单个字段，则可以创建列级完整性约束条件或者表级完整性约束条件。关于完整性的详细信息在实训 4 中介绍。

（3）NULL 与 NOT NULL

NULL 就是没有值或值空缺，允许 NULL 的列在向数据表插入记录时可以不给出该列的值。NOT NULL 的列不接受该列没有值的情况，也就是在向该列插入或更新数据时，该列必须有值。在 MySQL 中，如果创建数据表时，没有指定列 NULL 或 NOT NULL，则该列默认为 NULL。

（4）AUTO_INCREMENT

在 MySQL 中，使用关键字 AUTO_INCREMENT 为整型数据的列设置自增属性。

AUTO_INCREMENT默认的初始值为1,当向一个定义为AUTO_INCREMENT的列中插入NULL值或数字0时，该列的值自动设置为value+1，其中value是当前表中该列的最大值。每个表只能定义一个AUTO_INCREMENT列，并且该列必须定义为主键PRIMARY KEY或值唯一约束UNIQUE。

【例3-6】 创建表3-9的Course数据表，要求课程号使用AUTO_INCREMENT。

输入如下命令：

```
CREATE TABLE jxgl.Course(Cno int primary key auto_increment,
Cname varchar(30),Cpno int,Ccredit int);
```

执行结果如图3-6所示。这里将课程号Cno设置成int型主键，并且设置了关键字AUTO_INCREMENT。没有指定存储引擎，则使用默认存储引擎，本书安装时的默认存储引擎是InnoDB。

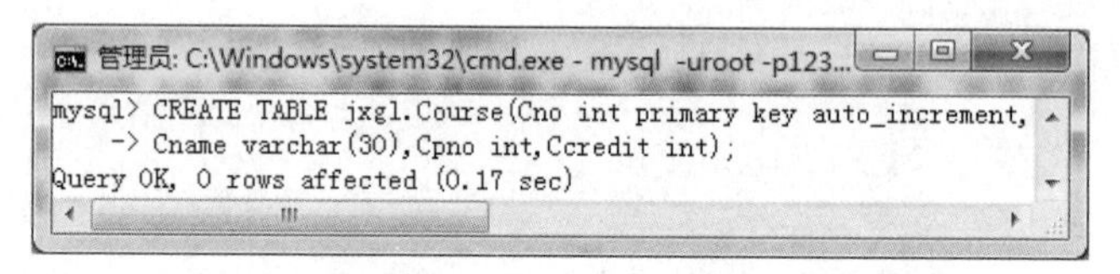

图3-6　创建有auto_increment关键字的数据表

（5）DEFAULT

DEFAULT关键字用来指定字段默认值。例如，如果汉族同学比较多，在创建数据表Student时，就可以为字段“民族(Snation)”定义默认值“汉族”。

【例3-7】 利用表3-8的数据创建数据表Student1，设置Snation的默认值为“汉族”。

输入如下命令：

```
CREATE TABLE jxgl.Student1(Sno char(11) not null unique,Sname varchar(20) not null,
Ssex enum('男','女'),Sbirthday date,Snative varchar(20),Snation varchar(20)
default '汉族' ,Sphone char(11))ENGINE=InnoDB;
```

执行结果如图3-7所示。

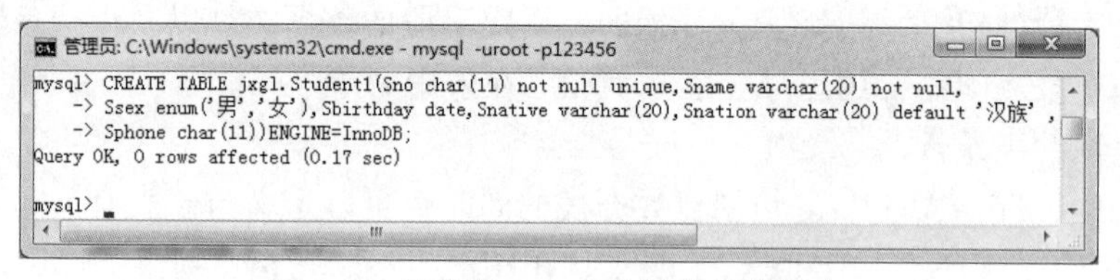

图3-7　创建有default关键字的数据表

2. 查看表

（1）查看表的名称

可以使用SHOW TABLES语句查看指定数据库中所有数据表的名称，其语法格式是：

```
SHOW TABLES [{FROM |IN} db_name];
```

使用选项{FROM |IN} db_name可以显示指定的非当前数据库中的数据表名称。

【例3-8】 查看当前数据库jxgl中的数据表名称。

输入命令：

```
show tables;
```

执行结果如图3-8所示。

【例 3-9】查看非当前数据库 jxgl 中的数据表名称。

输入命令：

```
show tables from jxgl;
```

执行结果如图 3-9 所示。

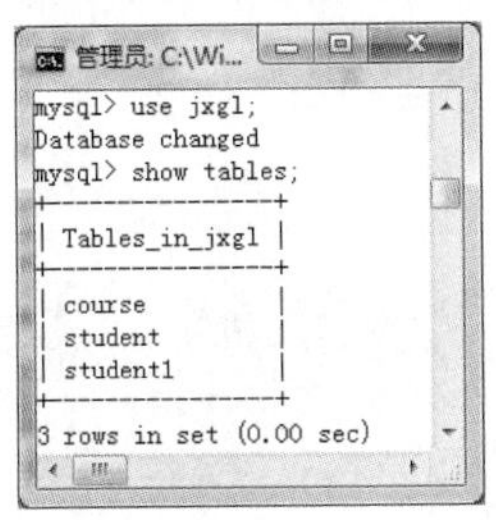

图 3-8 查看当前数据库中的数据表

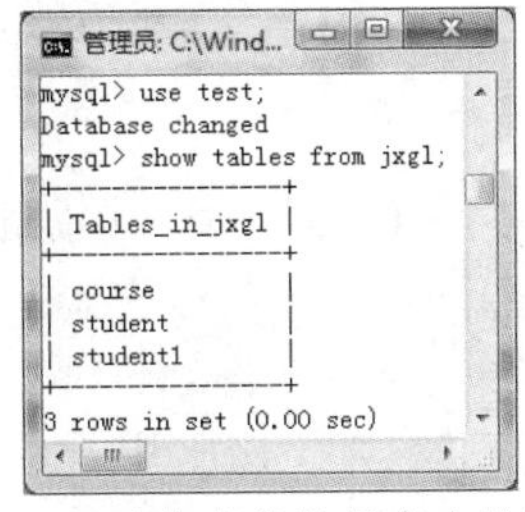

图 3-9 查看非当前数据库中的数据表

（2）查看数据表的基本结构

使用 SHOW COLUMNS 语句或 DESCRIBE/DESC 语句可以查看指定数据表的结构，包括字段名、字段的数据类型、字段值是否允许为空、是否为主键、是否有默认值等。

SHOW COLUMNS 语句的语法格式是：

```
SHOW COLUMNS {FROM|IN} tb_name [{FROM|IN} db_name];
```

tb_name 是要查看的数据表名称，db_name 是要查看数据表所在数据库的名称。

DESCRIBE/DESC 语句的语法格式是：

```
{DESCRIBE|DESC} tb_name;
```

【例 3-10】查看数据库 jxgl 中 Student1 数据表的结构。

输入命令：

```
show columns from student1 in jxgl;
```

执行结果如图 3-10 所示。这里用 SHOW COLUMNS 语句，其他语句用户自己尝试。

（3）查看数据表的详细结构

使用 SHOW CREATE TABLE 语句可以查看创建表时的 CREATE TABLE 语句，其语法格式是：

```
SHOW CREATE TABLE tb_name;
```

【例 3-11】查看数据库 jxgl 中 Student1 数据表的详细结构。

输入命令：

```
show create table student1 \G;
```

执行结果如图 3-11 所示。

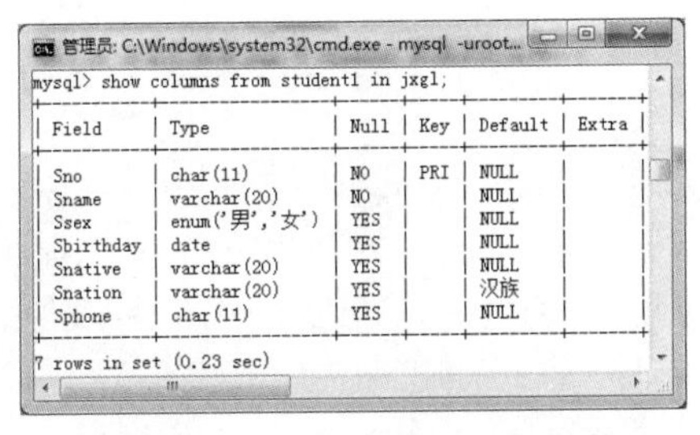

图 3-10 查看指定数据表的结构

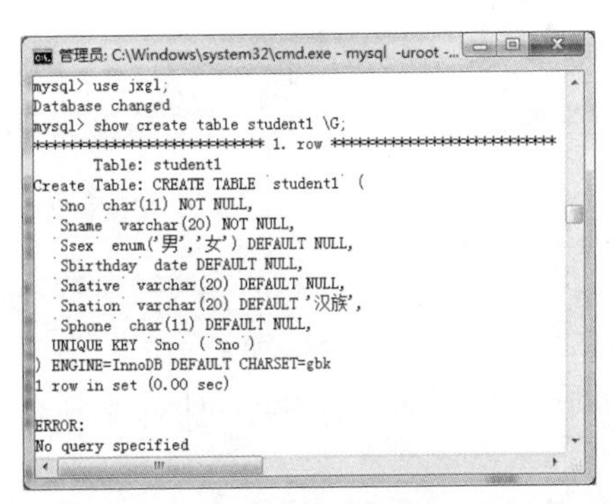

图 3-11 查看指定数据表的详细结构

命令 show create table student1 \G;中的“\G”是格式输出参数。用 show create table 命令不仅可以查看创建表时的详细语句，而且还可以查看存储引擎和字符集情况。

3．修改表

使用 ALTER TABLE 语句修改原有表的结构，如修改字段名、字段的数据类型、添加字段、删除字段、修改字段的排列位置、更改表的引擎类型、增加和删除表的约束等。

（1）添加字段

添加字段的 ALTER TABLE 语法格式是：

```
ALTER TABLE tb_name ADD [COLUMN] 新字段名 数据类型 [约束条件][FIRST|AFTER 已有字段名]
```

其中可选项“约束条件”用于指定字段取值不为空、字段的默认值、主键及候选键约束等。可选项“FIRST|AFTER 已有字段名”用于指定新增字段在表中的位置：FIRST 表示将新添加的字段设置为表的第一个字段，AFTER 表示将新添加的字段加到指定的“已有字段名”后面，如果省略这两个参数，则默认将新添加的字段设置为数据表的最后一列。

【例 3-12】向数据库 jxgl 中的数据表 Student1 添加一个 INT 型字段 id，要求其不能为 NULL，取值唯一且自动增加，并将该字段添加到表的第一个字段。

输入命令：

```
ALTER TABLE jxgl.student1 ADD COLUMN id INT NOT NULL UNIQUE AUTO_INCREMENT FIRST;
```

然后输入 DESC jxgl.student1;命令查看数据表结构。两条命令执行结果如图 3-12 所示。

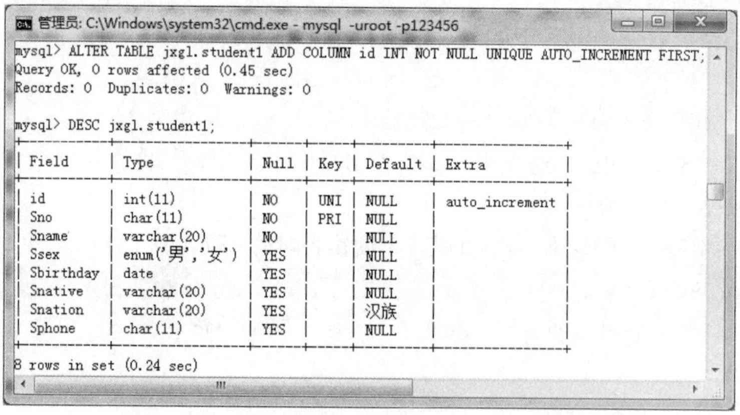

```
管理员: C:\Windows\system32\cmd.exe - mysql -uroot -p123456
mysql> ALTER TABLE jxgl.student1 ADD COLUMN id INT NOT NULL UNIQUE AUTO_INCREMENT FIRST;
Query OK, 0 rows affected (0.45 sec)
Records: 0  Duplicates: 0  Warnings: 0

mysql> DESC jxgl.student1;
+-----------+-----------------+------+-----+---------+----------------+
| Field     | Type            | Null | Key | Default | Extra          |
+-----------+-----------------+------+-----+---------+----------------+
| id        | int(11)         | NO   | UNI | NULL    | auto_increment |
| Sno       | char(11)        | NO   | PRI | NULL    |                |
| Sname     | varchar(20)     | NO   |     | NULL    |                |
| Ssex      | enum('男','女') | YES  |     | NULL    |                |
| Sbirthday | date            | YES  |     | NULL    |                |
| Snative   | varchar(20)     | YES  |     | NULL    |                |
| Snation   | varchar(20)     | YES  |     | 汉族    |                |
| Sphone    | char(11)        | YES  |     | NULL    |                |
+-----------+-----------------+------+-----+---------+----------------+
8 rows in set (0.24 sec)
```

图 3-12　添加字段命令和查看数据表命令的结果

【例 3-13】向数据库 jxgl 中的数据表 Student1 添加一个 varchar(30)类型字段 department，用于描述学生所在的学院，要求设置默认值为“电子信息工程学院”，并将该字段添加到原表 Snation 之后。

输入命令：

```
ALTER TABLE jxgl.Student1 ADD COLUMN department varchar(30) DEFAULT '电子信息工程学院' AFTER Snation;
```

然后输入 DESC jxgl.student1;命令查看数据表结构。两条命令执行结果如图 3-13 所示。

```
管理员: C:\Windows\system32\cmd.exe - mysql -uroot -p123456
mysql> ALTER TABLE jxgl.Student1 ADD COLUMN department varchar(30) DEFAULT '电子信息工程学院' AFTER Snation;
Query OK, 0 rows affected (0.28 sec)
Records: 0  Duplicates: 0  Warnings: 0

mysql> DESC jxgl.student1;
+------------+-------------------+------+-----+------------------+----------------+
| Field      | Type              | Null | Key | Default          | Extra          |
+------------+-------------------+------+-----+------------------+----------------+
| id         | int(11)           | NO   | UNI | NULL             | auto_increment |
| Sno        | char(11)          | NO   | PRI | NULL             |                |
| Sname      | varchar(20)       | NO   |     | NULL             |                |
| Ssex       | enum('男','女')   | YES  |     | NULL             |                |
| Sbirthday  | date              | YES  |     | NULL             |                |
| Snative    | varchar(20)       | YES  |     | NULL             |                |
| Snation    | varchar(20)       | YES  |     | 汉族             |                |
| department | varchar(30)       | YES  |     | 电子信息工程学院 |                |
| Sphone     | char(11)          | YES  |     | NULL             |                |
+------------+-------------------+------+-----+------------------+----------------+
9 rows in set (0.22 sec)
```

图 3-13　添加字段命令和查看数据表命令的结果

（2）修改字段

在 MySQL 中，ALTER TABLE 语句有三个修改字段的子句，语法格式分别为：

```
ALTER TABLE tb_name CHANGE [COLUMN] 原字段名 新字段名 数据类型 [约束条件];
ALTER TABLE tb_name ALTER [COLUMN] 字段名 {SET|DROP} DEFAULT;
ALTER TABLE tb_name MODIFY [COLUMN] 字段名 数据类型 [约束条件] [FIRST|AFTER 已有字段名] ;
```

CHANGE [COLUMN]子句可同时修改指定的字段名称和数据类型，一个 ALTER TABLE 语句中可添加多个 CHANGE [COLUMN]子句，子句之间用逗号分隔。ALTER [COLUMN]子句用于修改或删除表中指定字段的默认值。MODIFY [COLUMN]子句只能修改指定字段的数据类型，重新确定指定字段在数据表中的位置。

【例 3-14】将数据库 jxgl 中的数据表 Student1 的字段 Sbirthday 重命名为 age，并将其数据类型更改为 TINYINT，允许其为空值 NULL，默认值为 18。

输入命令：

```
ALTER TABLE jxgl.Student1 CHANGE COLUMN Sbirthday age TINYINT NULL DEFAULT 18;
```

然后输入 DESC jxgl.student1;命令查看数据表结构。两条命令执行结果如图 3-14 所示。

注意：如果将列原有的数据类型更换为另外一种类型，可能会丢失该列原有的数据；如果试图改变的数据类型与原有数据类型不兼容，SQL 命令不会执行，且系统会提示错误。

```
管理员: C:\Windows\system32\cmd.exe - mysql -uroot -p123456
mysql> ALTER TABLE jxgl.Student1 CHANGE COLUMN Sbirthday age TINYINT NULL DEFAULT 18;
Query OK, 0 rows affected (0.31 sec)
Records: 0  Duplicates: 0  Warnings: 0

mysql> DESC jxgl.student1;
+------------+-------------------+------+-----+------------------+----------------+
| Field      | Type              | Null | Key | Default          | Extra          |
+------------+-------------------+------+-----+------------------+----------------+
| id         | int(11)           | NO   | UNI | NULL             | auto_increment |
| Sno        | char(11)          | NO   | PRI | NULL             |                |
| Sname      | varchar(20)       | NO   |     | NULL             |                |
| Ssex       | enum('男','女')   | YES  |     | NULL             |                |
| age        | tinyint(4)        | YES  |     | 18               |                |
| Snative    | varchar(20)       | YES  |     | NULL             |                |
| Snation    | varchar(20)       | YES  |     | 汉族             |                |
| department | varchar(30)       | YES  |     | 电子信息工程学院 |                |
| Sphone     | char(11)          | YES  |     | NULL             |                |
+------------+-------------------+------+-----+------------------+----------------+
9 rows in set (0.25 sec)
```

图 3-14　使用修改字段命令 CHANGE COLUMN 子句和查看数据表命令的结果

【例 3-15】将数据库 jxgl 中的数据表 Student1 的字段 department 的默认值删除。

输入命令：

```
ALTER TABLE jxgl.Student1 ALTER COLUMN department DROP DEFAULT;
```

用户自己用 DESC jxgl.student1;命令查看数据表结构。

【例 3-16】将数据库 jxgl 中的数据表 Student1 的字段 department 的默认值修改为“经济管理学院”。

输入命令：

```
ALTER TABLE jxgl.student1 ALTER COLUMN department SET DEFAULT '经济管理学院';
```

然后输入 DESC jxgl.student1;命令查看数据表结构。两条命令执行结果如图 3-15 所示。

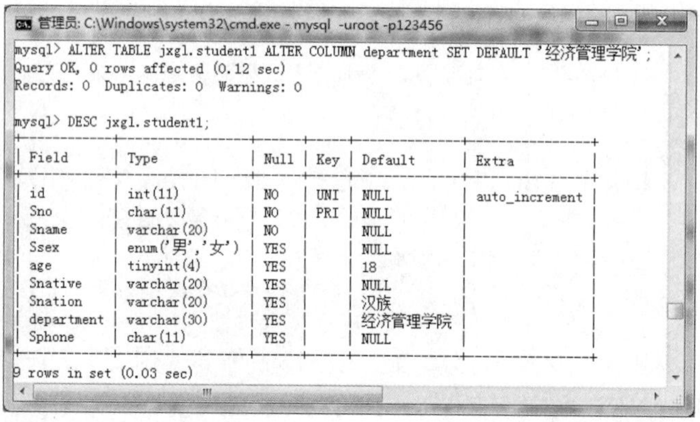

```
管理员: C:\Windows\system32\cmd.exe - mysql -uroot -p123456
mysql> ALTER TABLE jxgl.student1 ALTER COLUMN department SET DEFAULT '经济管理学院';
Query OK, 0 rows affected (0.12 sec)
Records: 0  Duplicates: 0  Warnings: 0

mysql> DESC jxgl.student1;
+------------+----------------+------+-----+--------------+----------------+
| Field      | Type           | Null | Key | Default      | Extra          |
+------------+----------------+------+-----+--------------+----------------+
| id         | int(11)        | NO   | UNI | NULL         | auto_increment |
| Sno        | char(11)       | NO   | PRI | NULL         |                |
| Sname      | varchar(20)    | NO   |     | NULL         |                |
| Ssex       | enum('男','女') | YES  |     | NULL         |                |
| age        | tinyint(4)     | YES  |     | 18           |                |
| Snative    | varchar(20)    | YES  |     | NULL         |                |
| Snation    | varchar(20)    | YES  |     | 汉族         |                |
| department | varchar(30)    | YES  |     | 经济管理学院 |                |
| Sphone     | char(11)       | YES  |     | NULL         |                |
+------------+----------------+------+-----+--------------+----------------+
9 rows in set (0.03 sec)
```

图 3-15　使用修改字段命令 ALTER COLUMN 子句和查看数据表命令的结果

【例 3-17】将数据库 jxgl 中的数据表 Student1 的字段 department 的数据类型更改为 varchar(20)，取值不允许为空，并将此字段移至 Sname 之后。

输入命令：

```
ALTER TABLE jxgl.student1 MODIFY COLUMN department varchar(20) NOT NULL AFTER
Sname;
```

然后输入 DESC jxgl.student1;命令查看数据表结构。两条命令执行结果如图 3-16 所示。

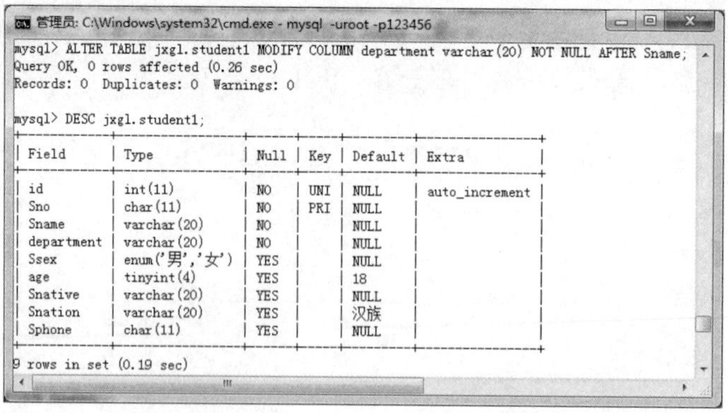

```
管理员: C:\Windows\system32\cmd.exe - mysql -uroot -p123456
mysql> ALTER TABLE jxgl.student1 MODIFY COLUMN department varchar(20) NOT NULL AFTER Sname;
Query OK, 0 rows affected (0.26 sec)
Records: 0  Duplicates: 0  Warnings: 0

mysql> DESC jxgl.student1;
+------------+----------------+------+-----+---------+----------------+
| Field      | Type           | Null | Key | Default | Extra          |
+------------+----------------+------+-----+---------+----------------+
| id         | int(11)        | NO   | UNI | NULL    | auto_increment |
| Sno        | char(11)       | NO   | PRI | NULL    |                |
| Sname      | varchar(20)    | NO   |     | NULL    |                |
| department | varchar(20)    | NO   |     | NULL    |                |
| Ssex       | enum('男','女') | YES  |     | NULL    |                |
| age        | tinyint(4)     | YES  |     | 18      |                |
| Snative    | varchar(20)    | YES  |     | NULL    |                |
| Snation    | varchar(20)    | YES  |     | 汉族    |                |
| Sphone     | char(11)       | YES  |     | NULL    |                |
+------------+----------------+------+-----+---------+----------------+
9 rows in set (0.19 sec)
```

图 3-16　使用修改字段命令 MODIFY COLUMN 子句和查看数据表命令的结果

从图 3-16 可以看出，department 已经被移至 Sname 之后，并且不再有默认值。

（3）删除字段

使用 DROP COLUMN 子句可以删除数据表中不再需要的字段。语法格式为：

```
ALTER TABLE tb_name DROP [COLUMN] 字段名;
```

【例 3-18】将数据库 jxgl 中的数据表 Student1 的字段 id 删除。

输入命令：

```
ALTER TABLE jxgl.student1 DROP COLUMN id;
```

然后输入 DESC jxgl.student1;命令查看数据表结构。两条命令执行结果如图 3-17 所示。

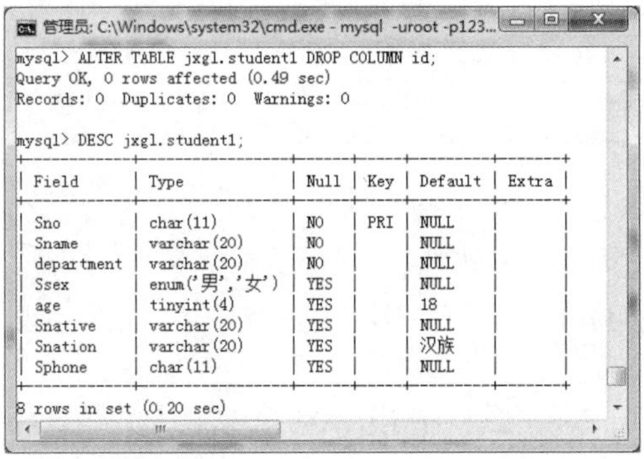

```
管理员: C:\Windows\system32\cmd.exe - mysql -uroot -p123...
mysql> ALTER TABLE jxgl.student1 DROP COLUMN id;
Query OK, 0 rows affected (0.49 sec)
Records: 0  Duplicates: 0  Warnings: 0

mysql> DESC jxgl.student1;
+------------+-----------------+------+-----+---------+-------+
| Field      | Type            | Null | Key | Default | Extra |
+------------+-----------------+------+-----+---------+-------+
| Sno        | char(11)        | NO   | PRI | NULL    |       |
| Sname      | varchar(20)     | NO   |     | NULL    |       |
| department | varchar(20)     | NO   |     | NULL    |       |
| Ssex       | enum('男','女') | YES  |     | NULL    |       |
| age        | tinyint(4)      | YES  |     | 18      |       |
| Snative    | varchar(20)     | YES  |     | NULL    |       |
| Snation    | varchar(20)     | YES  |     | 汉族    |       |
| Sphone     | char(11)        | YES  |     | NULL    |       |
+------------+-----------------+------+-----+---------+-------+
8 rows in set (0.20 sec)
```

图 3-17　使用修改字段命令 DROP COLUMN 子句和查看数据表命令的结果

4. 重命名表

MySQL 可以使用 ALTER TABLE 语句的 RENAME [TO]子句或者使用 RENAME TABLE 语句修改表名。

（1）使用 ALTER TABLE 的 RENAME [TO]子句修改表名

该语句的语法格式是：

```
ALTER TABLE 原表名 RENAME [TO] 新表名;
```

【例 3-19】将数据库 jxgl 中的数据表 Student1 重命名为 backup_Student1。

输入如下命令即可完成：

```
ALTER TABLE jxgl.Student1 RENAME TO backup_Student1;
```

（2）使用 RENAME TABLE 命令修改表名

该语句的语法格式是：

```
RENAME TABLE 原表名1 TO 新表名1[,原表名2 TO 新表名2]……;
```

该语句同时可以对多个数据表进行重新命名。

【例 3-20】将数据库 jxgl 中的数据表 backup_Student1 重命名为 backup_Student2。

输入如下命令即可完成：

```
RENAME TABLE backup_student1 TO backup_student2;
```

5. 删除表

使用 DROP TABLE 语句删除数据表，该语句的语法格式是：

```
DROP TABLE [IF EXISTS] 表1[,表2]……;
```

- DROP TABLE 命令可以同时删除多个表，表与表之间用逗号分隔。
- IF EXISTS 用于在删除表之前判断要删除的表是否存在，如果要删除的表不存在，且删除表时不加 IF EXISTS，则 MySQL 会提示一条错误信息“ERROR 1051 (42S02): Unknown table '表名'”，加上 IF EXISTS 后，如果要删除的表不存在，SQL 语句可以顺利执行，但会发出警告（warning）。

【例 3-21】将数据库 jxgl 中的数据表 Student、backup_Student2、Course 删除。

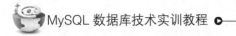

输入如下命令即可完成：

```
DROP TABLE jxgl.Student,jxgl.backup_student2,jxgl.Course;
```

执行 SHOW TABLES IN jxgl;命令查看数据库 jxgl 下是否还有这三个表。图 3-18 显示了该例题执行上述两个命令的情况。从图 3-18 可以看到，数据库 jxgl 已经是空集，上面三个数据表已经被删除。

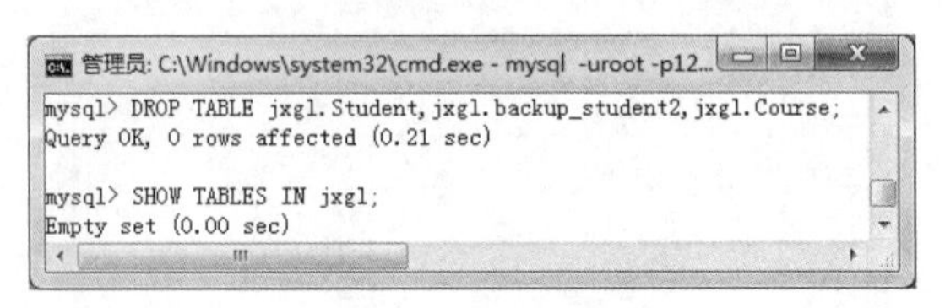

图 3-18　使用 DROP TABLE 删除数据表和查看数据库中表命令的结果

实训内容与要求

1. 数据库基础操作。

（1）创建 Sspj 数据库，并设置字符集为 gbk。创建数据库 Sspj1，设置字符集为 gb2312。

（2）将 Sspj 设置为当前数据库。

（3）查看当前可用的数据库。

（4）将 Sspj 数据库的字符集修改为 gb2312。

（5）删除数据库 Sspj1。

2. 数据表定义。

（1）建立一个 Word 文档，文档名为：实验用数据表结构设计.docx。在该 Word 文档中，根据表 3-4、表 3-5、表 3-6、表 3-7 的数据情况，设计出 4 个表的结构（参考数据库 jxgl 中表 3-8、表 3-9、表 3-10 三个表结构的设计），表名分别用表 s3-1 供应商表 S 的结构、表 s3-2 零件表 J 的结构、表 s3-3 工程项目表 P 的结构、表 s3-4 供应情况表 SPJ 的结构。

（2）根据设计的表 s3-1 供应商表 S 的结构、表 s3-2 零件表 J 的结构、表 s3-3 工程项目表 P 的结构、表 s3-4 供应情况表 SPJ 的结构，在数据库 Sspj 中创建数据表 S、J、P、SPJ。

（3）查看数据库 Sspj 中有哪些数据表。

（4）查看数据表 S 的基本结构。

（5）在数据表 S 中增加一个字段邮政编码（postcode），类型为字符型 char(6)，默认值为 528000，放在字段列表最后位置。并用 DESC 命令查看数据表 S 的结构。

（6）将数据表 S 中字段邮政编码的数据类型改为 int。并用 DESC 命令查看数据表 S 的结构。

（7）删除数据表 S 中的字段邮政编码 postcode。并用 DESC 命令查看数据表 S 的结构。

（8）将数据表 S 重新命名为 SS。

（9）将数据表 SS、J、P、SPJ 删除。

（10）查看数据库 Sspj 中有哪些数据表。

数据库完整性 <<<

实训目的

掌握实体完整性、参照完整性、用户定义完整性的概念以及设计方法。

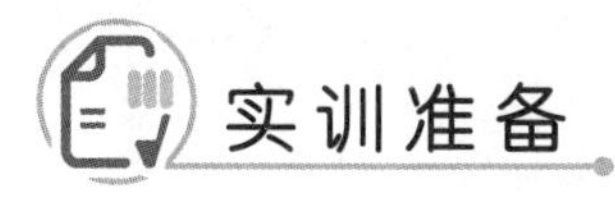

熟悉 CREATE TABLE 或者 ALTER TABLE 命令，了解实体完整性、参照完整性、用户定义完整性约束的内涵。

4.1 定义实体完整性

实体完整性规则是指关系的主属性不能取空值，即主键和候选键的属性都不能取空值。

主键是表中某一列或者某几列构成的组合。由多个列构成的主键称为复合主键。在 MySQL 中，主键遵守如下一些规则：

① 每个表只能定义一个主键。当一个表有多个候选键时，选择其中一个作为主键。

② 主键的值（又称键值），必须能够唯一标识表中的每行记录，不能取空值。也就是在一个表中不能存在两条记录键值是一样的情况。

③ 复合主键不能包含多余的列。也就是说，如果将复合主键的某一列删除后，剩下的列组合仍是主键，这是不正确的。

④ 一个字段在复合主键中只能出现一次。

根据以上主键约束的规则，在创建表时，首先分析数据表中的主键构成，并在关系型中用下画线对主键进行标明，以便创建表时用关键字指明主键。例如，教学管理系统选课数据库中的学生表、课程表、选课表的关系型分别是：

```
Student(Sno, Sname, Ssex, Sbirthday, Snative, Snation, Sphone)
Course(Cno, Cname, Cpno, Ccredit)
SC(Sno, Cno, Oterm, Grade)
```

Student、Course、SC 三个表的主键分别是 Sno、Cno、(Sno,Cno)。其中选课表的主键由两个字段列构成，是复合主键。

4.1.1 列级完整性约束

列级完整性约束的创建，只需在主键字段的右边加上 PRIMARY KEY 即可。列级完整性约束只能针对主键包含一个字段的情况。

【例 4-1】在数据库 jxgl 中，根据表 3-8 定义学生数据表 Student，要求以列级完整性约束方式定义主键。

如果数据库 jxgl 被删除了，就需要重新建立。创建数据库 jxgl 的命令是：

```
CREATE DATABASE jxgl;
```

将数据库 jxgl 修改为当前数据库，输入命令：

```
USE jxgl;
```

输入创建数据表 Student 的命令：

```
CREATE TABLE Student(Sno char(11) PRIMARY KEY,Sname varchar(20),Ssex Enum
('男','女'),Sbirthday date,Snative varchar(20),Snation varchar(20) default '汉
族',Sphone char(11));
```

完成上述三条命令的界面如图 4-1 所示。

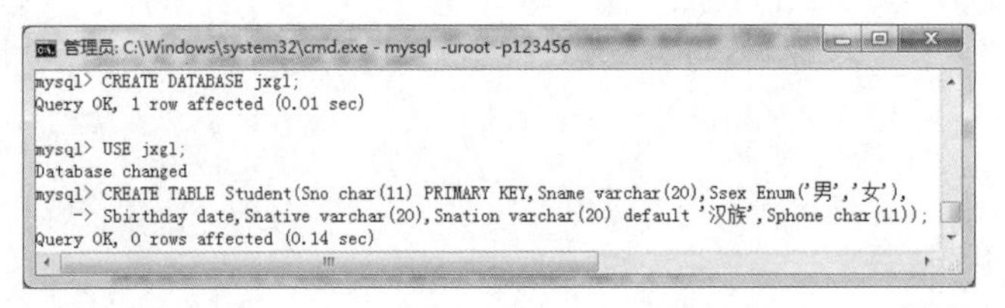

图 4-1　创建数据库、设置当前数据库、创建数据表命令后的界面

4.1.2 表级完整性约束

需要在表中所有字段定义的后面加上 PRIMARY KEY 子句。

【例 4-2】在数据库 jxgl 中，根据表 3-9 定义课程数据表 Course，要求以表级完整性约束方式定义主键。

输入命令：

```
CREATE TABLE Course(Cno int,Cname varchar(30),Cpno int,Ccredit int,PRIMARY
KEY(Cno));
```

完成该命令以后的界面如图 4-2 所示。

如果主键是一个字段，利用列级完整性约束和表级完整性约束都可以定义主键。如果主键是由两个或以上的字段组合而成，必须用表级完整性约束定义主键。

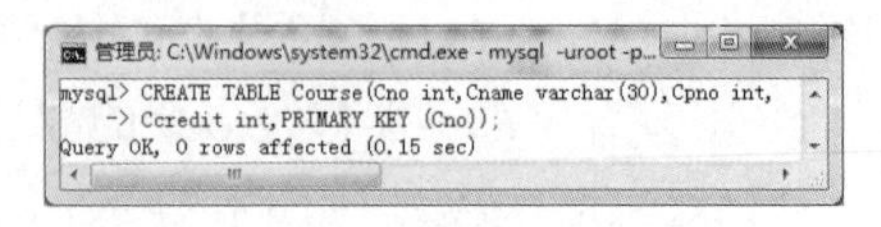

图 4-2　创建表级完整性约束数据表的命令界面

4.2 定义参照完整性

在给出参照完整性内含之前，先来说明一下外键的含义。

外键是一个表中的一个或一组属性，它不是这个表的主键，但它对应另外一个表的主键。

外键的主要作用是保证数据引用的完整性，保持数据的一致性。定义外键后，不允许删除外键引用的另外一个表中具有关联关系的记录。外键所属的表称为参照关系，相关联主键所在的表称为被参照关系。例如对于数据库 jxgl 中的选课表 SC(Sno, Cno, Oterm, Grade)来说，这里字段 Sno 不是选课表 SC 的主键，但它是学生表 Student 的主键，因此，Sno 是选课表 SC 的外键；同样的道理，Cno 不是选课表 SC 的主键，但它是课程表 Course 的主键，所以，Cno 也是选课表 SC 的外键。选课表 SC 是参照表，而学生表 Student 和课程表 Course 都是被参照表。

参照完整性规则定义的是外键与主键之间的引用规则，即外键的取值或者为空，或者等于被参照关系中某个主键的值。假如学生表有一个班级号字段，这个班级号字段不是学生表的主键，但它是班级表的主键，在学生表与班级表建立参照完整性后，那么在学生表中班级号要么为空，表示某个学生还没有被分配班级，要么必须等于班级表中某个班级的班级号。

但是如果参照关系中的外键是本表主键的一部分，则外键不允许为空。例如选课表 SC 和学生表 Student 建立参照完整性后，选课表中的字段 Sno 是选课表 SC 主键(Sno,Cno)的一部分，因此，Sno 在选课表 SC 中就不能取空值，只能等于学生表 Student 中某一个 Sno 的值。同样的道理，选课表 SC 中的字段 Cno 也只能等于 Course 表中某一个 Cno 的值。

外键与主键定义时的数据类型和宽度必须一致。

【例 4-3】 在数据库 jxgl 中，根据表 3-10 定义选课数据表 SC，要求以表级完整性约束方式定义主键、定义参照完整性规则。

根据前面的分析，创建数据表 SC 的命令如下：

```
CREATE TABLE SC(Sno char(11),Cno int,Oterm char(11),Grade int,
PRIMARY KEY (Sno,Cno),
FOREIGN KEY (Sno) REFERENCES Student(Sno),
FOREIGN KEY (Cno) REFERENCES Course(Cno));
```

其中 PRIMARY KEY (Sno,Cno)是表级完整性定义子句，定义本表主键是 Sno 和 Cno 两个字段值的组合，共同构成本表的主键。FOREIGN KEY (Sno) REFERENCES Student(Sno)是定义参照完整性子句，说明本表外键是 Sno，其值需要引用 Student 表的主键 Sno 的值。FOREIGN KEY (Cno) REFERENCES Course(Cno) 也是定义参照完整性子句，说明本表外键是 Cno，其值需要引用 Course 表的主键 Cno 的值。

该命令执行结果如图 4-3 所示。

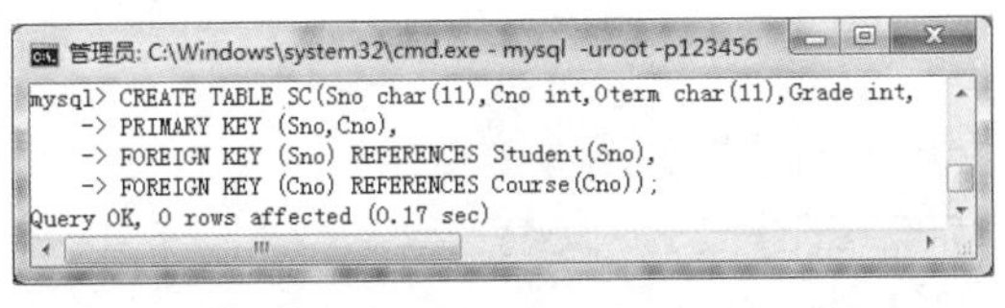

图 4-3　创建参照完整性约束数据表的命令界面

在选课表 SC 与学生表 Student、课程表 Course 建立参照完整性后，只有选课表 SC 中没有某学号时才可以在学生表 Student 中删除该学号学生信息，同时也只有选课表 SC 中没有某课程号时才可以在课程表 Course 中删除该课程号课程的信息。MySQL 可以通过定义一个参照动作来修改这个规则，即定义外键时可以显示说明参照完整性约束的违约处理策略。

给外键定义参照动作时，需要包括两部分：一个是指参照动作适用的语句，如 UPDATE（修改数据表记录）和 DELETE（删除数据表记录）语句，二是要指定采取的动作，即 RESTRICT、CASCADE、SET NULL、NO ACTION 和 SET DEFAULT。上述动作的含义如下：

RESTRICT 为限制策略。即当要修改或删除被参照表中被参照列且在外键中出现的值时，系统拒绝对被参照表的修改或删除操作。这是系统默认的操作策略。

CASCADE 为级联策略，即从被参照表中修改或删除记录时，自动删除或修改参照表中对应的记录。

SET NULL 为置空策略。即从被参照表中修改或删除记录时，设置参照表中对应的外键值为空。这个策略要求参照表中外键要允许是空值的情况，即不能设置为 NOT NULL。

NO ACTION 为不采取策略。含义与 RESTRICT 相同。

SET DEFAULT 为默认值策略。即从被参照表中修改或删除记录时，设置参照表中对应的外键值为默认值。这个策略要求已经为该列定义了默认值。

【例 4-4】在数据库 jxgl 中，根据表 3-10 定义选课数据表 SC，要求以表级完整性约束方式定义主键、定义参照完整性规则，更新被参照表记录时采用限制策略，删除被参照表记录时采用级联策略。

由于前面已经创建了选课表 SC，要想重新创建 SC，必须先删除该数据表，再进行创建操作。在 MySQL 中先输入删除选课表 SC 的命令：DROP TABLE SC;再输入创建数据表 SC 的命令：

```
CREATE TABLE SC(Sno char(11),Cno int,Oterm char(11),Grade int,
PRIMARY KEY(Sno,Cno),
FOREIGN KEY(Sno) REFERENCES Student(Sno)
ON UPDATE RESTRICT ON DELETE CASCADE,
FOREIGN KEY(Cno) REFERENCES Course(Cno)
ON UPDATE RESTRICT ON DELETE CASCADE);
```

FOREIGN KEY (Sno) REFERENCES Student(Sno) ON UPDATE RESTRICT ON DELETE CASCADE 子句在定义选课表 SC（通过外键 Sno）与学生表 Student（通过学生表的主键 Sno）建立参照完整性的同时定义了更新被参照表记录时采用限制策略，删除被参照表记录时采用级联策略，即当选课表中有某个学号时，在学生表中不允许更改该学号的值，在删除学生表中某个学号时，选课表中对应该学号的记录联动删除。FOREIGN KEY (Cno) REFERENCES Course(Cno) ON UPDATE RESTRICT ON DELETE CASCADE 子句在定义选课表 SC（通过外键 Cno）与课程表 Course（通过课程表的主键 Cno）建立参照完整性的同时定义了更新被参照表记录时采用限制策略，删除被参照表记录时采用级联策略，即当选课表中有某个课程号时，在课程表中不允许更改该课程号的值，在删除课程表中某个课程号时，选课表中对应该课程号的记录联动删除。

上述命令在 MySQL 中执行的结果如图 4-4 所示。

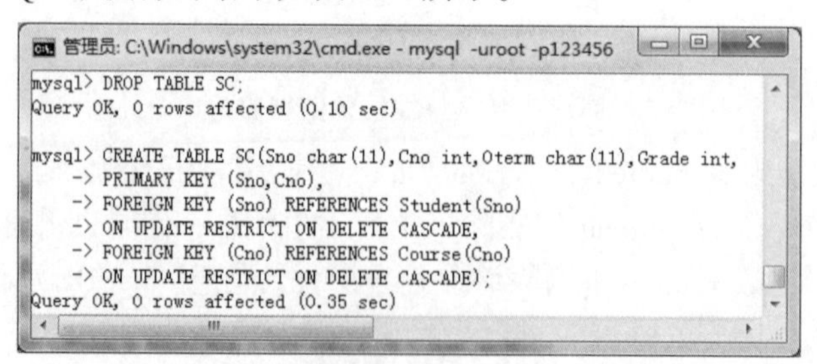

图 4-4　创建带限制策略和级联策略的参照完整性约束数据表的命令界面

注意：外键只能引用主键或候选键。在 MySQL 中，外键只能用在 InnoDB 存储引擎中，其他存储引擎不支持外键。本书在创建数据表时没有指明存储引擎，因为安装 MySQL 时指定的存储引擎是 InnoDB。

4.3 用户定义的完整性

除了实体完整性和参照完整性之外，不同的数据库系统根据其应用环境的不同，往往还需要定义一些特殊的约束条件，即用户定义的完整性规则，它反映了某一具体应用涉及数据应该满足的语义要求。例如，性别只能是“男”或“女”，学生成绩要求在 0～100 分之间等。

MySQL 支持用户定义的完整性约束，包括非空约束、CHECK 约束和触发器。下面介绍非空约束和 CHECK 约束。

非空约束是指字段的值不能为空。在 MySQL 中，非空约束可以使用 CREATE TABLE 或 ALTER TABLE 语句，在某个字段定义的后面加上关键字 NOT NULL 作为限定词，来约束该列不能为空。

CHECK 约束也是在创建表（CREATE TABLE）或修改表（ALTER TABLE）的同时，根据用户的实际完整性要求来定义的。CHECK 约束分为列级约束和表级完整性约束。列级 CHECK 约束定义的是单个字段需要满足的要求，表级 CHECK 约束可以定义表中多个字段之间应满足的条件。CHECK 约束常用的语法格式是：

```
CHECK (expression)
```

其中，expression 是一个表达式，用于指定需要检查的限定条件。

【例 4-5】 在数据库 jxgl 中，根据表 3-9 定义的课程数据表 Course，要求课程名 Cname 不允许取空值，学分 Gcredit 的值在(1,2,3,4)中选一个。

由于已经创建了该数据表，如果用户想重新创建该数据表，需要删除该表以后，重新输入命令。但是由于选课表 SC 已经与课程表建立参照完整性关系，现在要删除 Course，系统会拒绝。利用 ALTER TABLE 将要求的约束添加进去。该题两条命令分别是：

```
ALTER TABLE COURSE MODIFY Cname char(30) not null;
ALTER TABLE COURSE MODIFY Ccredit enum('1','2','3','4');
```

【例 4-6】 在数据库 jxgl 中，为选课数据表 SC 增加 CHECK 约束，要求成绩 Grade 在 0～100 之间。

用 ALTER TABLE 将要增加的约束添加进去。该命令是：

```
ALTER TABLE SC ADD CONSTRAINT CK_sc CHECK(Grade>=0 AND Grade<=100);
```

这个命令是通过创建表级完整性约束完成的。

CHECK 约束在创建表或修改表时虽然能够正确执行，但在 MySQL 中，利用 CHECK 设定的约束在插入记录或者修改记录时它并不发挥正常的作用，因此，对于一些问题还要通过触发器来就解决。触发器的内容在后面讲解。

4.4 完整性约束命名子句

SQL 在 CREATE TABLE 语句中提供了完整性约束命名子句 CONSTRAINT，用来对完整性约束条件进行命名，从而可以灵活地增加、删除一个完整性约束条件。完整性约束命名子句的语法格式是：

```
CONSTRAINT <约束名称> <完整性约束条件>
```

例如 CONSTRAINT CK_sc CHECK(Grade>=0 AND Grade<=100);就是完整性约束命名子句，其中 CK_sc 是约束名称，CHECK(Grade>=0 AND Grade<=100)就是完整性约束条件。

输入命令：

```
SHOW CREATE TABLE SC\G;
```

显示例 4-4 创建的数据表 SC 的结构，如图 4-5 所示。

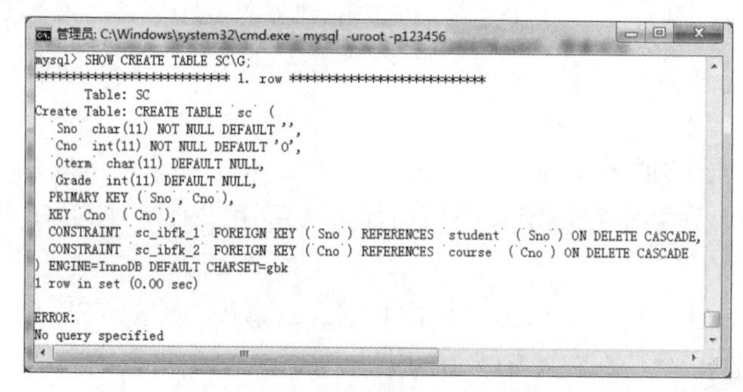

图 4-5 创建的数据表 SC 的结构

在图 4-5 中，可以发现子句“FOREIGN KEY (Sno) REFERENCES Student(Sno) ON UPDATE RESTRICT ON DELETE”前面增加了 CONSTRAINT 'sc_ibfk_1'，也就是 MySQL 还是以完整性命名子句的语法形式将“FOREIGN KEY (Sno) REFERENCES Student(Sno) ON UPDATE RESTRICT ON DELETE CASCADE,”显示，其中 sc_ibfk_1 是系统自动添加的完整性约束名称。子句“FOREIGN KEY (Cno) REFERENCES Course(Cno) ON UPDATE RESTRICT ON DELETE CASCADE);”前面增加了 CONSTRAINT 'sc_ibfk_2'，sc_ibfk_2 是系统自动添加的完整性约束名称。

在图 4-5 中，KEY 'Cno' ('Cno')是在创建主键(Sno,Cno)时添加的“Cno”列索引。

4.5 更新完整性约束

当对各种约束进行命名后，就可以使用 ALTER TABLE 语句更新各种约束。

4.5.1 删除约束

使用 DROP TABLE 语句删除表时，则表上定义的所有完整性约束都自动被删除。使用 ALTER TABLE 语句可以独立删除完整性约束，而不会删除表本身。下面分别介绍各种删除完整性约束的情况。

1. 删除外键约束

这里的外键约束就是参照完整性约束，删除外键约束的语法格式是：

```
ALTER TABLE <表名> DROP FOREIGN KEY <外键约束名>;
```

当要删除无命名的外键约束时，可以先使用“SHOW CREATE TABLE 表名;”语句查看外键约束指定的名称，如例 4-4 创建的选课表 SC，系统指定的外键名称分别是 sc_ibfk_1 和 sc_ibfk_2。

【例 4-6】将 SC 表中的外键约束删除。

选课表中创建了两个外键约束，需要用两条命令删除，分别是：

```
ALTER TABLE SC DROP FOREIGN KEY sc_ibfk_1;
ALTER TABLE SC DROP FOREIGN KEY sc_ibfk_2;
```

执行上述两条命令后，再执行 SHOW CREATE TABLE SC \G;命令，会发现创建的外键约束已被删除。

2. 删除主键约束

删除主键约束的语法是：

```
ALTER TABLE <表名> DROP PRIMARY KEY;
```

【例 4-7】将 SC 表的主键删除。

输入如下删除命令：

```
ALTER TABLE SC DROP PRIMARY KEY;
```

则选课表的主键就被删除了。输入命令：

```
SHOW CREATE TABLE SC\G;
```

如图 4-6 所示，SC 的主键、外键都被删除了。

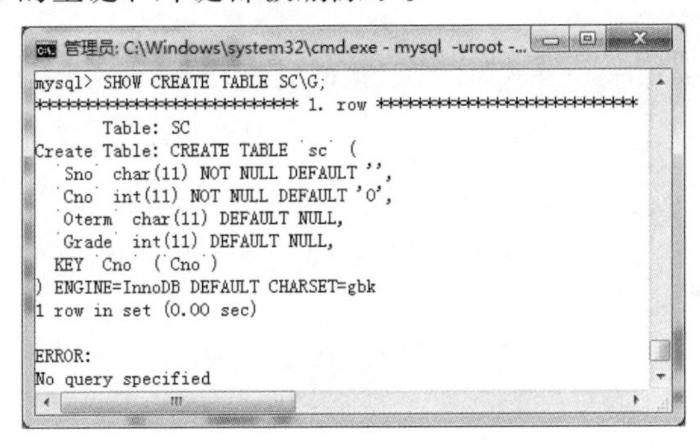

图 4-6　删除数据表 SC 外键和主键后的结构

4.5.2 添加约束

1. 添加主键约束

添加主键约束的语法是：

```
ALTER TABLE <表名> ADD [CONSTRAINT <约束名>] PRIMARY KEY (主键字段);
```

【例 4-8】添加 SC 表的主键约束。

输入如下添加命令：

```
ALTER TABLE SC ADD CONSTRAINT PK_student_course PRIMARY KEY (Sno,Cno);
```

就将 SC 表的主键添加了。其中，PK_student_course 是约束名称。

2. 添加外键约束

添加外键约束的语法是：

```
ALTER TABLE <表名> ADD [CONSTRAINT <约束名>] FOREIGN KEY (外键字段名) REFERENCES
被参照表(主键字段名);
```

【例 4-9】添加 SC 表的外键约束。

SC 表外键约束有两个，需要两条命令来完成。

```
    ALTER TABLE SC ADD CONSTRAINT FK_student FOREIGN KEY (Sno) REFERENCES Student(Sno);
    ALTER TABLE SC ADD CONSTRAINT FK_course FOREIGN KEY (Cno) REFERENCES Course(Cno);
```

执行完添加主键约束、外键约束命令后，利用 SHOW CREATE TABLE SC\G;进行查看，如图 4–7 所示，SC 表的主键、外键约束就都添加了。

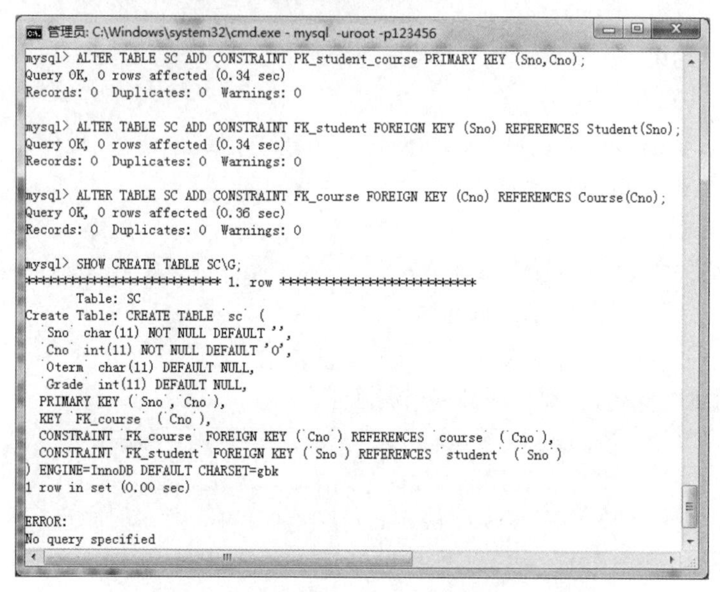

图 4–7　添加数据表 SC 主键和外键后的结构

实训内容与要求

根据上个实验设计的表 s3-1 供应商表 S 的结构、表 s3-2 零件表 J 的结构、表 s3-3 工程项目表 P 的结构、表 s3-4 供应情况表 SPJ 的结构，在数据库 Sspj 中创建数据表 S、J、P、SPJ，要求完成如下完整性约束：

1. 定义数据表 S、J、P 的主码以及 SPJ 的主键和外键，保证实体完整性和参照完整性。
2. 数据表 S 中的 Sname 属性、J 中的 Jname 属性、P 中的 Pname 属性取值不为空。
3. 定义产品的颜色只能取“红”“黄”“绿”“蓝”之一。
4. 定义供应商所在城市为“天津”时其 STATUS（状态）均为 20。
5. 定义 SPJ 中的 QTY 取值为 50～1000。

实训 5 数据更新

实训目的

学习掌握向数据表中插入记录、修改记录和删除记录的方法，熟练使用 INSERT、UPDATE 和 DELETE 语句。

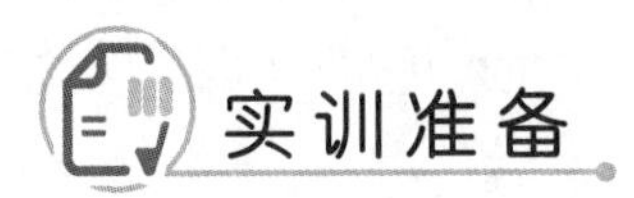

实训准备

本实验使用 jxgl 数据库中的三个数据表，即 Student、Course、SC。这三个数据表前面已经创建好数据表结构，具体结构如图 5-1、图 5-2 和图 5-3 所示。

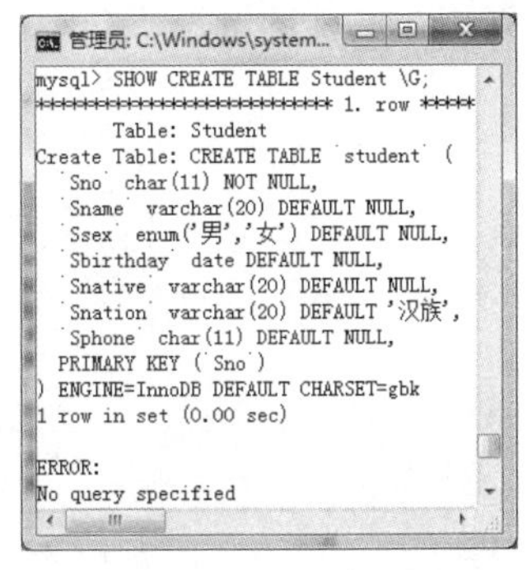

```
mysql> SHOW CREATE TABLE Student \G;
*************************** 1. row ***************************
       Table: Student
Create Table: CREATE TABLE `student` (
  `Sno` char(11) NOT NULL,
  `Sname` varchar(20) DEFAULT NULL,
  `Ssex` enum('男','女') DEFAULT NULL,
  `Sbirthday` date DEFAULT NULL,
  `Snative` varchar(20) DEFAULT NULL,
  `Snation` varchar(20) DEFAULT '汉族',
  `Sphone` char(11) DEFAULT NULL,
  PRIMARY KEY (`Sno`)
) ENGINE=InnoDB DEFAULT CHARSET=gbk
1 row in set (0.00 sec)

ERROR:
No query specified
```

图 5-1 数据表 Student 的结构

```
mysql> SHOW CREATE TABLE Course \G;
*************************** 1. row ***************************
       Table: Course
Create Table: CREATE TABLE `course` (
  `Cno` int(11) NOT NULL,
  `Cname` char(30) NOT NULL,
  `Cpno` int(11) DEFAULT NULL,
  `Ccredit` int(11) DEFAULT NULL,
  PRIMARY KEY (`Cno`)
) ENGINE=InnoDB DEFAULT CHARSET=gbk
1 row in set (0.00 sec)

ERROR:
No query specified
```

图 5-2 数据表 Course 的结构

```
mysql> SHOW CREATE TABLE SC \G;
*************************** 1. row ***************************
       Table: SC
Create Table: CREATE TABLE `sc` (
  `Sno` char(11) NOT NULL,
  `Cno` int(11) NOT NULL,
  `Oterm` char(11) DEFAULT NULL,
  `Grade` int(11) DEFAULT NULL,
  PRIMARY KEY (`Sno`,`Cno`),
  KEY `FK_course` (`Cno`),
  CONSTRAINT `FK_course` FOREIGN KEY (`Cno`) REFERENCES `course` (`Cno`),
  CONSTRAINT `FK_student` FOREIGN KEY (`Sno`) REFERENCES `student` (`Sno`)
) ENGINE=InnoDB DEFAULT CHARSET=gbk
1 row in set (0.00 sec)

ERROR:
No query specified
```

图 5-3 数据表 SC 的结构

根据图 5-1、图 5-2 和图 5-3 显示的三个数据表结构以及表 3-1、表 3-2 和表 3-3 显示的记录数据为基础进行数据的插入、修改、删除等操作。

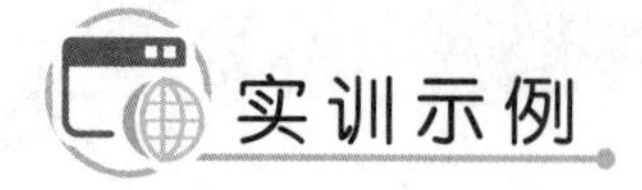

5.1 插入数据

MySQL 使用 INSERT 或 REPLACE 语句向数据表中插入记录数据，插入的方式有：插入完整的数据记录、插入记录的一部分、插入多条记录、插入另一个查询的结果等。

5.1.1 插入完整的数据记录

用 INSERT 语句向数据表插入记录的语法格式是：

```
INSERT INTO tb_name(column_list) VALUES(value_list);
```

其中，tb_name 是指定要插入记录的数据表，column_list 是指定要插入数据的字段，value_list 是对应每个插入字段的数据。value_list 给出的数据个数与 column_list 列出的字段个数要相等，并且对应的数据类型要一致。

向表中所有属性列插入数据有两种方法，一种是指定所有字段名，另一种是不指定字段名，value_list 需要为每一个字段指定值，并且值的顺序要与数据表中定义的顺序相同。

在执行 INSERT 语句之前，需要将数据库切换为当前数据库，如：USE jxgl;命令就将当前数据库设置为教学管理数据库了。下面的命令都在当前数据库为 jxgl 的情况下执行。

【例 5-1】向 Student 表添加表 3-1 的前三条记录。

插入第 1 条记录的命令为：

```
INSERT INTO Student(Sno,Sname,Ssex,Sbirthday,Snative,Snation,Sphone)
VALUES('20180520101','张志华','女','2000-3-5','上海','汉族','1391234568*');
```

插入第 2 条记录的命令为：

```
INSERT INTO Student
VALUES('20180520103','李坤','男','1999-12-3','深圳','汉族','1391678985*');
```

插入第 3 条记录的命令，因为在 column_list 中字段顺序与定义时的字段顺序不一致，这时，要求 value_list 中值的顺序要与 column_list 中字段顺序相匹配。命令如下：

```
INSERT INTO Student(Sname,Sno,Sbirthday,Ssex,Snative,Sphone,Snation)
VALUES('陈绍果','20180520201','2000-2-6','男','昆明','1501581422*','白族');
```

【例 5-2】采用默认值插入，向 Student 表插入表 3-1 中的第 4 条记录。

在创建学生表 Student 时设置了“民族”的默认值为“汉族”，在插入记录时，如果“民族”字段不插入值，默认值就为“汉族”。例如：

```
INSERT INTO Student(Sno,Sname,Ssex,Sbirthday,Snative,Sphone)
VALUES('20180710101','李华英','女','2000-1-19','佛山','1701891987*');
```

输入命令：SELECT * FROM Student;可以查看数据表 Student 中记录数据的情况，图 5-4 显示了上面插入的 4 条记录。

```
管理员: C:\Windows\system32\cmd.exe - mysql -uroot -p123456
mysql> SELECT * FROM Student;
+-------------+--------+------+------------+---------+---------+-------------+
| Sno         | Sname  | Ssex | Sbirthday  | Snative | Snation | Sphone      |
+-------------+--------+------+------------+---------+---------+-------------+
| 20180520101 | 张志华 | 女   | 2000-03-05 | 上海    | 汉族    | 1391234568* |
| 20180520103 | 李坤   | 男   | 1999-12-03 | 深圳    | 汉族    | 1391678985* |
| 20180520201 | 陈绍果 | 男   | 2000-02-06 | 昆明    | 白族    | 1501581422* |
| 20180710101 | 李华英 | 女   | 2000-01-19 | 佛山    | 汉族    | 1701891987* |
+-------------+--------+------+------------+---------+---------+-------------+
4 rows in set (0.00 sec)
```

图 5-4　数据表 Student 中的 4 条记录情况

5.1.2　为表的指定字段插入数据

为表的指定字段插入数据就是在 INSERT 语句中只给部分字段插入值，而其他字段的值为表定义时的默认值，没有定义默认值的字段应允许取空值。

【例 5-3】向数据表 Student 中插入表 3-1 中的第 5 条记录的学号、姓名、性别 3 个字段值。

命令如下：

```
INSERT INTO Student(Sno,Sname,Ssex)
VALUES('20180710102','周之桐','男');
```

执行该条命令后，Student 表的记录情况如图 5-5 所示。

从图 5-5 可以看出，第 5 条记录只有 Sno、Sname、Ssex 以及具有默认值的字段 Snation 有数据，其他字段为空值。

```
管理员: C:\Windows\system32\cmd.exe - mysql -uroot -p123456
mysql> SELECT * FROM Student;
+-------------+--------+------+------------+---------+---------+-------------+
| Sno         | Sname  | Ssex | Sbirthday  | Snative | Snation | Sphone      |
+-------------+--------+------+------------+---------+---------+-------------+
| 20180520101 | 张志华 | 女   | 2000-03-05 | 上海    | 汉族    | 1391234568* |
| 20180520103 | 李坤   | 男   | 1999-12-03 | 深圳    | 汉族    | 1391678985* |
| 20180520201 | 陈绍果 | 男   | 2000-02-06 | 昆明    | 白族    | 1501581422* |
| 20180710101 | 李华英 | 女   | 2000-01-19 | 佛山    | 汉族    | 1701891987* |
| 20180710102 | 周之桐 | 男   | NULL       | NULL    | 汉族    | NULL        |
+-------------+--------+------+------------+---------+---------+-------------+
5 rows in set (0.00 sec)
```

图 5-5　数据表 Student 中的 5 条记录情况

5.1.3　同时插入多条数据记录

INSERT 语句可以同时向数据表中插入多条记录，语法格式为：

```
INSERT INTO tb_name(column_list) VALUES(value_list1),(value_list2),
……,(value_listn);
```

其中，(value_list1),(value_list2),……,(value_listn)分别表示要插入的 n 条记录值的列表。

【例 5-4】向数据表 Student 中插入表 3-1 中的第 6、7、8、9 四条记录的值。

```
INSERT INTO Student
VALUES('20180890123','孙大军','男','1999-12-31','西安','苗族','1387658901*'),
('20180890135','孙之梦','女','2000-3-9','长春','满族','1378900909*'),
('20180710129','朱治国','男','2000-5-18','长春','汉族','1361254667*'),
('20180520301','达蒙蒙','女','2000-11-10','沈阳','蒙古族','1358796001*');
```

执行上述命令后，就一次性插入了 4 条记录。此时，表 3-1 显示的 Student 数据表中的 9 条记录都插入完毕，结果如图 5-6 所示。

```
管理员: C:\Windows\system32\cmd.exe - mysql -uroot -p123456
mysql> SELECT * FROM student;
+-------------+--------+------+------------+---------+--------+-------------+
| Sno         | Sname  | Ssex | Sbirthday  | Snative | Snation| Sphone      |
+-------------+--------+------+------------+---------+--------+-------------+
| 20180520101 | 张志华 | 女   | 2000-03-05 | 上海    | 汉族   | 1391234568* |
| 20180520103 | 李坤   | 男   | 1999-12-03 | 深圳    | 汉族   | 1391678985* |
| 20180520201 | 陈绍果 | 男   | 2000-02-06 | 昆明    | 白族   | 1501581422* |
| 20180520301 | 达蒙蒙 | 女   | 2000-11-10 | 沈阳    | 蒙古族 | 1358796001* |
| 20180710101 | 李华英 | 女   | 2000-01-19 | 佛山    | 汉族   | 1701891987* |
| 20180710102 | 周之桐 | 男   | NULL       | NULL    | 汉族   | NULL        |
| 20180710129 | 朱治国 | 男   | 2000-05-18 | 长春    | 汉族   | 1361254667* |
| 20180890123 | 孙大军 | 男   | 1999-12-31 | 西安    | 苗族   | 1387658901* |
| 20180890135 | 孙之梦 | 女   | 2000-03-09 | 长春    | 满族   | 1378900909* |
+-------------+--------+------+------------+---------+--------+-------------+
9 rows in set (0.00 sec)
```

图 5-6 数据表 Student 中的 9 条记录情况

5.1.4 插入查询结果

使用 INSERT 语句还可以将 SELECT 语句查询的结果插入到表中。其语法格式为：

```
INSERT INTO tb_name1(column_list1)
SELECT (column_list2) FROM tb_name2 WHERE (condition);
```

其中，tb_name1 指定待插入数据的表名，tb_name2 指定要查询的数据来源表；column_list1 指定待插入表中待插入数据的字段列表，column_list2 指定数据来源表的查询字段列表，该列表必须和 column_list1 列表中的字段个数相同，且对应的数据类型相匹配；condition 指定 SELECT 语句的查询条件。

SELECT 子句查询的是在数据表 tb_name2 中满足条件 condition 的一些列(由 column_list2 标明)的值，这些值是一个集合（由多行多列组成），INSERT 语句将这些结果集插入到指定表中。

【例 5-5】假设要为数据表 Student 制作一个备份表 Student_backup，两个表的结构完全一致，请使用 INSERT……SELECT 语句将数据表 Student 中的数据备份到数据表 Student_backup 中。

首先，需要在数据库 jxgl 中创建备份表 Student_backup 的结构。创建备份表 Student_backup 的结构，可以利用前面的数据定义语句完成，命令格式与图 4-1 中 CREATE TABLE Student 一致，想用这种办法的用户可以参照图 4-1 自己完成。MySQL 5.0 以后版本，还提供了比较简便的方法，可以直接将一个数据表的结构复制到另外一个数据表中，语法如下：

```
CREATE TABLE tb_name2 LIKE tb_name1;
```

将 tb_name1 的结构复制到 tb_name2 中，执行完该语句，tb_name1 的结构和 tb_name2 的结构就一样了。

本例输入如下命令：

```
CREATE TABLE Student_backup LIKE Student;
```

然后再输入命令：

```
INSERT INTO Student_backup
SELECT * FROM Student;
```

这里是将 Student 中所有字段的值插入到 Student_backup 中，所以 column_list1 可以省略，column_list2 用*代表 Student 中所有字段列。

执行完上述命令后，用 SELECT * FROM Student_backup;命令即可从数据表 Student_backup 中查询所有记录数据情况，如图 5-7 所示。

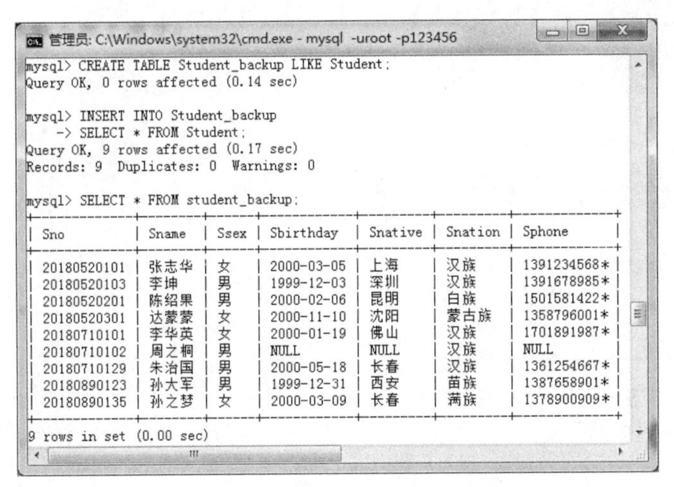

图 5-7 插入查询结果的命令界面

5.1.5 将文本文件中数据插入到数据表中

可以利用命令 LOAD INFILE 将一个文本文件的内容插入到数据表中，语法格式为：

```
LOAD DATA LOCAL INFILE <本地文件> INTO TABLE tb_name[(column_list)];
```

本地文件：是指放在本地磁盘上的一个文本文件，包括文件路径，如放在 D 盘 DATA 文件夹下的文本文件 COURSE.txt，则要写成："D:/DATA/COURSE.txt"。

tb_name：要将文本文件中的数据插入到的数据表名称。

column_list：数据表中的字段列表，如果文本文件的列与 column_list 一一对应，则 column_list 可以省略。

【例 5-6】 将表 3-2 中的数据（仅记录部分）制作成一个文本文件，如 COURSE.txt，将该文件存放在 D 盘 DATA 文件夹下，将该文本文件中的数据内容插入到数据表 COURSE 中。

COURSE.txt 的内容及格式如图 5-8 所示。

图 5-8 显示的 COURSE.txt 文本文件中，每一行数据之间用制表位“Tab”分隔，如果是空值，则用“\N”表示。

完成 COURSE.txt 这样的文本文件后，就可以用如下命令：

```
LOAD DATA LOCAL INFILE "D:/DATA/COURSE.txt" INTO TABLE COURSE(Cno,
Cname,Cpno,Ccredit);
```

或者命令：

```
LOAD DATA LOCAL INFILE "D:/DATA/COURSE.txt" INTO TABLE COURSE;
```

将 COURSE.txt 中的数据插入到数据表 COURSE 中。

输入命令：

```
SELECT * FROM Course;
```

命令执行情况如图 5-9 所示。

【例 5-7】 将表 3-3 中的数据（仅记录部分）制作成一个文本文件，如 SC.txt，将该文件存放在 D 盘 DATA 文件夹下，将该文本文件中的数据内容插入到数据表 SC 中。SC.txt 的内容及格式如图 5-10 所示。

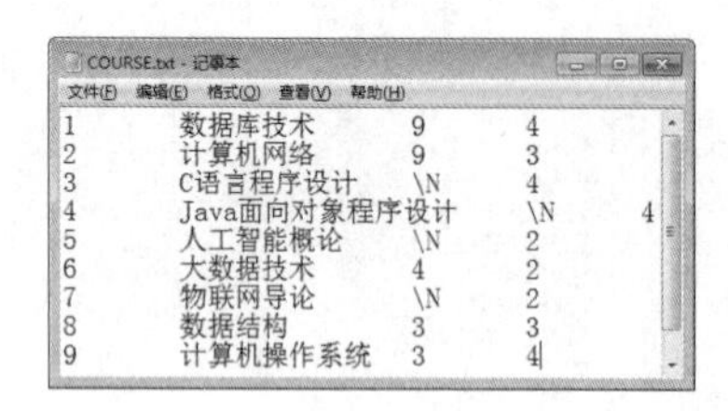

```
1	数据库技术	9	4
2	计算机网络	9	3
3	C语言程序设计	\N	4
4	Java面向对象程序设计	\N	4
5	人工智能概论	\N	2
6	大数据技术	4	2
7	物联网导论	\N	2
8	数据结构	3	3
9	计算机操作系统	3	4
```

图 5-8　文本文件 COURSE.txt 的内容及格式

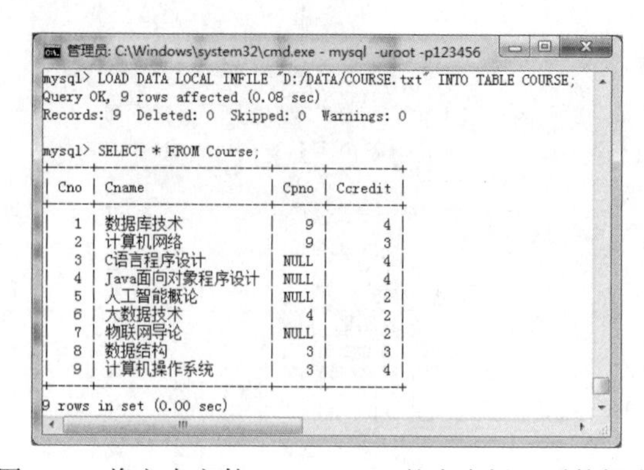

```
mysql> LOAD DATA LOCAL INFILE "D:/DATA/COURSE.txt" INTO TABLE COURSE;
Query OK, 9 rows affected (0.08 sec)
Records: 9  Deleted: 0  Skipped: 0  Warnings: 0

mysql> SELECT * FROM Course;
+-----+----------------------+------+---------+
| Cno | Cname                | Cpno | Ccredit |
+-----+----------------------+------+---------+
|   1 | 数据库技术           |    9 |       4 |
|   2 | 计算机网络           |    9 |       3 |
|   3 | C语言程序设计        | NULL |       4 |
|   4 | Java面向对象程序设计 | NULL |       4 |
|   5 | 人工智能概论         | NULL |       2 |
|   6 | 大数据技术           |    4 |       2 |
|   7 | 物联网导论           | NULL |       2 |
|   8 | 数据结构             |    3 |       3 |
|   9 | 计算机操作系统       |    3 |       4 |
+-----+----------------------+------+---------+
9 rows in set (0.00 sec)
```

图 5-9　将文本文件 COURSE.txt 的内容插入到数据表 COURSE 的命令及结果

输入命令：

```
LOAD DATA LOCAL INFILE "D:/DATA/SC.txt" INTO TABLE SC(Sno,Cno,Oterm, Grade);
```

或者命令：

```
LOAD DATA LOCAL INFILE "D:/DATA/SC.txt" INTO TABLE SC;
```

将 SC.txt 中的数据插入到数据表 SC 中。用 SELECT * FROM SC;命令查询数据，如图 5-11 所示。

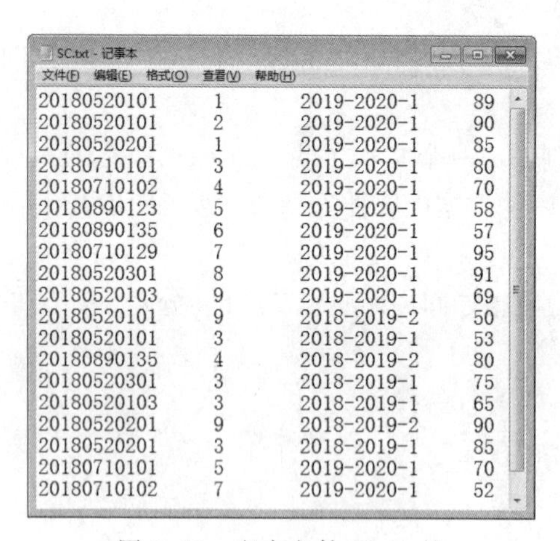

```
20180520101	1	2019-2020-1	89
20180520101	2	2019-2020-1	90
20180520201	1	2019-2020-1	85
20180710101	3	2019-2020-1	80
20180710102	4	2019-2020-1	70
20180890123	5	2019-2020-1	58
20180890135	6	2019-2020-1	57
20180710129	7	2019-2020-1	95
20180520301	8	2019-2020-1	91
20180520103	9	2019-2020-1	69
20180520101	9	2018-2019-2	50
20180520101	3	2018-2019-1	53
20180890135	4	2018-2019-2	80
20180520301	3	2018-2019-1	75
20180520103	3	2018-2019-1	65
20180520201	9	2018-2019-2	90
20180520201	3	2018-2019-1	85
20180710101	5	2019-2020-1	70
20180710102	7	2019-2020-1	52
```

图 5-10　文本文件 SC.txt 的内容及格式

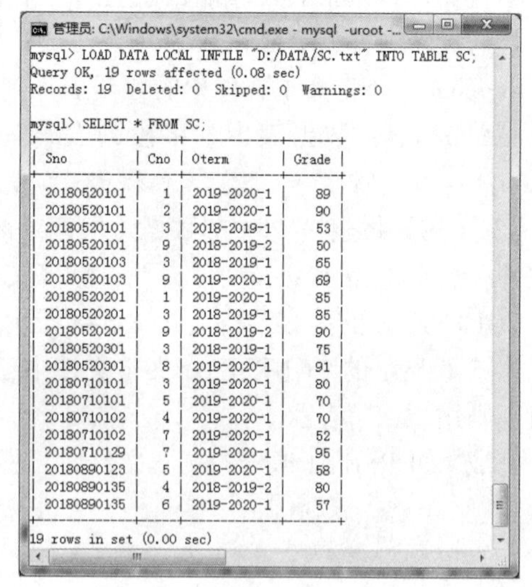

```
mysql> LOAD DATA LOCAL INFILE "D:/DATA/SC.txt" INTO TABLE SC;
Query OK, 19 rows affected (0.08 sec)
Records: 19  Deleted: 0  Skipped: 0  Warnings: 0

mysql> SELECT * FROM SC;
+-------------+-----+-------------+-------+
| Sno         | Cno | Oterm       | Grade |
+-------------+-----+-------------+-------+
| 20180520101 |   1 | 2019-2020-1 |    89 |
| 20180520101 |   2 | 2019-2020-1 |    90 |
| 20180520101 |   3 | 2018-2019-1 |    53 |
| 20180520101 |   9 | 2018-2019-2 |    50 |
| 20180520103 |   3 | 2018-2019-1 |    65 |
| 20180520103 |   9 | 2019-2020-1 |    69 |
| 20180520201 |   1 | 2019-2020-1 |    85 |
| 20180520201 |   3 | 2018-2019-1 |    85 |
| 20180520201 |   9 | 2018-2019-2 |    90 |
| 20180520301 |   3 | 2018-2019-1 |    75 |
| 20180520301 |   8 | 2019-2020-1 |    91 |
| 20180710101 |   3 | 2019-2020-1 |    80 |
| 20180710101 |   5 | 2019-2020-1 |    70 |
| 20180710102 |   4 | 2019-2020-1 |    70 |
| 20180710102 |   7 | 2019-2020-1 |    52 |
| 20180710129 |   7 | 2019-2020-1 |    95 |
| 20180890123 |   5 | 2019-2020-1 |    58 |
| 20180890135 |   4 | 2018-2019-2 |    80 |
| 20180890135 |   6 | 2019-2020-1 |    57 |
+-------------+-----+-------------+-------+
19 rows in set (0.00 sec)
```

图 5-11　将文本文件 SC.txt 的内容插入到数据表 SC 的命令及结果

从图 5-11 可看出，文本文件 SC.txt 中记录的顺序在插入数据表 SC 之后变化了，是按照 Sno 从小到大排序了。

5.1.6　使用 REPLACE 语句插入数据

当因为主键（PRIMARY KEY）冲突错误或（UNIQUE INDEX）唯一索引重复错误而造成插入失败时，可以使用 REPLACE 语句插入数据。REPLACE 语句的基本思想是从表中删除含有重复关键字值的冲突行，再次尝试把新行插入到表中。REPLACE 语句格式与 INSERT 语句格式基本一样：

```
REPLACE INTO tb_name(column_list) VALUES(value_list);
```

【例 5-8】当前表 Student_backup 中已经存在这样一条记录数据（第 2 行记录）：('20180520103','李坤','男','1999-12-03','深圳','汉族','1391678985*')，其中学号 Sno 是主键。现在向表中再次插入一条数据：('20180520103','赵立本','男','2000-04-03','长沙','汉族','1397659123*')。

首先使用 INSERT 语句插入数据：

```
INSERT INTO Student_backup(Sno,Sname,Ssex,Sbirthday,Snative,Snation, Sphone)
VALUES('20180520103','赵立本','男','2000-04-03','长沙','汉族','1397659123*');
```

则系统会返回错误信息：ERROR 1062 (23000): Duplicate entry '20180520103' for key 'PRIMARY'，说明'20180520103'与表中某一条记录的主键 Sno 值一样，不能插入。

下面用 REPLACE 语句插入：

```
REPLACE INTO Student_backup(Sno,Sname,Ssex,Sbirthday,Snative,Snation, Sphone)
VALUES('20180520103','赵立本','男','2000-04-03','长沙','汉族','1397659123*');
```

系统返回信息：Query OK, 2 rows affected (0.07 sec)，说明操作成功。这里有 2 行进行了操作，一个操作是将原来 Sno 值是“20180520103”的行删除，另外一个操作是将新的 Sno 值是“20180520103”的行插入。

可以看出 REPLACE 语句相当于 INSERT 操作或者 DELETE+INSERT 操作，因此，为了能够使用 REPLACE 语句，必须同时具备 INSERT 和 DELETE 权限。

用 SELECT * FROM Student_backup;命令查询数据，效果如图 5-12 所示。

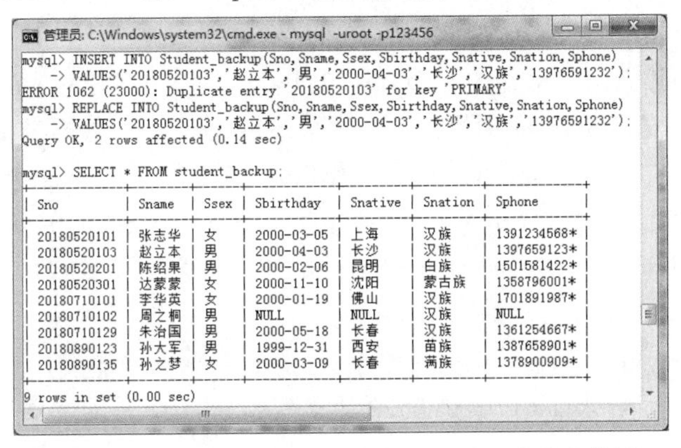

图 5-12 利用 REPLACE 语句插入记录的命令及结果

5.2 更新数据记录

MySQL 通过 UPDATE 语句进行数据记录的更新（修改），其语法格式是：

```
UPDATE tb_name
SET column1=value1,column2=value2,……,columnn=valuen
[WHERE <condition>];
```

在上述语句中，参数 tb_name 表示要更新数据记录的表名，参数 column1, column2,……,column*n* 是要更新的字段名（列名），参数 value1, value2,……, value*n* 表示更新后的值，参数 condition 指定满足更新的条件。

5.2.1 更新特定数据的记录

更新特定数据的记录，需要用 WHERE 子句指明更新数据的条件。

【例 5-9】将数据表 Student 中 Sno 为 20180710102 的记录（图 5-6 中的第 6 条记录）的 Sbirthday、Snative、Sphone 的值由 NULL 分别改为 2000-12-18、北京、1391234090*。

输入如下命令：

```
UPDATE Student SET Sbirthday='2000-12-18',Snative='北京',Sphone='1391234090*'
WHERE Sno='20180710102';
```

输入 SELECT * FROM Student;命令，查询结果如图 5-13 所示。

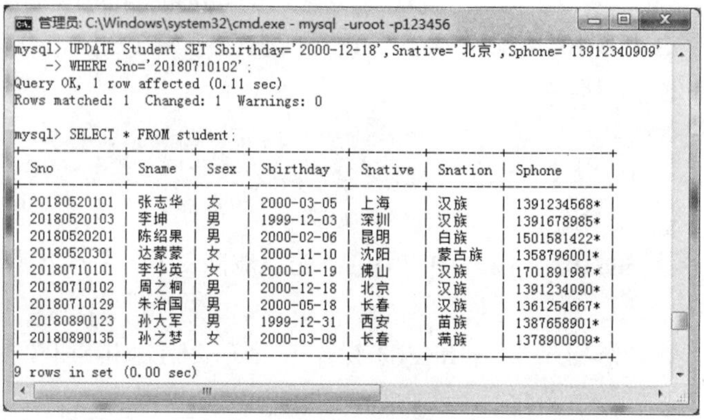

```
管理员: C:\Windows\system32\cmd.exe - mysql -uroot -p123456
mysql> UPDATE Student SET Sbirthday='2000-12-18',Snative='北京',Sphone='13912340909'
    -> WHERE Sno='20180710102';
Query OK, 1 row affected (0.11 sec)
Rows matched: 1  Changed: 1  Warnings: 0

mysql> SELECT * FROM student;
+-------------+--------+------+------------+---------+--------+-------------+
| Sno         | Sname  | Ssex | Sbirthday  | Snative | Snation| Sphone      |
+-------------+--------+------+------------+---------+--------+-------------+
| 20180520101 | 张志华 | 女   | 2000-03-05 | 上海    | 汉族   | 1391234568* |
| 20180520103 | 李坤   | 男   | 1999-12-03 | 深圳    | 汉族   | 1391678985* |
| 20180520201 | 陈绍果 | 男   | 2000-02-06 | 昆明    | 白族   | 1501581422* |
| 20180520301 | 达蒙蒙 | 女   | 2000-11-10 | 沈阳    | 蒙古族 | 1358796001* |
| 20180710101 | 李华英 | 女   | 2000-01-19 | 佛山    | 汉族   | 1701891987* |
| 20180710102 | 周之桐 | 男   | 2000-12-18 | 北京    | 汉族   | 1391234090* |
| 20180710129 | 朱治国 | 男   | 2000-05-18 | 长春    | 汉族   | 1361254667* |
| 20180890123 | 孙大军 | 男   | 1999-12-31 | 西安    | 苗族   | 1387658901* |
| 20180890135 | 孙之梦 | 女   | 2000-03-09 | 长春    | 满族   | 1378900909* |
+-------------+--------+------+------------+---------+--------+-------------+
9 rows in set (0.00 sec)
```

图 5-13　利用 UPDATE 语句修改记录的命令及结果

由图 5-13 可以看出，Sno 为 20180710102 记录（图 5-6 中的第 6 条记录）的 Sbirthday、Snative、Sphone 的值由 NULL 分别改为 2000-12-18、北京、1391234090*。

【例 5-10】向数据表 Student 中增加一个字段 Sdepartment，数据类型为 varchar，宽度为 30。将数据表 Student 中学号 Sno 第 5 位到第 8 位值是 0520 的学生的 Sdepartment 的值设置为：计算机学院，Sno 第 5 位到第 8 位值是 0710 的学生的 Sdepartment 的值设置为：经济学院，Sno 第 5 位到第 8 位值是 0890 的学生的 Sdepartment 的值设置为：环境学院。

向数据表 Student 中增加字段的命令是：

```
ALTER TABLE Student ADD COLUMN Sdepartment varchar(30);
```

将数据表 Sno 第 5 位到第 8 位值是 0520 的学生的 Sdepartment 的值修改为“计算机学院”的语句是：

```
UPDATE Student SET Sdepartment='计算机学院' WHERE MID(Sno,5,4)='0520';
```

在 WHERE 条件中用到了一个函数 MID(String,m,n)，String 参数是一个字符串常量、字符串变量、字符串字段或者字符串表达式，m 是这个字符串的起始字符的位置，n 是提取的字符个数。如本例 MID(Sno,5,4)中，Sno 是一个字符串字段，5 是指该字符串从左边数起的第 5 个位置，从这个位置开始向右取 4 个字符。如果取出的 4 个字符等于'0520'就满足了条件。

将数据表 Sno 第 5 位到第 8 位值是 0710 的学生的 Sdepartment 的值修改为“经济学院”的语句是：

```
UPDATE Student SET Sdepartment='经济学院' WHERE MID(Sno,5,4)='0710';
```

将数据表 Sno 第 5 位到第 8 位值是 0890 的学生的 Sdepartment 的值修改为“环境学院”的语句是：

```
UPDATE Student SET Sdepartment='环境学院' WHERE SUBSTRING(Sno,5,4)= '0890';
```

函数 SUBSTRING 与函数 MID 的意义完全一样，不再解读。

执行 SELECT * FROM Student;命令，查询此时 Student 的记录数据。

上述命令执行情况如图 5-14 所示。

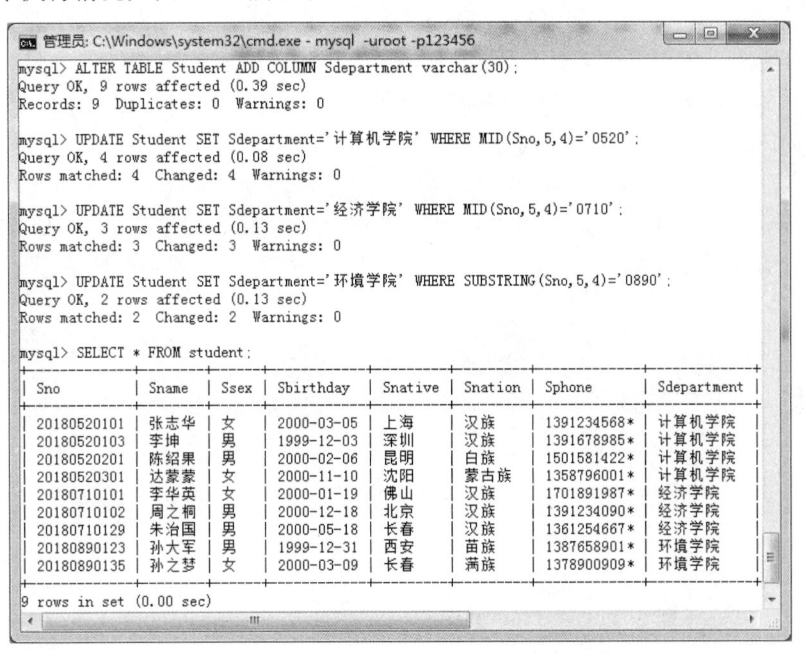

管理员: C:\Windows\system32\cmd.exe - mysql -uroot -p123456

```
mysql> ALTER TABLE Student ADD COLUMN Sdepartment varchar(30);
Query OK, 9 rows affected (0.39 sec)
Records: 9  Duplicates: 0  Warnings: 0

mysql> UPDATE Student SET Sdepartment='计算机学院' WHERE MID(Sno,5,4)='0520';
Query OK, 4 rows affected (0.08 sec)
Rows matched: 4  Changed: 4  Warnings: 0

mysql> UPDATE Student SET Sdepartment='经济学院' WHERE MID(Sno,5,4)='0710';
Query OK, 3 rows affected (0.13 sec)
Rows matched: 3  Changed: 3  Warnings: 0

mysql> UPDATE Student SET Sdepartment='环境学院' WHERE SUBSTRING(Sno,5,4)='0890';
Query OK, 2 rows affected (0.13 sec)
Rows matched: 2  Changed: 2  Warnings: 0

mysql> SELECT * FROM student;
```

Sno	Sname	Ssex	Sbirthday	Snative	Snation	Sphone	Sdepartment
20180520101	张志华	女	2000-03-05	上海	汉族	1391234568*	计算机学院
20180520103	李坤	男	1999-12-03	深圳	汉族	1391678985*	计算机学院
20180520201	陈绍果	男	2000-02-06	昆明	白族	1501581422*	计算机学院
20180520301	达蒙蒙	女	2000-11-10	沈阳	蒙古族	1358796001*	计算机学院
20180710101	李华英	女	2000-01-19	佛山	汉族	1701891987*	经济学院
20180710102	周之桐	男	2000-12-18	北京	汉族	1391234090*	经济学院
20180710129	朱治国	男	2000-05-18	长春	汉族	1361254667*	经济学院
20180890123	孙大军	男	1999-12-31	西安	苗族	1387658901*	环境学院
20180890135	孙之梦	女	2000-03-09	长春	满族	1378900909*	环境学院

9 rows in set (0.00 sec)

图 5-14　例 5-10 的命令及结果

5.2.2　更新所有数据记录

更新数据表中所有数据记录，不需要更新条件。

【例 5-11】将选课表 SC 中所有学生成绩提高 5%。

输入如下命令：

```
UPDATE SC SET Grade=Grade*1.05;
```

输入 SELECT * FROM SC;命令，查询结果如图 5-15 所示。

图 5-15 中，Grade 列的数据就比图 5-11 中列的数据增加了 5%。

5.2.3　带子查询的数据更新

UPDATE 语句的 WHERE 条件部分可以由子查询构成。如果要修改的表与设置修改条件的表不同，需要用子查询来完成。

【例 5-12】将选修“人工智能概论”课程的成绩修改为 60 分。

输入命令：

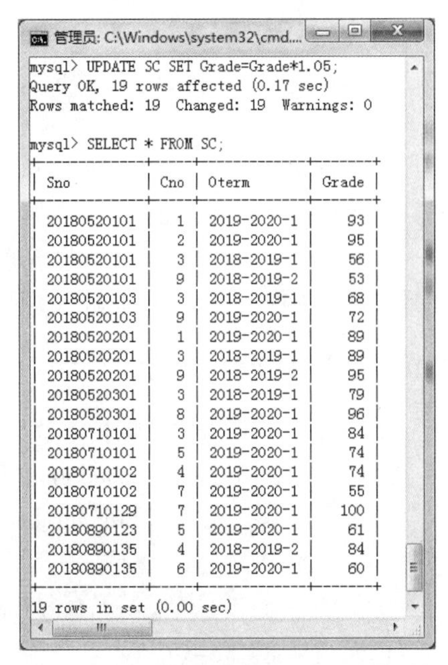

管理员: C:\Windows\system32\cmd....

```
mysql> UPDATE SC SET Grade=Grade*1.05;
Query OK, 19 rows affected (0.17 sec)
Rows matched: 19  Changed: 19  Warnings: 0

mysql> SELECT * FROM SC;
```

Sno	Cno	Oterm	Grade
20180520101	1	2019-2020-1	93
20180520101	2	2019-2020-1	95
20180520101	3	2018-2019-1	56
20180520101	9	2018-2019-2	53
20180520103	3	2018-2019-1	68
20180520103	9	2019-2020-1	72
20180520201	1	2019-2020-1	89
20180520201	3	2018-2019-1	89
20180520201	9	2018-2019-2	95
20180520301	3	2018-2019-1	79
20180520301	8	2019-2020-1	96
20180710101	3	2019-2020-1	84
20180710101	5	2019-2020-1	74
20180710102	4	2019-2020-1	74
20180710102	7	2019-2020-1	55
20180710129	7	2019-2020-1	100
20180890123	5	2019-2020-1	61
20180890135	4	2018-2019-2	84
20180890135	6	2019-2020-1	60

19 rows in set (0.00 sec)

图 5-15　利用 UPDATE 语句修改数据表所有记录的结果

```
UPDATE SC SET Grade=60
WHERE Cno=(SELECT Cno FROM Course WHERE Cname='人工智能概论');
```

这里条件部分是 Cno=(SELECT Cno FROM Course WHERE Cname='人工智能概论')，其中等号左边的 Cno（课程号）取自数据表 SC，而等号右边(SELECT Cno FROM Course WHERE Cname='人工智能概论')是子查询语句，意思是从数据表 Course 中查询课程名是“人工智能概论”的课程号 Cno，如果等号左边的课程号 Cno 等于子查询查询出来的课程号，就说明该课程号 Cno 对应的课程就是“人工智能概论”。

完成上述语句后，执行如下查询语句：

```
SELECT Sno,SC.Cno,Cname,Grade FROM SC,Course
WHERE Course.Cno=SC.Cno AND Course.Cname='人工智能概论';
```

可以查看哪些学生选修了“人工智能概论”课程，并且成绩是否被修改成了 60 分。效果如图 5-16 所示。

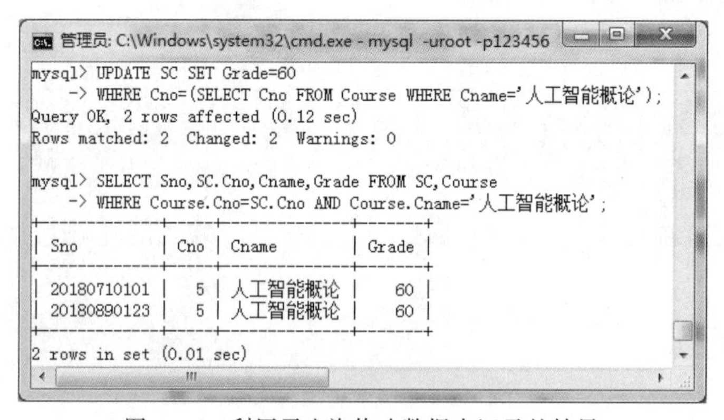

图 5-16 利用子查询修改数据表记录的结果

5.3 删除数据记录

在 MySQL 中，用 DELETE 语句删除记录。DELETE 语句的语法是：

```
DELETE FROM tb_name [WHERE <condition>];
```

其中，tb_name 是要从其中删除数据的表名；WHERE 子句是可选项，用于指定删除条件。如果省略 WHERE 子句，则删除数据表中所有记录。

5.3.1 删除指定数据记录

使用 DELETE 语句删除指定数据记录，需要用 WHERE 子句指定删除条件。

【例 5-13】 将 Student_backup 数据表中出生日期是空值（NULL）的记录删除。

执行删除前，先查询 Student_backup 数据表中出生日期是空值（NULL）的记录。输入查询命令：

```
SELECT * FROM Student_backup WHERE Sbirthday is NULL;
```

查询结果如图 5-17 所示。

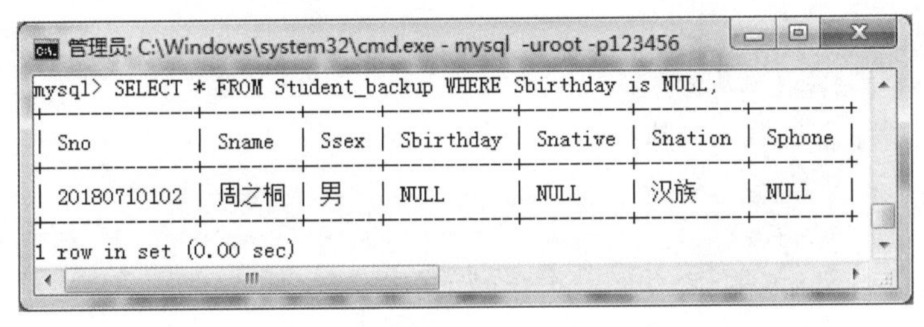

图 5-17 指定条件查询数据表记录的结果

输入删除命令：

```
DELETE FROM Student_backup WHERE Sbirthday is NULL;
```

就将出生日期是空值（NULL）的记录删除了。再输入查询命令：

```
SELECT * FROM Student_backup WHERE Sbirthday is NULL;
```

则显示：Empty set (0.00 sec)信息，表明没有符合条件的记录。

5.3.2 带子查询的删除

如果要删除数据的表与设置删除条件的表不同，要利用子查询来构造删除条件。

【例 5-14】向 Student_backup 数据表插入一条记录，内容为：Sno:20180988131，Sname:郑梅花，Ssex:女，Sbirthday:2000-1-1，Snative:济南，Snation:壮族，Sphone:1389008912*。然后查询没有选课的学生记录，将没有选课的学生记录删除。

向数据表中插入记录的命令是：

```
INSERT INTO Student_backup
VALUES('20180988131','郑梅花','女','2000-1-1','济南','壮族','1389008912*');
```

查询没有选课的学生记录的命令是：

```
SELECT * FROM Student_backup
WHERE Sno not in (SELECT DISTINCT Sno FROM SC);
```

这里，子查询“SELECT DISTINCT Sno FROM SC”是从 SC 表中查询出选课的学生学号集合，如果一个学生选修了多门课程，只选用一次。条件子句“WHERE Sno not in (SELECT DISTINCT Sno FROM SC)”的含义是 Student_backup 中的学号 Sno 不在选课的学生学号集合中。查询结果如图 5-18 所示。

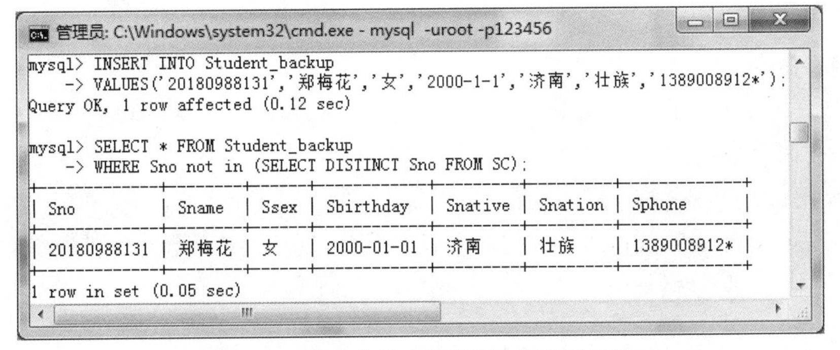

图 5-18 指定条件查询数据表记录的结果

将没有选课的学生记录删除的语句是：

```
DELETE FROM Student_backup
WHERE Sno not in (SELECT DISTINCT Sno FROM SC);
```

执行完上述删除命令后，再执行查询命令：

```
SELECT * FROM Student_backup
WHERE Sno not in (SELECT DISTINCT Sno FROM SC);
```

就会显示：Empty set (0.00 sec)信息，说明数据表中没有符合条件的记录了。

5.3.3 删除所有数据记录

要将数据表里所有的记录删除，只要省略 WHERE 子句即可。

【例 5-15】删除 Student_backup 数据表中所有记录。

输入如下命令：

```
DELETE FROM Student_backup;
```

上面的命令就将 Student_backup 数据表中所有记录都删除了，但是数据表的结构还存在。此时，输入查询命令：

```
SELECT * FROM Student_backup;
```

就会显示：Empty set (0.00 sec)信息，说明数据表中没有记录了。该例题命令执行效果如图 5-19 所示。

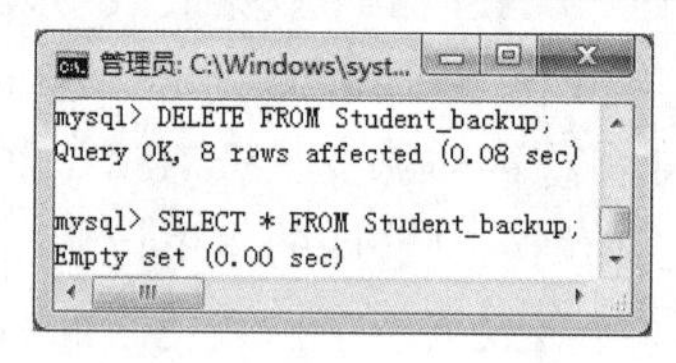

图 5-19　例 5-15 命令执行效果

删除数据表中所有记录还可以使用 TRUNCATE 命令，该命令直接将原来的数据表删除并重新创建一个数据表，而不是逐行删除表中的记录，因此它的执行速度比 DELETE 快。TRUNCATE 命令的格式是：

```
TRUNCATE [TABLE] tb_name;
```

tb_name 是要删除的表名。

【例 5-16】利用 TRUNCATE 命令将 Student_backup 表中数据全部删除。

由于前面已经将 Student_backup 数据表中数据删除了，用下面的命令将 Student 数据表的数据插入到 Student_backup 数据表中。

```
INSERT INTO Student_backup SELECT * FROM Student;
```

输入查询命令：

```
SELECT * FROM Student_backup;
```

输入删除命令：

```
TRUNCATE Student_backup;
```

再输入查询命令：

```
SELECT * FROM Student_backup;
```

就会显示：Empty set (0.00 sec)信息，说明数据表中没有记录了。该例题命令执行效果如图 5-20 所示。

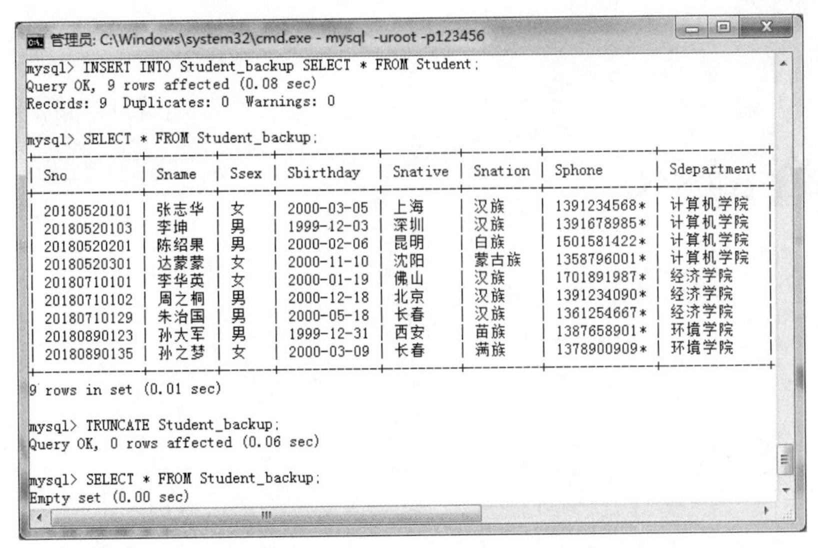

图 5-20　例 5-16 命令执行效果

实训内容与要求

根据上个实验已经创建完成的数据库 Sspj 中数据表 S、J、P、SPJ 的结构，以及表 3-4、表 3-5、表 3-6、表 3-7 提供的数据，完成下列操作。每完成 1 个题目的操作，都用 SELECT * FROM tb_name;命令查询操作后数据表的记录数据情况。

（1）用 INSERT 语句以每个命令插入一条记录的方式，将 S 表所有记录数据插入。

（2）用 INSERT 语句以每个命令插入多条记录的方式，将 J 表所有记录数据插入。

（3）将 P 表中记录数据制作成一个文本文件，如 PT.txt，将该文本文件数据插入到数据表 P 中。

（4）自选以上任意方法，将表 3-7 中记录数据插入到 SPJ 数据表中。

（5）用 CREATE TABLE SPJ_backup LIKE SPJ;命令创建一个结构与 SPJ 完全一样的数据表 SPJ_backup，利用插入子查询的办法将数据表 SPJ 的数据插入到数据表 SPJ_backup 中。

（6）对于数据表 SPJ_backup，将 QTY 数量是 100 的修改为 150。

（7）对于数据表 SPJ_backup，将北京供应商供应项目零件数量修改为 500。

（8）对于数据表 SPJ_backup，将 QTY 数量小于 200 的记录删除。

（9）将数据表 SPJ_backup 的所有记录删除。

数据查询 ‹‹‹

实训目的

熟练地使用 SELECT 语句完成各种查询，包括单表查询、分组聚合查询、连接查询、子查询、联合查询等。

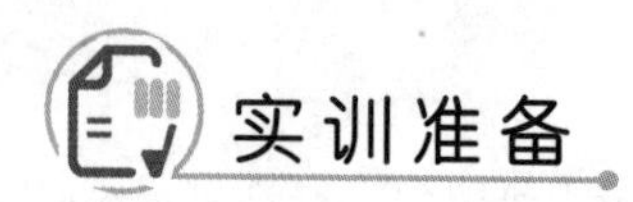

实训准备

本实验需要用到 jxgl 数据库中的三个数据表，即学生表 Student、课程表 Course 和选课表 SC。三个数据表的数据分别如图 6-1、图 6-2 和图 6-3 所示。

Sno	Sname	Ssex	Sbirthday	Snative	Snation	Sphone	Sdepartment
20180520101	张志华	女	2000-03-05	上海	汉族	1391234568*	计算机学院
20180520103	李坤	男	1999-12-03	深圳	汉族	1391678985*	计算机学院
20180520201	陈绍果	男	2000-02-06	昆明	白族	1501581422*	计算机学院
20180520301	达蒙蒙	女	2000-11-10	沈阳	蒙古族	1358796001*	计算机学院
20180710101	李华英	女	2000-01-19	佛山	汉族	1701891987*	经济学院
20180710102	周之桐	男	2000-12-18	北京	汉族	1391234090*	经济学院
20180710129	朱治国	男	2000-05-18	长春	汉族	1361254667*	经济学院
20180890123	孙大军	男	1999-12-31	西安	苗族	1387658901*	环境学院
20180890135	孙之梦	女	2000-03-09	长春	满族	1378900909*	环境学院

图 6-1　数据表 Student 的数据记录

Cno	Cname	Cpno	Ccredit
1	数据库技术	9	4
2	计算机网络	9	3
3	C语言程序设计	NULL	4
4	Java面向对象程序设计	NULL	4
5	人工智能概论	NULL	2
6	大数据技术	4	2
7	物联网导论	NULL	2
8	数据结构	3	3
9	计算机操作系统	3	4

图 6-2　数据表 Course 的数据记录

Sno	Cno	Oterm	Grade
20180520101	1	2019-2020-1	93
20180520101	2	2019-2020-1	95
20180520101	3	2018-2019-1	56
20180520101	9	2018-2019-2	53
20180520103	3	2018-2019-1	68
20180520103	9	2019-2020-1	72
20180520201	1	2019-2020-1	89
20180520201	3	2018-2019-1	89
20180520201	9	2018-2019-2	95
20180520301	3	2018-2019-1	79
20180520301	8	2019-2020-1	96
20180710101	3	2019-2020-1	84
20180710101	5	2019-2020-1	60
20180710102	4	2019-2020-1	74
20180710102	7	2019-2020-1	55
20180710129	7	2019-2020-1	100
20180890123	5	2019-2020-1	60
20180890135	4	2018-2019-2	84
20180890135	6	2019-2020-1	60

图 6-3　数据表 SC 的数据记录

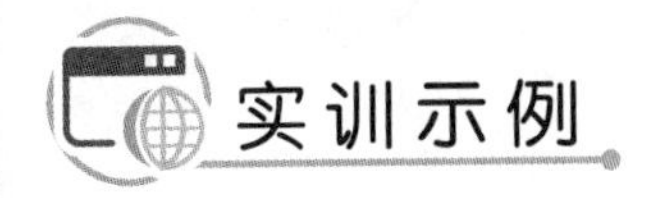

实训示例

6.1 SELECT 语句

SELECT 语句可以计算表达式、从表或视图中查询数据。下面介绍 SELECT 语句从表或视图中查询数据的功能。SELECT 查询语句语法格式如下：

```
SELECT [ALL|DISTINCT|DISTINCTROW] <表达式 1>,<表达式 2>,……,<表达式 n>
FROM <表名 1 或视图 1>,<表名 2 或视图 2>,……, <表名 n 或视图 n>
 [WHERE <条件表达式>]
[GROUP BY <列名|表达式> [ASC|DESC] ] [HAVING <条件表达式>]
[ORDER BY <列名|表达式> [ASC|DESC] ]
[LIMIT [m,]n]
[INTO OUTFILE <文件名> | INTO DUMPFILE <文件名>| INTO 变量名];
```

语法说明如下：

- ALL | DISTINCT | DISTINCTROW 为可选项，用于指定是否应返回重复行。ALL 返回 SELECT 查询的所有行数据，包括重复行，该参数如果省略，则默认值为 ALL。DISTINCT 或 DISTINCTROW 消除 SELECT 查询结果中重复的行，即对于有两行重复的数据，在查询输出结果中只保留一行数据。
- <表达式 1>,<表达式 2>,……,<表达式 n>参数为必选项。每个表达式可以是数据表中单独的一列列名，还可以是列名、常量、函数等构成的复杂表达式。
- FROM <表名 1 或视图 1>,<表名 2 或视图 2>,……, <表名 n 或视图 n>子句在查询中为必选项。表名或视图指定了查询的数据来源。
- [WHERE <条件表达式>]为可选项。“条件表达式”指出了查询的条件。
- [GROUP BY <列名 | 表达式> [ASC | DESC]] [HAVING <条件表达式>]为可选项。GROUP BY <列名 | 表达式> [ASC | DESC]是按照列名或者表达式进行结果集中数据的分组，ASC 为结果集中数据升序排列显示，DESC 为结果集中数据降序排列显示。HAVING <条件表达式>对于分组后的结果集可以进行进一步的筛选操作，将分组结果集中的数据按照条件进行显示输出。
- [ORDER BY <列名 | 表达式> [ASC | DESC]]为可选项。表示对查询结果集按照列名或者表达式进行升序（ASC）或者降序（DESC）排序显示输出。
- [LIMIT [m,]n]为可选项。表示在查询结果集中显示的行数。
- [INTO OUTFILE <文件名> | INTO DUMPFILE <文件名>| INTO 变量名]为可选项。表示将查询结果集送到文件保存起来或者送到变量中保存。

下面对 SELECT 查询语句进行详细讲解。

6.2 单表查询

6.2.1 选定字段

从一个表或视图中选择部分或全部字段。语法格式为：

```
SELECT [ALL|DISTINCT|DISTINCTROW] <表达式 1>,<表达式 2>,……,<表达式 n>
FROM <表名 1 或视图 1>;
```

1. 查询指定字段

【例 6-1】 查询 Student 表中所有学生的学号、姓名、所在学院、手机号的信息。

输入查询命令：

```
SELECT Sno,Sname,Sdepartment,Sphone FROM Student;
```

查询结果如图 6-4 所示。

【例 6-2】 查询出 Student 表中所有学院的名称。

输入查询命令：

```
SELECT DISTINCT Sdepartment FROM Student;
```

这里 DISTINCT 关键字将查询结果重复的值只保留一个。查询结果如图 6-5 所示。

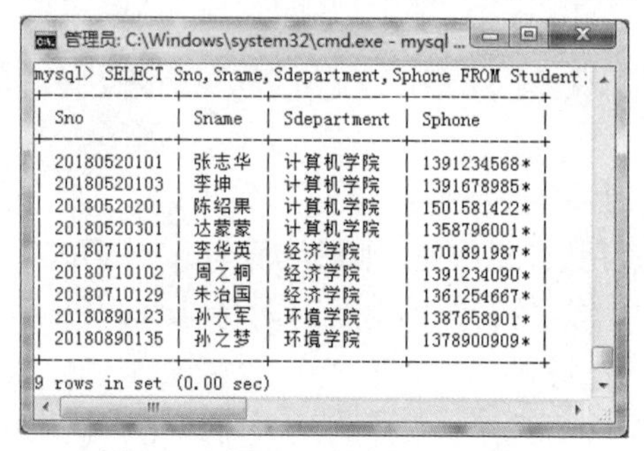

图 6-4　例 6-1 命令的执行结果

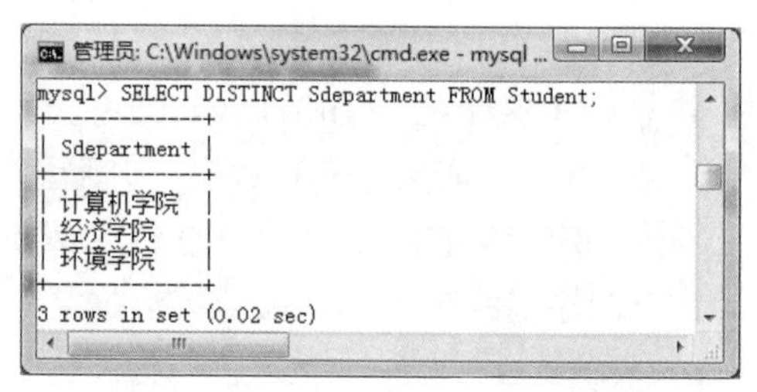

图 6-5　例 6-2 命令的执行结果

2. 查询所有字段

查询数据表中所有字段有两种方法：一种方法是将数据表中所有字段全部列出；另外一种方法是在 SELECT 后边的表达式中用“*”代表所有字段。

【例 6-3】 查询出 Student 表中所有字段所有记录的数据。

输入查询命令：

```
SELECT Sno,Sname,Ssex,Sbirthday,Snative,Snation,Sphone,Sdepartment FROM Student;
```

或者

```
SELECT * FROM Student;
```

上面两个命令查询的结果数据如图 6-1 所示。

3. 查询经过计算的值

【例 6-4】 查询出 Student 表中所有学生的姓名、性别、年龄。

输入查询命令：

```
SELECT Sname,Ssex,YEAR(NOW())-YEAR(Sbirthday) FROM Student;
```

上述命令中的 YEAR(NOW())-YEAR(Sbirthday)就是一个计算表达式；NOW()函数是求当前系统时间，YEAR(NOW())是将当前系统时间的年份求解出来，如当前系统日期是 2020 年 6 月 10 日，YEAR(NOW())的值就是 2020；YEAR(Sbirthday)将出生日期的年份求解出来；YEAR(NOW())-YEAR(Sbirthday)将学生的年龄计算出来。命令执行结果如图 6-6 所示。YEAR(NOW())-YEAR(Sbirthday)表达式计算的年龄是毛岁（虚岁）。如果要计算周岁（实岁）年龄，需要用如下公式：

```
TIMESTAMPDIFF(year,Sbirthday,CURDATE())
```

该公式在实训 2 的实训内容部分说明过，在此不再赘述。计算学生周岁年龄的查询语句是：

```
SELECT Sname,Ssex, TIMESTAMPDIFF(year,Sbirthday,NOW()) FROM Student;
```

命令执行结果如图 6-7 所示。大家比较一下图 6-6 和图 6-7 计算年龄的区别。

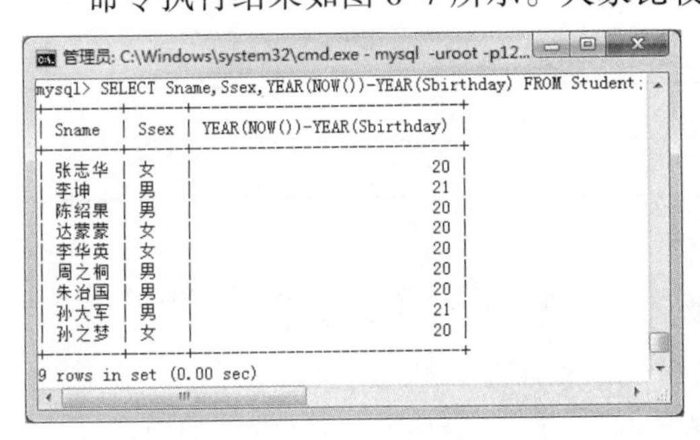

图 6-6　例 6-4 命令计算毛岁的执行结果

```
管理员: C:\Windows\system32\cmd.exe - mysql -uroot -p123456
mysql> SELECT Sname, Ssex, TIMESTAMPDIFF(year, Sbirthday, NOW()) FROM Student;
+--------+------+-------------------------------------+
| Sname  | Ssex | TIMESTAMPDIFF(year, Sbirthday, NOW()) |
+--------+------+-------------------------------------+
| 张志华 | 女   |                                  20 |
| 李坤   | 男   |                                  20 |
| 陈绍果 | 男   |                                  20 |
| 达蒙蒙 | 女   |                                  19 |
| 李华英 | 女   |                                  20 |
| 周之桐 | 男   |                                  19 |
| 朱治国 | 男   |                                  20 |
| 孙大军 | 男   |                                  20 |
| 孙之梦 | 女   |                                  20 |
+--------+------+-------------------------------------+
9 rows in set (0.00 sec)
```

图 6-7　例 6-4 命令计算周岁的执行结果

4. 定义字段的别名

定义字段的别名就是将字段名在查询结果中用另外一个名称代表。语法格式为：

```
字段名 [AS] 字段别名
```

【例 6-5】查询出 Student 表中所有学生的姓名、性别、年龄（虚岁），要求给查询结果目标列起别名。

输入查询命令：

```
SELECT Sname 姓名,Ssex 性别,YEAR(NOW())-YEAR(Sbirthday) 年龄 FROM Student;
```

命令执行结果如图 6-8 所示。

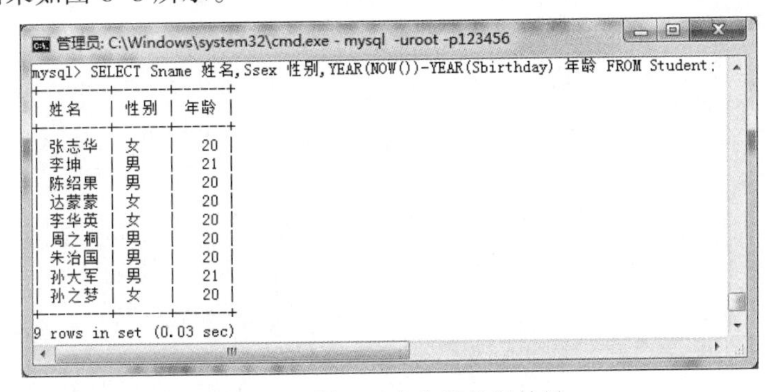

图 6-8　例 6-5 命令的执行结果

6.2.2　选择指定条件的记录

选择指定条件的记录就是将满足筛选条件的记录查询出来。语法格式是：

```
SELECT [ALL|DISTINCT|DISTINCTROW] <表达式 1>,<表达式 2>,……,<表达式 n>
FROM <表名 1 或视图 1>
WHERE <条件表达式>
```

WHERE 子句“条件表达式”中的运算符号如表 6-1 所示。

表 6-1　查询条件的运算符号

查 询 条 件	运 算 符 号
比较	=、<>、!=、<、<=、>、>=、!<、!>、NOT+含比较运算符的表达式
确定范围	BETWEEN AND、NOT BETWEEN AND
确定集合	IN、NOT IN
字符匹配	LIKE、NOT LIKE
空值	IS NULL、IS NOT NULL
多重条件	AND、OR

1．比较大小

用比较运算符进行目标列表达式与指定值比较，当条件表达式的值为真（TRUE）时，就将该记录筛选出来；当条件表达式的值为假（FALSE）时，就不筛选该记录。

【例 6-6】查询女学生的姓名、性别、年龄（虚岁），要求给查询结果目标列起别名。

输入查询命令：

```
SELECT Sname 姓名,Ssex 性别,
YEAR(NOW())-YEAR(Sbirthday) 年龄
FROM Student WHERE Ssex='女';
```

命令执行结果如图 6-9 所示。

【例 6-7】查询出少数民族学生的姓名、性别、籍贯、民族，要求给查询结果目标列起别名。

输入查询命令：

```
SELECT Sname 姓名,Ssex 性别,
Snative 籍贯,Snation 民族
FROM Student WHERE Snation!='汉族';
```

命令执行结果如图 6-10 所示。

```
mysql> SELECT Sname 姓名,Ssex 性别,
    -> YEAR(NOW())-YEAR(Sbirthday) 年龄
    -> FROM Student WHERE Ssex='女';
+--------+------+------+
| 姓名   | 性别 | 年龄 |
+--------+------+------+
| 张志华 | 女   |   20 |
| 达蒙蒙 | 女   |   20 |
| 李华英 | 女   |   20 |
| 孙之梦 | 女   |   20 |
+--------+------+------+
4 rows in set (0.00 sec)
```

图 6-9　例 6-6 命令的执行结果

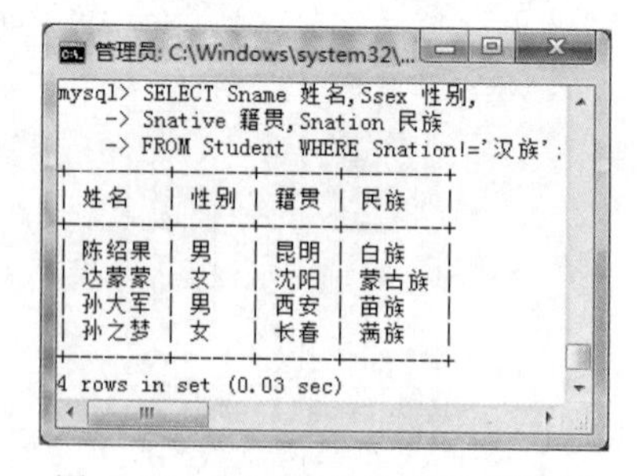

图 6-10　例 6-7 命令的执行结果

2．带关键字 BETWEEN…AND 的范围查询

当查询条件在某个值的范围时，可以使用 BETWEEN…AND 操作符。其语法格式为：

```
expression [NOT] BETWEEN expression1 AND expression2
```

其中 expression1 的值要小于 expression2 的值。当不使用 NOT 时，expression 的值大于或等于 expression1 的值且小于或等于 expression2 的值，该表达式就返回 TRUE，否则返回 FALSE；如果使用 NOT，其值返回刚好相反。

【例 6-8】查询出 1999 年 12 月 1 日至 2000 年 3 月 5 日之间出生学生的姓名、性别、出生日期，要求给查询结果目标列起别名。

输入查询命令：

```
SELECT Sname 姓名,Ssex 性别,Sbirthday 出生日期 FROM Student
WHERE Sbirthday BETWEEN '1999-12-1' AND '2000-3-5';
```

命令执行结果如图 6-11 所示。

【例 6-9】查询出出生日期不在 1999 年 12 月 1 日至 2000 年 3 月 5 日之间的学生的姓名、性别、出生日期，要求给查询结果目标列起别名。

输入查询命令：

```
SELECT Sname 姓名,Ssex 性别,Sbirthday 出生日期 FROM Student
WHERE Sbirthday NOT BETWEEN '1999-12-1' AND '2000-3-5';
```

命令执行结果如图 6-12 所示。

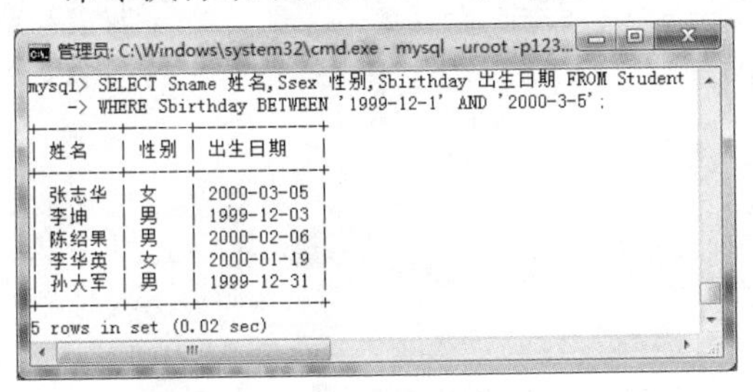

姓名	性别	出生日期
张志华	女	2000-03-05
李坤	男	1999-12-03
陈绍果	男	2000-02-06
李华英	女	2000-01-19
孙大军	男	1999-12-31

图 6-11 例 6-8 命令的执行结果

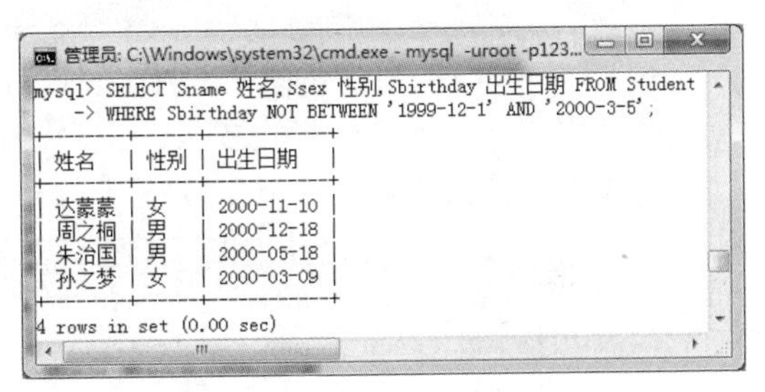

姓名	性别	出生日期
达蒙蒙	女	2000-11-10
周之桐	男	2000-12-18
朱治国	男	2000-05-18
孙之梦	女	2000-03-09

图 6-12 例 6-9 命令的执行结果

3. 带 IN 关键字的集合查询

用 IN 关键字可以查找字段值属于指定集合范围内的记录，当要查找的值与集合范围内的任一个值相等时，会返回 TRUE，否则返回 FALSE。

【例 6-10】查询出籍贯是深圳、西安、长春的学生的姓名、性别、籍贯，要求给查询结果目标列起别名。

输入查询命令：

```
SELECT Sname 姓名,Ssex 性别,Snative 籍贯 FROM Student
WHERE Snative in ('深圳','西安','长春');
```

命令执行结果如图 6-13 所示。

【例 6-11】查询出籍贯不是深圳、西安、长春的学生的姓名、性别、籍贯，要求给查询结果目标列起别名。

输入查询命令：

```
SELECT Sname 姓名,Ssex 性别,Snative 籍贯 FROM Student
WHERE Snative NOT IN ('深圳','西安','长春');
```

命令执行结果如图 6-14 所示。

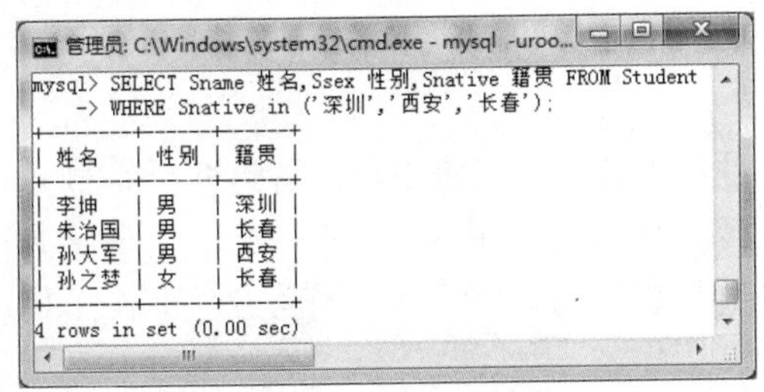

姓名	性别	籍贯
李坤	男	深圳
朱治国	男	长春
孙大军	男	西安
孙之梦	女	长春

图 6-13 例 6-10 命令的执行结果

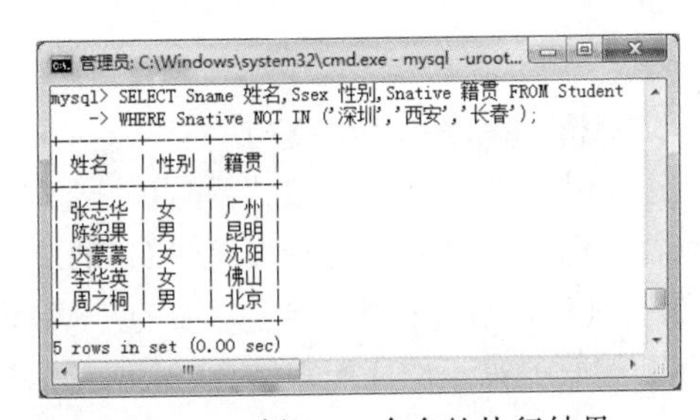

姓名	性别	籍贯
张志华	女	广州
陈绍果	男	昆明
达蒙蒙	女	沈阳
李华英	女	佛山
周之桐	男	北京

图 6-14 例 6-11 命令的执行结果

4. 带 LIKE 关键字的字符串匹配查询

LIKE 关键字可以用来进行字符串的匹配，语法格式如下：

```
字段名 [NOT] LIKE <匹配串> [ESCAPE <换码字符>]
```

其含义是查找字段值与<匹配串>相匹配的记录。<匹配串>可以是一个完整的常量字符串，也可以含有通配符。MySQL 支持的通配符有“%”和“_”（下画线）。“%”代表任意长度的字符串，“_”代表任意单个字符。能进行匹配的字段可以是 CHAR、VARCHAR、TEXT、DATETIME 等数据类型。运算返回的结果值为 TRUE 时筛选出记录，为 FALSE 时不筛选记录。

【例 6-12】查询出学号为 20180890123 的学生的所有信息。

输入查询命令：

```
SELECT * FROM Student WHERE Sno LIKE '20180890123';
```

LIKE 后面的匹配串为常量字符串，不包含通配符，此时，LIKE 可以用“=”代替；NOT LIKE 可以用“!=”或“<>”代替。

命令执行结果如图 6-15 所示。

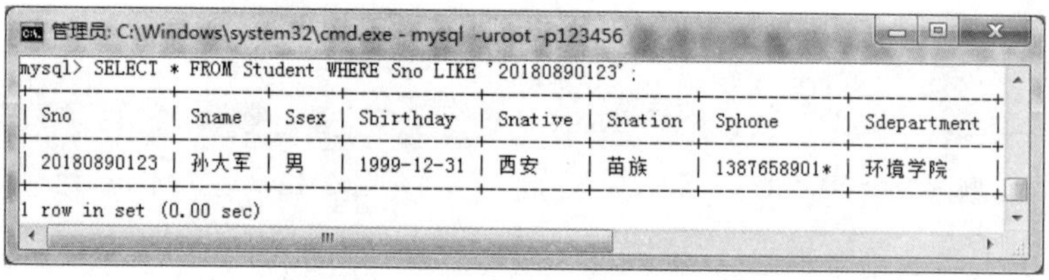

```
管理员: C:\Windows\system32\cmd.exe - mysql -uroot -p123456
mysql> SELECT * FROM Student WHERE Sno LIKE '20180890123';
+-------------+--------+------+------------+---------+---------+-------------+-------------+
| Sno         | Sname  | Ssex | Sbirthday  | Snative | Snation | Sphone      | Sdepartment |
+-------------+--------+------+------------+---------+---------+-------------+-------------+
| 20180890123 | 孙大军 | 男   | 1999-12-31 | 西安    | 苗族    | 1387658901* | 环境学院    |
+-------------+--------+------+------------+---------+---------+-------------+-------------+
1 row in set (0.00 sec)
```

图 6-15　例 6-12 命令的执行结果

【例 6-13】查询出孙姓的学生的所有信息。

输入查询命令：

```
SELECT * FROM Student WHERE Sname LIKE '孙%';
```

命令执行结果如图 6-16 所示。

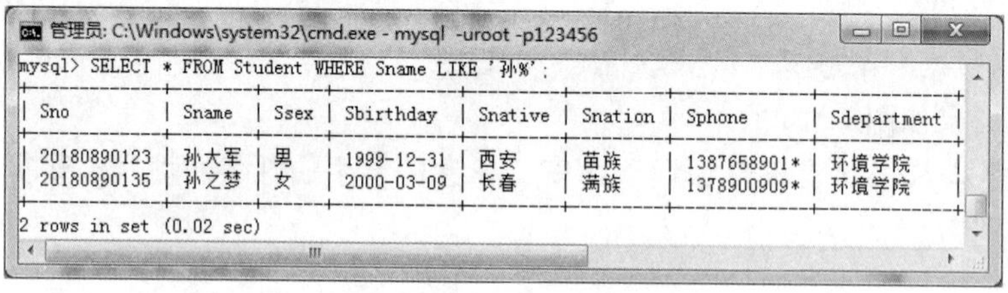

```
管理员: C:\Windows\system32\cmd.exe - mysql -uroot -p123456
mysql> SELECT * FROM Student WHERE Sname LIKE '孙%';
+-------------+--------+------+------------+---------+---------+-------------+-------------+
| Sno         | Sname  | Ssex | Sbirthday  | Snative | Snation | Sphone      | Sdepartment |
+-------------+--------+------+------------+---------+---------+-------------+-------------+
| 20180890123 | 孙大军 | 男   | 1999-12-31 | 西安    | 苗族    | 1387658901* | 环境学院    |
| 20180890135 | 孙之梦 | 女   | 2000-03-09 | 长春    | 满族    | 1378900909* | 环境学院    |
+-------------+--------+------+------------+---------+---------+-------------+-------------+
2 rows in set (0.02 sec)
```

图 6-16　例 6-13 命令的执行结果

【例 6-14】查询出手机号中含有“2”的学生的所有信息。

输入查询命令：

```
SELECT * FROM Student WHERE Sphone LIKE '%2%';
```

命令执行结果如图 6-17 所示。

通常情况下，下画线“_”和百分号“%”是通配符，但字符串当中有这两个符号并且需要查找它们时，就必须用转义符号，如：LIKE '%#_%' ESCAPE '#'，ESCAPE '#'指出转义符号是“#”，LIKE '%#_%'中的#号后面的“_”就是转义以后的真实下画线符号“_”，而不代表通配符了。通配符不能匹配 NULL。

```
管理员: C:\Windows\system32\cmd.exe - mysql -uroot -p123456
mysql> SELECT * FROM Student WHERE Sphone LIKE '%2%';
+-------------+--------+------+------------+---------+---------+-------------+-------------+
| Sno         | Sname  | Ssex | Sbirthday  | Snative | Snation | Sphone      | Sdepartment |
+-------------+--------+------+------------+---------+---------+-------------+-------------+
| 20180520101 | 张志华 | 女   | 2000-03-05 | 广州    | 汉族    | 1391234568* | 计算机学院  |
| 20180520201 | 陈绍果 | 男   | 2000-02-06 | 昆明    | 白族    | 1501581422* | 计算机学院  |
| 20180710102 | 周之桐 | 男   | 2000-12-18 | 北京    | 汉族    | 1391234090* | 经济学院    |
| 20180710129 | 朱治国 | 男   | 2000-05-18 | 长春    | 汉族    | 1361254667* | 经济学院    |
+-------------+--------+------+------------+---------+---------+-------------+-------------+
4 rows in set (0.00 sec)
```

图 6-17　例 6-14 命令的执行结果

5. 使用正则表达式的查询

正则表达式通常被用来检索或替换符合某个模式的文本内容，根据指定的匹配模式查找文本中符合要求的字符串。例如，查找一篇文章中重复的词语等。MySQL 使用 REGEXP 指定正则表达式的字符匹配模式，其语法格式为：

```
<expression> [NOT] REGEXP|RLIKE <正则表达式>
```

expression 是一个字符表达式，可以是字符型字段、字符型变量等。REGEXP 和 RLIKE 是同义词。正则表达式如果返回 0，表示没有匹配；如果返回 1，则表示匹配成功。表 6-2 显示了正则表达式常用字符列表。

表 6-2　正则表达式常用字符列表

选　项	说　明	例　子	匹配值示例
^	匹配文本的开始字符	^b	book、big、banana
$	匹配文本结束字符	st$	test、resist
.	匹配任何单个字符	b.t	bit、bat、but
*	匹配零个或多个在它前面的字符	f*n：匹配字符 n 前面的 0 个或多个 f 字符的字符串	fn、fan、faan、begin
+	匹配前面的字符 1 次或多次	ba+：匹配以 b 开头后面紧跟 1 个或多个 a 的字符串	ba、bay、bare
<字符串>	匹配包含指定字符串的文本	<fa>：匹配包含“fa”的字符串	fan、afa、faad
[字符集合]	匹配字符集合中的任何一个字符	'[xz]'：匹配 x 或者 z	dizzy、zebra
[^]	匹配不在括号中的任何字符	'[^abc]'：匹配任何不包含 a、b、c 的字符串	desk、fox
字符串{n,}	匹配前面的字符串至少 n 次	b{2}：匹配有 2 个或更多的 b 字符的字符串	bbb、bbbb
字符串 1|字符串 2	匹配字符串 1 或者字符串 2	'ab|cd'	ab 或者 cd 的值

【例 6-15】查询课程表中课程名含有“程序”的所有信息。

输入查询命令：

```
SELECT * FROM Course WHERE Cname REGEXP '程序';
```

其等价于：

```
SELECT * FROM Course WHERE Cname LIKE '%程序%';
```

命令执行结果如图 6-18 所示。

【例 6-16】查询课程表中课程名含有“程序”或“数据”的所有信息。

输入查询命令：

```
SELECT * FROM Course WHERE Cname REGEXP '程序|数据';
```

命令执行结果如图 6-19 所示。

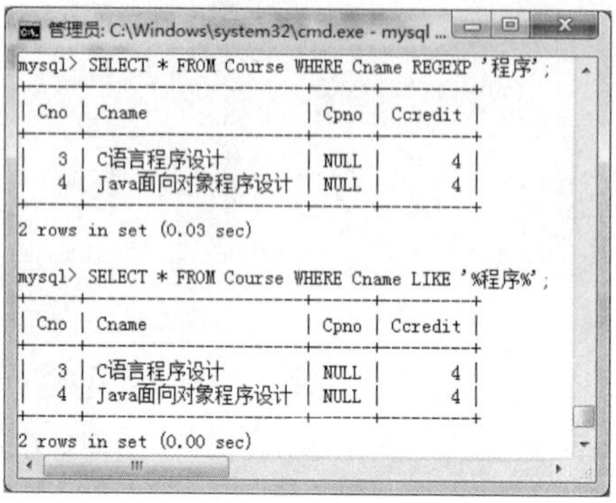

```
mysql> SELECT * FROM Course WHERE Cname REGEXP '程序';
+-----+--------------------+------+---------+
| Cno | Cname              | Cpno | Ccredit |
+-----+--------------------+------+---------+
|   3 | C语言程序设计      | NULL |       4 |
|   4 | Java面向对象程序设计 | NULL |       4 |
+-----+--------------------+------+---------+
2 rows in set (0.03 sec)

mysql> SELECT * FROM Course WHERE Cname LIKE '%程序%';
+-----+--------------------+------+---------+
| Cno | Cname              | Cpno | Ccredit |
+-----+--------------------+------+---------+
|   3 | C语言程序设计      | NULL |       4 |
|   4 | Java面向对象程序设计 | NULL |       4 |
+-----+--------------------+------+---------+
2 rows in set (0.00 sec)
```

图 6-18　例 6-15 命令的执行结果

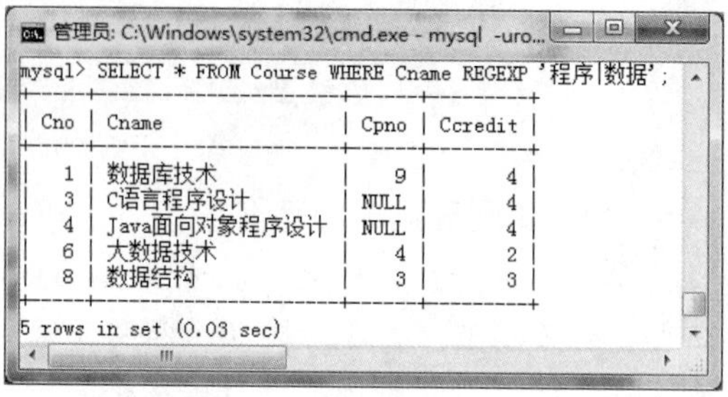

```
mysql> SELECT * FROM Course WHERE Cname REGEXP '程序|数据';
+-----+--------------------+------+---------+
| Cno | Cname              | Cpno | Ccredit |
+-----+--------------------+------+---------+
|   1 | 数据库技术         |    9 |       4 |
|   3 | C语言程序设计      | NULL |       4 |
|   4 | Java面向对象程序设计 | NULL |       4 |
|   6 | 大数据技术         |    4 |       2 |
|   8 | 数据结构           |    3 |       3 |
+-----+--------------------+------+---------+
5 rows in set (0.03 sec)
```

图 6-19　例 6-16 命令的执行结果

6. 带 IS NULL 关键字的空值查询

【例 6-17】查询课程表中没有先修课的所有课程信息。

输入查询命令：

```
SELECT * FROM Course WHERE Cpno IS NULL;
```

命令执行结果如图 6-20 所示。

【例 6-18】查询课程表中有先修课的所有课程信息。

输入查询命令：

```
SELECT * FROM Course WHERE Cpno IS NOT NULL;
```

命令执行结果如图 6-21 所示。

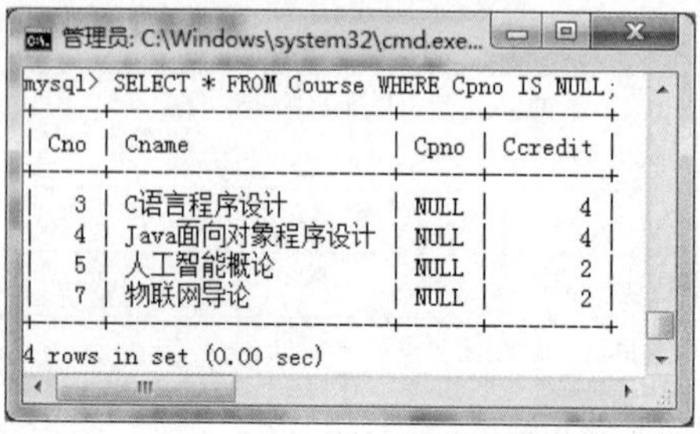

```
mysql> SELECT * FROM Course WHERE Cpno IS NULL;
+-----+--------------------+------+---------+
| Cno | Cname              | Cpno | Ccredit |
+-----+--------------------+------+---------+
|   3 | C语言程序设计      | NULL |       4 |
|   4 | Java面向对象程序设计 | NULL |       4 |
|   5 | 人工智能概论       | NULL |       2 |
|   7 | 物联网导论         | NULL |       2 |
+-----+--------------------+------+---------+
4 rows in set (0.00 sec)
```

图 6-20　例 6-17 命令的执行结果

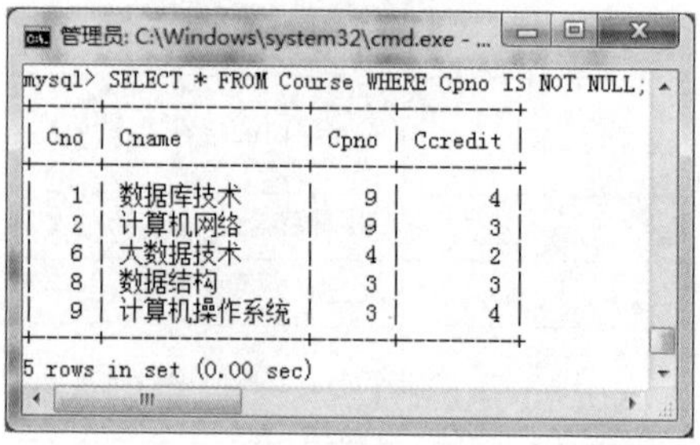

```
mysql> SELECT * FROM Course WHERE Cpno IS NOT NULL;
+-----+----------------+------+---------+
| Cno | Cname          | Cpno | Ccredit |
+-----+----------------+------+---------+
|   1 | 数据库技术     |    9 |       4 |
|   2 | 计算机网络     |    9 |       3 |
|   6 | 大数据技术     |    4 |       2 |
|   8 | 数据结构       |    3 |       3 |
|   9 | 计算机操作系统 |    3 |       4 |
+-----+----------------+------+---------+
5 rows in set (0.00 sec)
```

图 6-21　例 6-18 命令的执行结果

7. 带 AND 或 OR 的多条件查询

AND 限定只有满足所有查询条件的记录才会被返回，OR 只要满足其中一个查询条件的记录就可以被返回。AND 的优先级高于 OR，可以用小括号改变优先级。

【例 6-19】查询课程表中学分大于 2 并且小于 3 的所有课程信息。

输入查询命令：

```
SELECT * FROM Course WHERE Ccredit>=2 AND Ccredit<=3;
```

命令执行结果如图 6-22 所示。

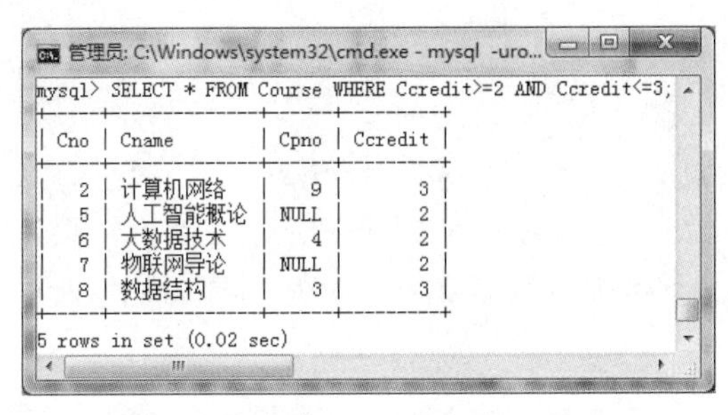

管理员: C:\Windows\system32\cmd.exe - mysql -uro...

mysql> SELECT * FROM Course WHERE Ccredit>=2 AND Ccredit<=3;

Cno	Cname	Cpno	Ccredit
2	计算机网络	9	3
5	人工智能概论	NULL	2
6	大数据技术	4	2
7	物联网导论	NULL	2
8	数据结构	3	3

5 rows in set (0.02 sec)

图 6-22　例 6-19 命令的执行结果

【例 6-20】查询学生表中学生籍贯是深圳或长春的男学生的详细信息。

输入查询命令：

```
SELECT * FROM Student WHERE Ssex='男' AND (Snative='深圳' OR Snative='长春');
```

由于 OR 的优先级低于 AND，而这里 Snative='深圳' OR Snative='长春'要先算，因此将表达式 Snative='深圳' OR Snative='长春'加上小括号进行优先运算，将运算结果再与 Ssex='男'进行 AND 运算。

命令执行结果如图 6-23 所示。

管理员: C:\Windows\system32\cmd.exe - mysql -uroot -p123456

mysql> SELECT * FROM Student WHERE Ssex='男' AND (Snative='深圳' OR Snative='长春');

Sno	Sname	Ssex	Sbirthday	Snative	Snation	Sphone	Sdepartment
20180520103	李坤	男	1999-12-03	深圳	汉族	1391678985*	计算机学院
20180710129	朱治国	男	2000-05-18	长春	汉族	1361254667*	经济学院

2 rows in set (0.04 sec)

图 6-23　例 6-20 命令的执行结果

6.2.3　对查询结果排序

利用 ORDER BY 子句对查询结果集按一个字段或多个字段进行升序或降序排序。关键字 ASC 升序排序、DESC 降序排序，默认值是 ASC。

【例 6-21】查询学生表中学生的详细信息，并将查询结果按姓名升序排列。

输入查询命令：

```
SELECT * FROM Student ORDER BY Sname;
```

命令执行结果如图 6-24 所示。

管理员: C:\Windows\system32\cmd.exe - mysql -uroot -p123456

mysql> SELECT * FROM Student ORDER BY Sname;

Sno	Sname	Ssex	Sbirthday	Snative	Snation	Sphone	Sdepartment
20180520201	陈绍果	男	2000-02-06	昆明	白族	1501581422*	计算机学院
20180520301	达蒙蒙	女	2000-11-10	沈阳	蒙古族	1358796001*	计算机学院
20180710101	李华英	女	2000-01-19	佛山	汉族	1701891987*	经济学院
20180520103	李坤	男	1999-12-03	深圳	汉族	1391678985*	计算机学院
20180890123	孙大军	男	1999-12-31	西安	苗族	1387658901*	环境学院
20180890135	孙之梦	女	2000-03-09	长春	满族	1378900909*	环境学院
20180520101	张志华	女	2000-03-05	上海	汉族	1391234568*	计算机学院
20180710102	周之桐	男	2000-12-18	北京	汉族	1391234090*	经济学院
20180710129	朱治国	男	2000-05-18	长春	汉族	1361254667*	经济学院

9 rows in set (0.00 sec)

图 6-24　例 6-21 命令的执行结果

从图 6-24 可以看到，Sname 字段按照汉语拼音字母顺序进行了升序排列。

【例 6-22】查询学生表中学生的详细信息，并将查询结果按学院进行升序、按性别进行降序、按姓名进行升序排列。

输入查询命令：

```
SELECT * FROM Student ORDER BY Sdepartment ASC,Ssex DESC,Sname;
```

命令执行结果如图 6-25 所示。从图 6-25 可以看到，查询结果先按 Sdepartment 汉语拼音升序排序，学院相同的情况下再按 Ssex 汉语拼音降序排序，最后在性别相同的情况下按 Sname 汉语拼音升序排序。

管理员: C:\Windows\system32\cmd.exe - mysql -uroot -p123456

mysql> SELECT * FROM Student ORDER BY Sdepartment ASC, Ssex DESC, Sname;

Sno	Sname	Ssex	Sbirthday	Snative	Snation	Sphone	Sdepartment
20180890135	孙之梦	女	2000-03-09	长春	满族	1378900909*	环境学院
20180890123	孙大军	男	1999-12-31	西安	苗族	1387658901*	环境学院
20180520301	达蒙蒙	女	2000-11-10	沈阳	蒙古族	1358796001*	计算机学院
20180520101	张志华	女	2000-03-05	上海	汉族	1391234568*	计算机学院
20180520201	陈绍果	男	2000-02-06	昆明	白族	1501581422*	计算机学院
20180520103	李坤	男	1999-12-03	深圳	汉族	1391678985*	计算机学院
20180710101	李华英	女	2000-01-19	佛山	汉族	1701891987*	经济学院
20180710102	周之桐	男	2000-12-18	北京	汉族	1391234090*	经济学院
20180710129	朱治国	男	2000-05-18	长春	汉族	1361254667*	经济学院

9 rows in set (0.00 sec)

图 6-25　例 6-22 命令的执行结果

【例 6-23】查询选课表中成绩在 60 分以上的信息，并将查询结果按分数降序排列。

输入查询命令：

```
SELECT * FROM SC WHERE Grade>=60 ORDER BY
Grade DESC;
```

命令执行结果如图 6-26 所示。

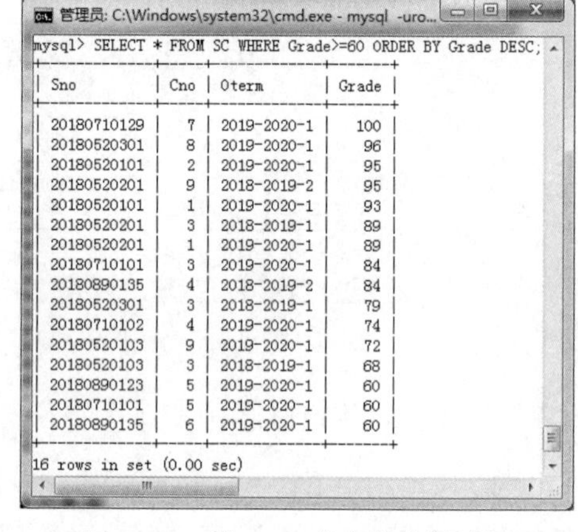
管理员: C:\Windows\system32\cmd.exe - mysql -uro...

mysql> SELECT * FROM SC WHERE Grade>=60 ORDER BY Grade DESC;

Sno	Cno	Oterm	Grade
20180710129	7	2019-2020-1	100
20180520301	8	2019-2020-1	96
20180520101	2	2019-2020-1	95
20180520201	9	2018-2019-2	95
20180520101	1	2019-2020-1	93
20180520201	3	2018-2019-1	89
20180520201	1	2019-2020-1	89
20180710101	3	2019-2020-1	84
20180890135	4	2018-2019-2	84
20180520301	3	2018-2019-1	79
20180710102	4	2019-2020-1	74
20180520103	9	2019-2020-1	72
20180520103	3	2018-2019-1	68
20180890123	5	2019-2020-1	60
20180710101	5	2019-2020-1	60
20180890135	6	2019-2020-1	60

16 rows in set (0.00 sec)

图 6-26　例 6-23 命令的执行结果

6.2.4　限制查询记录的数量

使用 LIMIT 子句来限制 SELECT 语句返回的行数。LIMIT 子句的格式是：

```
LIMIT [位置偏移量,]行数
```

“位置偏移量”是一个可选参数，指示从哪一行开始显示，第一条记录的位置偏移量是 0，第二条记录的位置偏移量是 1……依此类推，如果不指定偏移量，则从第一行记录开始显示。“行数”指定需要返回的记录个数，当“行数”大于返回结果的实际行数时，按实际结果行数返回。

【例 6-24】查询选课表中成绩排名在第 5 名至第 8 名的信息。

输入查询命令：

```
SELECT * FROM SC ORDER BY Grade DESC LIMIT 4,4;
```

命令执行结果如图 6-27 所示。从图 6-27 可以看到，该命令先按成绩降序排序，然后将第 5 名至第 8 名 4 条记录的信息输出。注意：在既有 ORDER BY 子句，又有 LIMIT 子句的情况下，ORDER BY 子句要位于 LIMIT 子句之前，否则会出现语法错误。

从 MySQL 5.0 以后版本，LIMIT 语句也可以用另一种语法：

```
LIMIT 行数 OFFSET 位置偏移量
```

例 6-24 也可以用如下语句完成：

```
SELECT * FROM SC ORDER BY Grade DESC LIMIT 4 OFFSET 4;
```

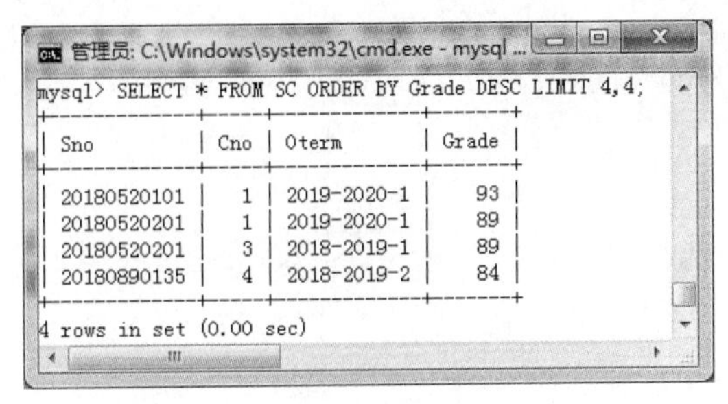
```
mysql> SELECT * FROM SC ORDER BY Grade DESC LIMIT 4,4;
+-------------+-----+-------------+-------+
| Sno         | Cno | Oterm       | Grade |
+-------------+-----+-------------+-------+
| 20180520101 |   1 | 2019-2020-1 |    93 |
| 20180520201 |   1 | 2019-2020-1 |    89 |
| 20180520201 |   3 | 2018-2019-1 |    89 |
| 20180890135 |   4 | 2018-2019-2 |    84 |
+-------------+-----+-------------+-------+
4 rows in set (0.00 sec)
```

图 6-27　例 6-24 命令的执行结果

6.3 聚合函数

在 GROUP BY 分组的情况下，通过把聚合函数（如 SUM()、COUNT()等）添加到 SELECT 语句来实现分组聚合查询。

6.3.1 使用聚合函数查询

聚合函数是 MySQL 提供的一类系统函数，常用于对一组数值进行计算，然后返回单个值。表 6-3 显示了 MySQL 中常用的聚合函数。

表 6-3　MySQL 中常用的聚合函数

函数名	说明
COUNT([DISTINCT|ALL]*)	统计数据表中的记录数
COUNT([DISTINCT|ALL] <列名>)	统计数据表的一列中值的个数
MAX([DISTINCT|ALL] <列名>)	统计数据表的一列中值的最大值
MIN([DISTINCT|ALL] <列名>)	统计数据表的一列中值的最小值
SUM([DISTINCT|ALL] <列名>)	统计数据表的一列中值的总和
AVG([DISTINCT|ALL] <列名>)	统计数据表的一列中值的平均值

其中，如果指定 DISTINCT 关键字，表示计算时取消指定列中的重复值；如果不指定 DISTINCT 关键字或指定 ALL（ALL 为默认值），表示计算时不取消指定列中的重复值。注意：除函数 COUNT(*)外，其余聚合函数都会忽略空值。

【例 6-25】 查询学生的总人数。

输入查询命令：

```
SELECT COUNT(*) 学生人数 FROM Student;
```

命令执行结果如图 6-28 所示。

【例 6-26】 查询选修了 1 号课程学生的人数。

输入查询命令：

```
SELECT COUNT(DISTINCT Sno) 学生人数 FROM SC WHERE Cno=1;
```

命令执行结果如图 6-29 所示。

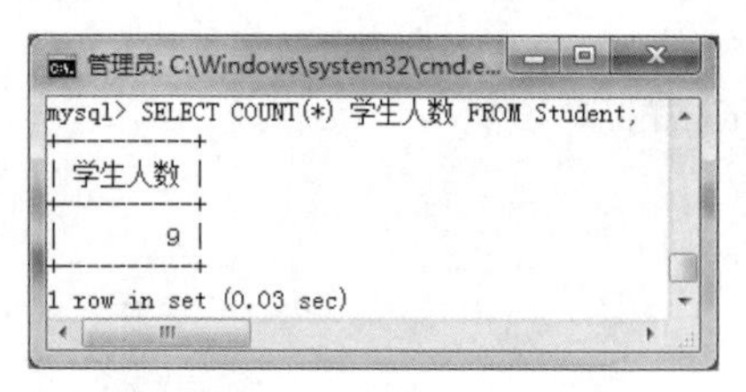

图 6-28　例 6-25 命令的执行结果

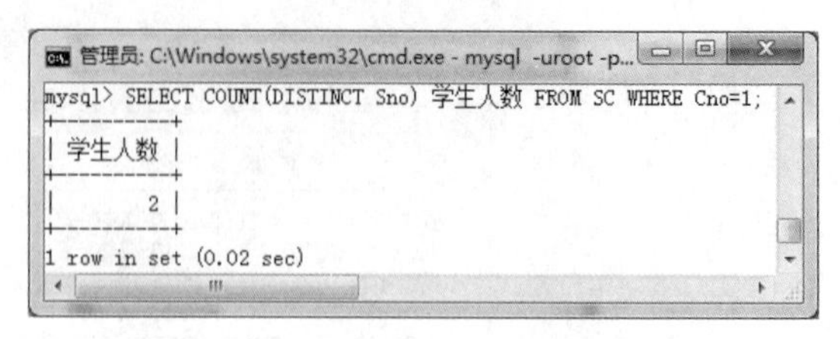

图 6-29　例 6-26 命令的执行结果

【例 6-27】计算成绩的最高分。

输入查询命令：

```
SELECT MAX(Grade) 最高分 FROM SC;
```

命令执行结果如图 6-30 所示。

【例 6-28】计算成绩的平均分。

输入查询命令：

```
SELECT AVG(Grade) 平均分 FROM SC;
```

命令执行结果如图 6-31 所示。

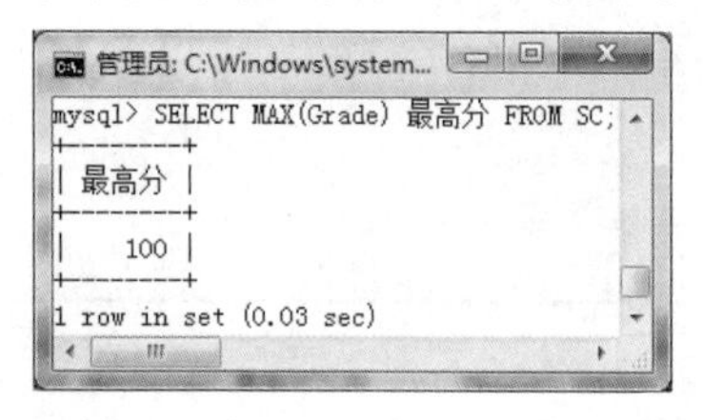

图 6-30　例 6-27 命令的执行结果

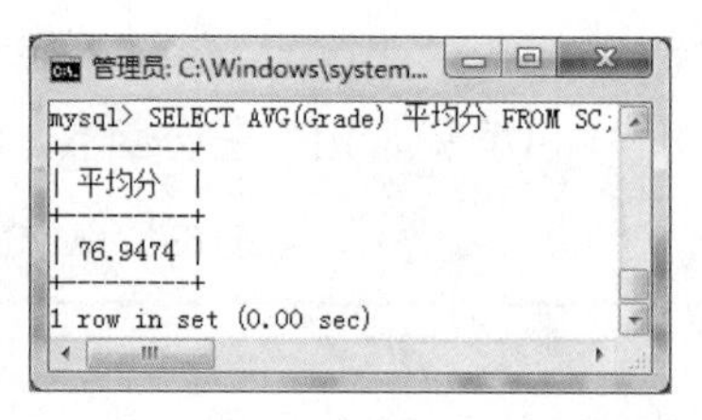

图 6-31　例 6-28 命令的执行结果

6.3.2　分组聚合查询

分组聚合查询是在使用 GROUP BY 子句基础上，使用聚合函数查询。GROUP BY 子句的语法格式是：

```
[GROUP BY 字段列表] [HAVING <条件>]
```

其中，GROUP BY 对查询结果按字段列表进行分组，字段值相等的记录分为一组；HAVING 短语对分组结果进行筛选，仅输出满足条件的组。

【例 6-29】查询每门课程的选课人数，输出课程号和人数。

输入查询命令：

```
SELECT Cno,COUNT(Cno) 选课人数 FROM SC GROUP BY Cno;
```

命令执行结果如图 6-32 所示。

【例 6-30】查询每个学生的选课门数、平均分和最高分。

输入查询命令：

```
SELECT Sno,COUNT(*) 选课门数,AVG(Grade) 平均分,MAX(Grade) 最高分
FROM SC GROUP BY Sno;
```

命令执行结果如图 6-33 所示。

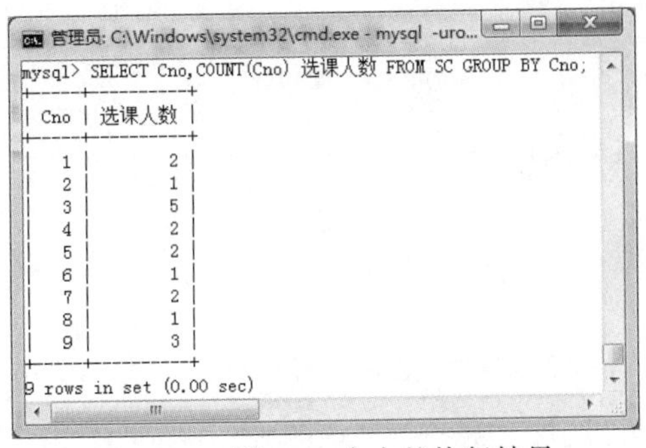

```
mysql> SELECT Cno,COUNT(Cno) 选课人数 FROM SC GROUP BY Cno;
+-----+----------+
| Cno | 选课人数 |
+-----+----------+
|   1 |        2 |
|   2 |        1 |
|   3 |        5 |
|   4 |        2 |
|   5 |        2 |
|   6 |        1 |
|   7 |        2 |
|   8 |        1 |
|   9 |        3 |
+-----+----------+
9 rows in set (0.00 sec)
```

图 6-32　例 6-29 命令的执行结果

```
mysql> SELECT Sno,COUNT(*) 选课门数,AVG(Grade) 平均分,MAX(Grade)
    -> FROM SC GROUP BY Sno;
+-------------+----------+----------+--------+
| Sno         | 选课门数 | 平均分   | 最高分 |
+-------------+----------+----------+--------+
| 20180520101 |        4 |  74.2500 |     95 |
| 20180520103 |        2 |  70.0000 |     72 |
| 20180520201 |        3 |  91.0000 |     95 |
| 20180520301 |        2 |  87.5000 |     96 |
| 20180710101 |        2 |  72.0000 |     84 |
| 20180710102 |        2 |  64.5000 |     74 |
| 20180710129 |        1 | 100.0000 |    100 |
| 20180890123 |        1 |  60.0000 |     60 |
| 20180890135 |        2 |  72.0000 |     84 |
+-------------+----------+----------+--------+
9 rows in set (0.00 sec)
```

图 6-33　例 6-30 命令的执行结果

【例 6-31】查询平均分在 70 分以上的每个学生的选课门数、平均分和最高分。

输入查询命令：

```
SELECT Sno,COUNT(*) 选课门数,AVG(Grade) 平均分,MAX(Grade) 最高分
FROM SC GROUP BY Sno HAVING AVG(Grade)>=70;
```

命令执行结果如图 6-34 所示。

这里要求对分组结果数据进行筛选，所以 HAVING 子句必须放在 GROUP BY 子句的后面。如果没有 GROUP BY 子句，则 HAVING 子句把表中所有记录当成一组。

【例 6-32】计算所有学生选课的平均分，但只有平均分在 70 分以上才输出。

输入查询命令：

```
SELECT AVG(Grade) 平均分 FROM SC HAVING AVG(Grade)>=70;
```

命令执行结果如图 6-35 所示。

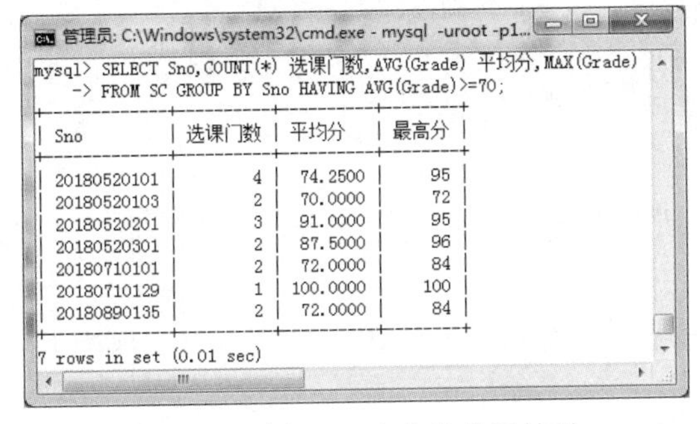

```
mysql> SELECT Sno,COUNT(*) 选课门数,AVG(Grade) 平均分,MAX(Grade)
    -> FROM SC GROUP BY Sno HAVING AVG(Grade)>=70;
+-------------+----------+----------+--------+
| Sno         | 选课门数 | 平均分   | 最高分 |
+-------------+----------+----------+--------+
| 20180520101 |        4 |  74.2500 |     95 |
| 20180520103 |        2 |  70.0000 |     72 |
| 20180520201 |        3 |  91.0000 |     95 |
| 20180520301 |        2 |  87.5000 |     96 |
| 20180710101 |        2 |  72.0000 |     84 |
| 20180710129 |        1 | 100.0000 |    100 |
| 20180890135 |        2 |  72.0000 |     84 |
+-------------+----------+----------+--------+
7 rows in set (0.01 sec)
```

图 6-34　例 6-31 命令的执行结果

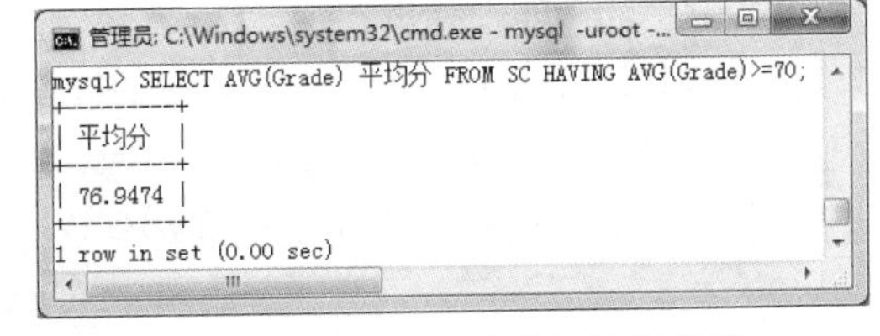

```
mysql> SELECT AVG(Grade) 平均分 FROM SC HAVING AVG(Grade)>=70;
+---------+
| 平均分  |
+---------+
| 76.9474 |
+---------+
1 row in set (0.00 sec)
```

图 6-35　例 6-32 命令的执行结果

6.4 连接查询

如果一个查询同时以两个或多个表作为数据源，就称为连接查询，包括交叉连接、内连接和外连接。当两个或多个表中存在相同意义的字段时，便可以通过这些字段对相关的表进行连接查询。

6.4.1 交叉连接

交叉连接（CROSS JOIN）又称笛卡儿积，即把一张表的每一行与另一张表的每一行连接起来，返回两张表的每一行相连接后的所有组合结果。交叉连接的语法格式为：

```
SELECT * FROM 表名1 CROSS JOIN 表名2;
```

或

```
SELECT * FROM 表名 1,表名 2;
```

【例 6-33】查询学生表 Student 与选课表 SC 的交叉连接。

输入查询命令：

```
SELECT * FROM Student CROSS JOIN SC;
```

或

```
SELECT * FROM Student,SC;
```

交叉返回的结果集的记录行数等于交叉连接两张表记录行数的乘积。本例 Studnet 表中有 9 行记录，SC 表中有 19 行记录，返回结果集有 9×19=171 行。当两张表记录行数较多时，产生的查询结果集行数会非常大，会消耗大量系统资源。因此，一般情况下，交叉连接意义不大，在实际使用中，应尽量避免交叉连接。

6.4.2 内连接

内连接是使用比较运算符进行表间某字段值的比较操作，并将满足连接条件的记录查询出来。内连接有两种语法格式：

```
SELECT <表达式 1>,<表达式 2>,……,<表达式 n>
FROM <表名 1> [INNER] JOIN <表名 2>
ON <连接条件>
[WHERE <条件表达式>];
```

或

```
SELECT <表达式 1>,<表达式 2>,……,<表达式 n>
FROM <表名 1> , <表名 2>
[WHERE <连接条件>[AND<条件表达式>]];
```

1. 等值连接与非等值连接

在比较运算中使用“=”号运算符的连接就是等值连接。而使用比较运算符是非“=”号的连接就是非等值连接，如使用运算符号“>”“<”等。

【例 6-34】查询每个学生选修课程情况，要求输出学生学号、姓名、课程号、成绩。

输入查询命令：

```
SELECT Student.Sno,Sname,Cno,Grade FROM Student INNER JOIN SC
ON Student.Sno=SC.Sno;
```

或

```
SELECT Student.Sno,Sname,Cno,Grade FROM Student,SC WHERE Student.Sno= SC.Sno;
```

在连接查询的输出字段中，如果某个字段名在连接的两个表中都有且相同，该字段名必须用“.”运算符将数据表的名称与字段名连接起来，如 Student.Sno，表明字段 Sno 来自于 Student 表，以免系统不知道 Sno 是从 Studnet 中提取还是从 SC 表中提取，从而产生错误。如果输出的字段在连接的表中唯一，直接使用字段名即可。

两条命令查询输出的结果相同，如图 6-36 所示。

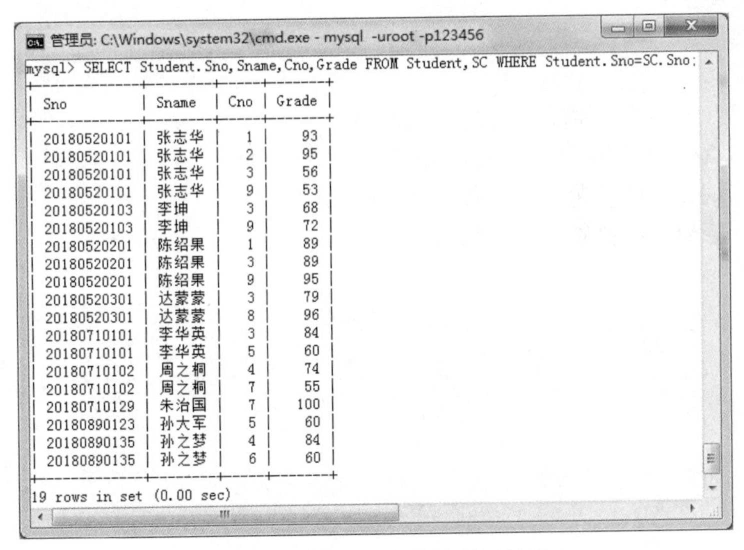
管理员: C:\Windows\system32\cmd.exe - mysql -uroot -p123456

mysql> SELECT Student.Sno,Sname,Cno,Grade FROM Student,SC WHERE Student.Sno=SC.Sno;

Sno	Sname	Cno	Grade
20180520101	张志华	1	93
20180520101	张志华	2	95
20180520101	张志华	3	56
20180520101	张志华	9	53
20180520103	李坤	3	68
20180520103	李坤	9	72
20180520201	陈绍果	1	89
20180520201	陈绍果	3	89
20180520201	陈绍果	9	95
20180520301	达蒙蒙	3	79
20180520301	达蒙蒙	8	96
20180710101	李华英	3	84
20180710101	李华英	5	60
20180710102	周之桐	4	74
20180710102	周之桐	7	55
20180710129	朱治国	7	100
20180890123	孙大军	5	60
20180890135	孙之梦	4	84
20180890135	孙之梦	6	60

19 rows in set (0.00 sec)

图 6-36 例 6-34 命令的执行结果

【例 6-35】查询选修了“数据库技术”课程的学生的学号、姓名、课程名、成绩。

输入查询命令：

```
SELECT Student.Sno,Sname,Cname,Grade FROM Student JOIN SC JOIN Course
ON Student.Sno=SC.Sno AND Course.cno=SC.Cno
WHERE Cname='数据库技术';
```

或

```
SELECT Student.Sno,Sname,Cname,Grade FROM Student,SC,Course
WHERE Student.Sno=SC.Sno AND Course.cno=SC.Cno AND Cname='数据库技术';
```

两条命令查询输出的结果相同，如图 6-37 所示。

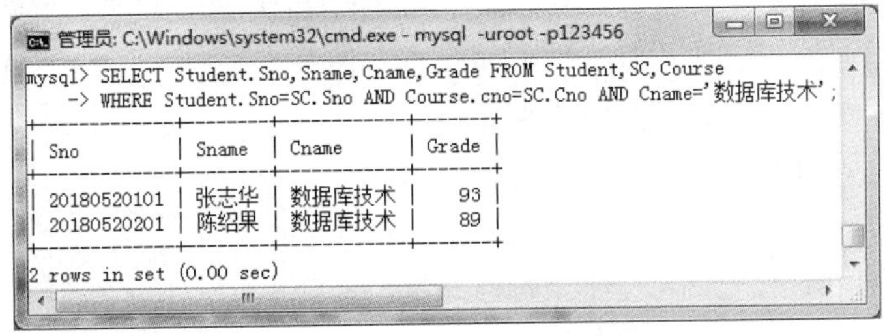
管理员: C:\Windows\system32\cmd.exe - mysql -uroot -p123456

mysql> SELECT Student.Sno,Sname,Cname,Grade FROM Student,SC,Course
    -> WHERE Student.Sno=SC.Sno AND Course.cno=SC.Cno AND Cname='数据库技术';

Sno	Sname	Cname	Grade
20180520101	张志华	数据库技术	93
20180520201	陈绍果	数据库技术	89

2 rows in set (0.00 sec)

图 6-37 例 6-35 命令的执行结果

2. 自连接

如果某个表与自身连接就称为自身连接，简称自连接。使用自连接时，需要为表指定不同的表别名，且对所有查询字段必须使用表别名进行限定，否则会出现错误。为表指定表别名的语法是：

```
表名 [AS] 表别名
```

【例 6-36】查询与“数据库技术”课程学分相同的课程信息。

输入查询命令：

```
SELECT C1.* FROM Course C1 JOIN Course C2
ON C1.Ccredit=C2.Ccredit
```

```
WHERE C2.Cname='数据库技术';
```

或

```
SELECT C1.* FROM Course C1,Course C2
WHERE C1.Ccredit=C2.Ccredit AND C2.Cname='数据库技术';
```

两条命令查询输出的结果相同，如图 6-38 所示。

【例 6-37】查询具有先修课的课程名以及对应的先修课的课程名。

输入查询命令：

```
SELECT C1.Cname 课程名,C2.Cname 先修课名
FROM Course C1 JOIN Course C2
ON C2.Cno=C1.Cpno;
```

或

```
SELECT C1.Cname 课程名,C2.Cname 先修课名
FROM Course C1,Course C2 WHERE C2.Cno=C1.Cpno;
```

两条命令查询输出的结果相同，如图 6-39 所示。

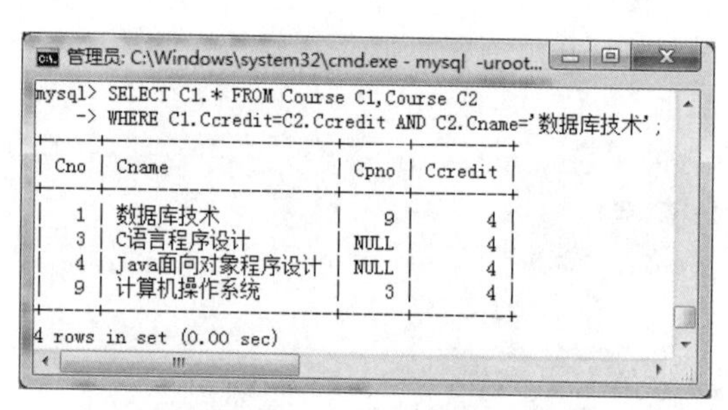

管理员: C:\Windows\system32\cmd.exe - mysql -uroot...

```
mysql> SELECT C1.* FROM Course C1,Course C2
    -> WHERE C1.Ccredit=C2.Ccredit AND C2.Cname='数据库技术';
```

Cno	Cname	Cpno	Ccredit
1	数据库技术	9	4
3	C语言程序设计	NULL	4
4	Java面向对象程序设计	NULL	4
9	计算机操作系统	3	4

4 rows in set (0.00 sec)

图 6-38 例 6-36 命令的执行结果

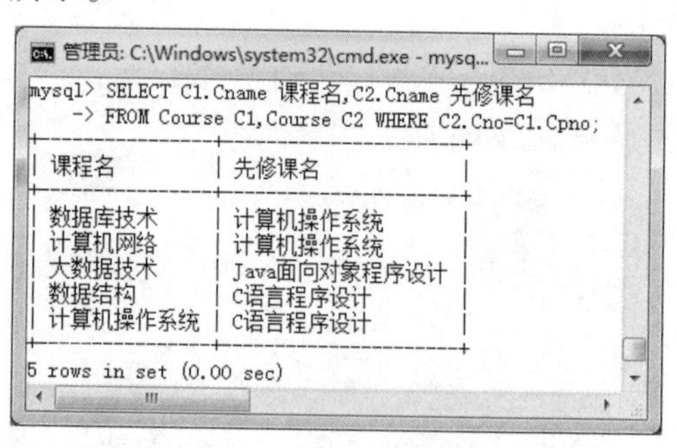

管理员: C:\Windows\system32\cmd.exe - mysq...

```
mysql> SELECT C1.Cname 课程名,C2.Cname 先修课名
    -> FROM Course C1,Course C2 WHERE C2.Cno=C1.Cpno;
```

课程名	先修课名
数据库技术	计算机操作系统
计算机网络	计算机操作系统
大数据技术	Java面向对象程序设计
数据结构	C语言程序设计
计算机操作系统	C语言程序设计

5 rows in set (0.00 sec)

图 6-39 例 6-37 命令的执行结果

3. 自然连接

自然连接只有当连接字段在两张表中的字段名都相同时才可以使用，否则会返回笛卡儿积的结果集。自然连接在 FROM 子句中使用关键字 NATURAL JOIN。

【例 6-38】用自然连接查询每个学生选修课程的情况，输出学生学号、姓名、课程名和成绩。

输入查询命令：

```
SELECT Student.Sno,Sname,Cname,Grade
FROM Student NATURAL JOIN SC NATURAL
JOIN Course;
```

使用 NATURAL JOIN 自然连接时不用使用连接条件，系统自动根据两张表中相同的字段名来连接。查询输出的结果如图 6-40 所示。

管理员: C:\Windows\system32\cmd.exe - mysql ...

```
mysql> SELECT Student.Sno,Sname,Cname,Grade
    -> FROM Student NATURAL JOIN SC NATURAL JOIN Course;
```

Sno	Sname	Cname	Grade
20180520101	张志华	数据库技术	93
20180520101	张志华	计算机网络	95
20180520101	张志华	C语言程序设计	56
20180520101	张志华	计算机操作系统	53
20180520103	李坤	C语言程序设计	68
20180520103	李坤	计算机操作系统	72
20180520201	陈绍果	数据库技术	89
20180520201	陈绍果	C语言程序设计	89
20180520201	陈绍果	计算机操作系统	95
20180520301	达蒙蒙	C语言程序设计	79
20180520301	达蒙蒙	数据结构	96
20180710101	李华英	C语言程序设计	84
20180710101	李华英	人工智能概论	60
20180710102	周之桐	Java面向对象程序设计	74
20180710102	周之桐	物联网导论	55
20180710129	朱治国	物联网导论	100
20180890123	孙大军	人工智能概论	60
20180890135	孙之梦	Java面向对象程序设计	84
20180890135	孙之梦	大数据技术	60

19 rows in set (0.00 sec)

图 6-40 例 6-38 命令的执行结果

6.4.3 外连接

内连接查询只返回查询结果集合中满足筛选条件和连接条件的行。但有些时候，查询结

果集合也希望将不满足连接条件的行也包含进来，这种情况就要用到外连接。外连接根据连接表的顺序，分为左外连接和右外连接。

1. 左外连接

左外连接又称左连接，使用关键字 LEFT OUTER JOIN 或 LEFT JOIN，用于返回该关键字左边表（又称基表）的所有记录，并用这些记录与该关键字右边表（又称参考表）中的记录进行匹配，如果左表的某些记录在右表中没有匹配的记录，则左表的该行记录原样输出，右表的相应记录对应字段的值全部设置为 NULL。

【例 6-39】 用左外连接查询所有学生选修课程的情况，输出学生学号、姓名、性别、课程号和成绩。

首先，向学生表 Student 插入一条记录：

```
INSERT INTO Student VALUES('20180990121','李华良','男','1999-11-25','广州',
'壮族','1373456212*','数学学院');
```

然后，输入左外连接查询命令：

```
SELECT Student.Sno,Sname,Cno,Grade FROM Student LEFT OUTER JOIN SC
ON Student.Sno=SC.Sno;
```

查询输出的结果如图 6-41 所示。

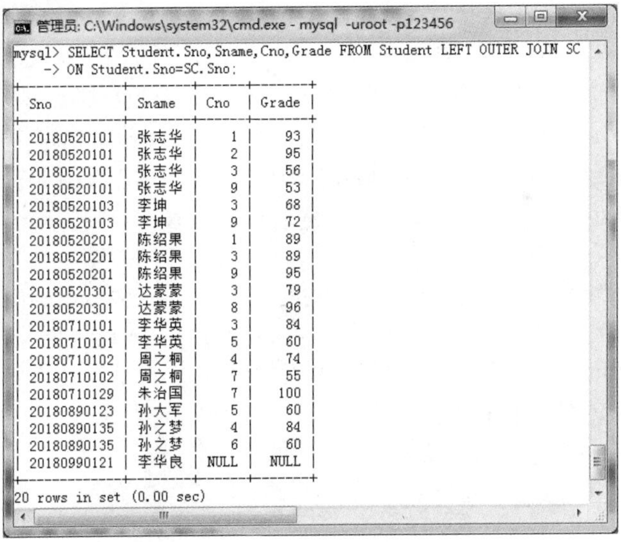

```
管理员: C:\Windows\system32\cmd.exe - mysql -uroot -p123456
mysql> SELECT Student.Sno,Sname,Cno,Grade FROM Student LEFT OUTER JOIN SC
    -> ON Student.Sno=SC.Sno;
+-------------+--------+------+-------+
| Sno         | Sname  | Cno  | Grade |
+-------------+--------+------+-------+
| 20180520101 | 张志华 |    1 |    93 |
| 20180520101 | 张志华 |    2 |    95 |
| 20180520101 | 张志华 |    3 |    56 |
| 20180520101 | 张志华 |    9 |    53 |
| 20180520103 | 李坤   |    3 |    68 |
| 20180520103 | 李坤   |    9 |    72 |
| 20180520201 | 陈绍果 |    1 |    89 |
| 20180520201 | 陈绍果 |    3 |    89 |
| 20180520201 | 陈绍果 |    9 |    95 |
| 20180520301 | 达蒙蒙 |    3 |    79 |
| 20180520301 | 达蒙蒙 |    8 |    96 |
| 20180710101 | 李华英 |    3 |    84 |
| 20180710101 | 李华英 |    5 |    60 |
| 20180710102 | 周之桐 |    4 |    74 |
| 20180710102 | 周之桐 |    7 |    55 |
| 20180710129 | 朱治国 |    7 |   100 |
| 20180890123 | 孙大军 |    5 |    60 |
| 20180890135 | 孙之梦 |    4 |    84 |
| 20180890135 | 孙之梦 |    6 |    60 |
| 20180990121 | 李华良 | NULL |  NULL |
+-------------+--------+------+-------+
20 rows in set (0.00 sec)
```

图 6-41　例 6-39 命令的执行结果

由于插入的学生还没有选课，所以他的课程号和成绩均是 NULL。

2. 右外连接

右外连接又称右连接，使用关键字 RIGHT OUTER JOIN 或 RIGHT JOIN，以右表为基表，返回右表的所有记录，并用这些记录与左表（参考表）中的记录进行匹配，如果右表的某些记录在左表中没有匹配的记录，左表该记录对应字段值均被设置为 NULL。

【例 6-40】 用右外连接查询所有学生选修课程的情况，输出学生学号、姓名、性别、课程号和成绩。

输入右外连接查询命令：

```
SELECT Student.Sno,Sname,Cno,Grade FROM SC RIGHT OUTER JOIN Student
```

```
ON SC.Sno=Student.Sno;
```

注意：上述命令中左表是 SC，右表是 Student；而例 6-39 左表是 Student，右表是 SC。因此，它们的查询结果是一样的。请用户自己分析原因。

6.5 子 查 询

子查询又称嵌套查询，是将一个查询语句嵌套在另一个查询语句的 WHERE 子句或 HAVING 短语中。嵌套在 WHERE 子句或 HAVING 短语中的查询语句称为内查询，而外面的 SELECT 语句称为外查询或父查询。在整个 SELECT 语句中，先计算子查询，然后将子查询的结果作为父查询的筛选条件。

6.5.1 带 IN 关键字的子查询

带 IN 关键字的子查询用于判定一个给定值是否存在于子查询的结果集中。使用 IN 关键字进行子查询时，内层查询语句返回一个数据列，其值提供给外层查询进行比较操作。

【例 6-41】 查询选修了课程的学生姓名。

输入查询命令：

```
SELECT Sname 姓名 FROM Student
WHERE Sno IN (SELECT DISTINCT Sno FROM SC);
```

该语句先执行内查询，即：SELECT DISTINCT Sno FROM SC，将选课数据表 SC 中学号 Sno（如果一个学生选修了两门以上的课程，只选取一个 Sno 值）查询出来构成一个结果集合，这里是：{'20180520101','20180520103','20180520201','20180520301','20180710101','20180710102','20180710129','20180890123','20180890135'}。然后执行外查询：

```
SELECT Sname 姓名 FROM Student
WHERE Sno IN {'20180520101','20180520103','20180520201','20180520301',
'20180710101','20180710102','20180710129','20180890123','20180890135'};
```

在学生数据表 Student 中查找每一个记录的学号 Sno 是否是集合当中的一个值，如果是，就将该学号对应的姓名查询出来。查询结果如图 6-42 所示。

该例也可以直接用连接查询完成：

```
SELECT DISTINCT Sname 姓名 FROM Student,SC WHERE Student.Sno=SC.Sno;
```

或

```
SELECT DISTINCT Sname 姓名 FROM Student JOIN SC ON Student.Sno=SC.Sno;
```

使用 NOT IN 关键字判断一个给定值不属于子查询的结果集合。

【例 6-42】 查询没有选修过课程的学生姓名。

输入查询命令：

```
SELECT Sname 姓名 FROM Student
WHERE Sno NOT IN (SELECT DISTINCT Sno FROM SC);
```

查询结果如图 6-43 所示。

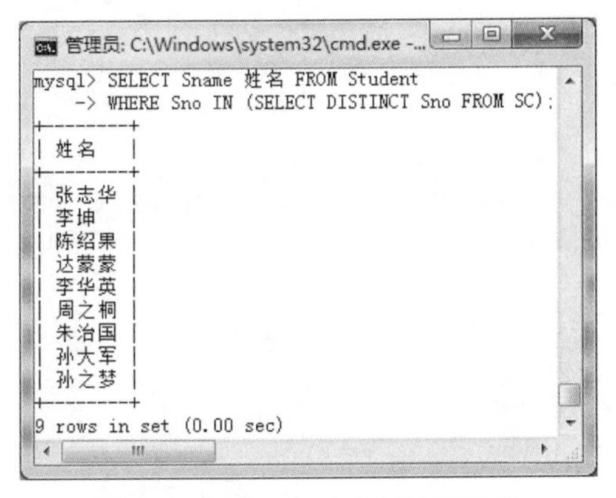
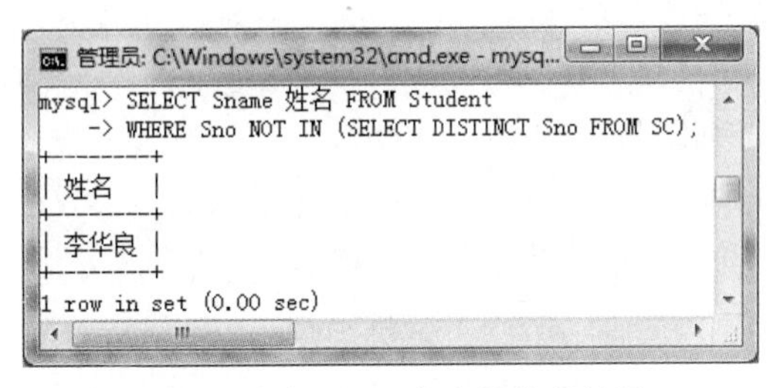

图 6-42 例 6-41 命令的执行结果

图 6-43 例 6-42 命令的执行结果

6.5.2 带比较运算符的子查询

带比较运算符的子查询指外查询与内查询之间用比较运算符进行连接。当用户能知道内查询返回单值时，可以用比较运算符构造子查询。

【例 6-43】查询与李坤是同一民族的学生姓名。

输入查询命令：

```
SELECT Sname 学生姓名 FROM Student
WHERE Snation=(SELECT Snation FROM Student Where Sname='李坤')
AND Sname!='李坤';
```

首先执行内查询：SELECT Snation FROM Student Where Sname='李坤'，查询出李坤的民族是汉族，然后执行外查询：SELECT Sname 学生姓名 FROM Student WHERE Snation='汉族') AND Sname!='李坤';，查询出“汉族”的学生姓名，但不包括李坤。

查询结果如图 6-44 所示。

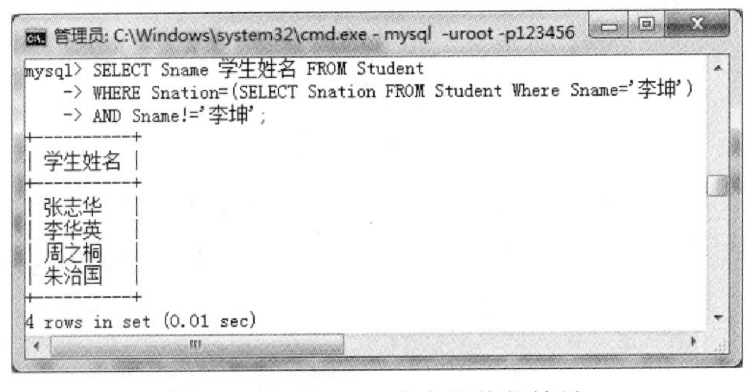

图 6-44 例 6-43 命令的执行结果

该例也可以用自连接完成，输入自连接查询语句：

```
SELECT S1.Sname 学生姓名 FROM Student S1,Student S2
WHERE (S1.Snation=S2.Snation and S2.Sname='李坤') AND S1.Sname!='李坤';
```

用户自己分析上述自连接查询语句的含义。

比较运算符还可以与 ALL、SOME 和 ANY 关键字一起构造子查询。ALL 用于指定表达式需要与子查询结果集中每个值都进行比较，当表达式与子查询结果集中每个值都满足比较关系时，会返回 TRUE，否则返回 FALSE。SOME 和 ANY 是同义词，当表达式与子查询结果集中某个值满足比较关系时，会返回 TRUE，否则返回 FALSE。

【例 6-44】查询男生比所有女生出生晚的学生姓名、性别、出生日期。

输入查询命令：

```
SELECT Sname 学生姓名,Ssex 性别,Sbirthday 出生日期 FROM Student WHERE Ssex='男' AND
Sbirthday>ALL(SELECT Sbirthday FROM Student WHERE Ssex='女');
```

查询结果如图 6-45 所示。

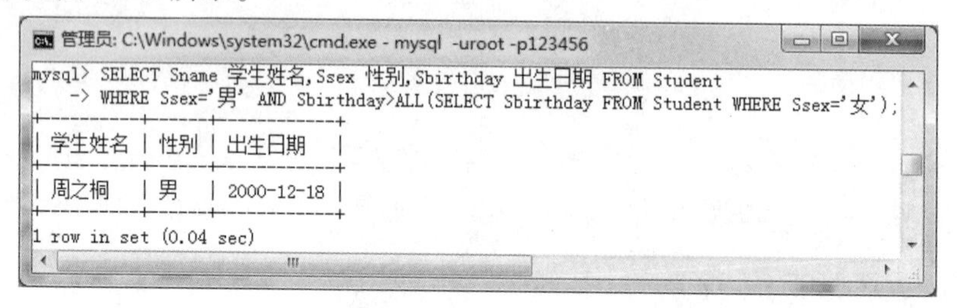

图 6-45　例 6-44 命令的执行结果

【例 6-45】查询男生比某个女生出生晚的学生姓名、性别、出生日期。

输入查询命令：

```
SELECT Sname 学生姓名,Ssex 性别,Sbirthday 出生日期 FROM Student
WHERE Ssex='男' AND Sbirthday>
ANY(SELECT Sbirthday FROM Student WHERE Ssex='女');
```

查询结果如图 6-46 所示。

```
管理员: C:\Windows\system32\cmd.exe - mysql -uroot -p123456
mysql> SELECT Sname 学生姓名,Ssex 性别,Sbirthday 出生日期 FROM Student
    -> WHERE Ssex='男' AND Sbirthday>ANY(SELECT Sbirthday FROM Student WHERE Ssex='女');
+----------+------+------------+
| 学生姓名 | 性别 | 出生日期   |
+----------+------+------------+
| 陈绍果   | 男   | 2000-02-06 |
| 周之桐   | 男   | 2000-12-18 |
| 朱治国   | 男   | 2000-05-18 |
+----------+------+------------+
3 rows in set (0.00 sec)
```

图 6-46　例 6-45 命令的执行结果

比较运算符与 ALL、SOME、ANY 构造的子查询也可以通过聚合函数来完成。用聚合函数实现的查询比直接用 ALL、ANY 构造的查询效率高。ALL、ANY 与聚合函数构造的对应关系如表 6-4 所示。

表 6-4　ALL、ANY 与聚合函数构造的对应关系

比较项	=	!=	<	<=	>	>=
ALL	—	NOT IN	<MIN	<=MIN	>MAX	>=MAX
ANY	IN	—	<MAX	<=MAX	>MIN	>=MIN

用聚合函数把例 6-45 改写成如下语句：

```
SELECT Sname 学生姓名,Ssex 性别,Sbirthday 出生日期 FROM Student
WHERE Ssex='男' AND Sbirthday>
(SELECT MIN(Sbirthday) FROM Student WHERE Ssex='女');
```

6.5.3 带 EXISTS 关键字的子查询

使用 EXISTS 关键字构造子查询时，如果子查询的结果集不为空，则返回 TRUE，此时外查询语句进行查询计算；如果子查询的结果集为空，则返回 FALSE，此时外查询语句不进行查询计算。

【例 6-46】查询选修了“数据库技术”课程的学生姓名。

输入查询命令：

```
SELECT Sname 学生姓名 FROM Student WHERE EXISTS (SELECT * FROM Course,SC
WHERE Student.Sno=SC.Sno AND Course.Cno=SC.Cno and Cname='数据库技术');
```

查询结果如图 6-47 所示。

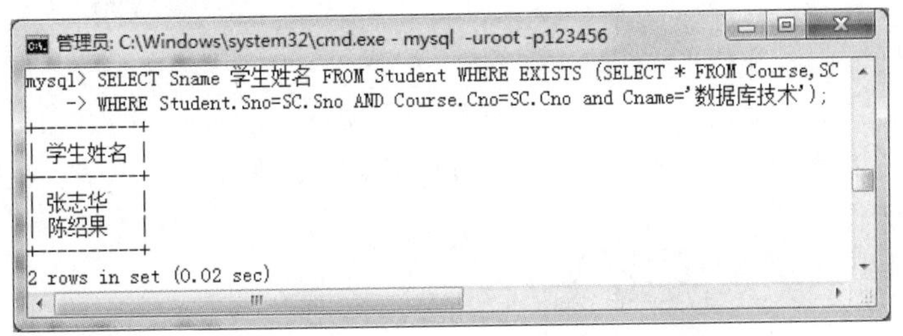

图 6-47 例 6-46 命令的执行结果

使用 NOT EXISTS 关键字，返回的结果与 EXISTS 关键字相反。

【例 6-47】查询没有选修课程名是“数据库技术”的学生姓名。

输入查询命令：

```
SELECT Sname 学生姓名 FROM Student WHERE NOT EXISTS (SELECT *
FROM Course,SC WHERE Student.Sno=SC.Sno AND Course.Cno=SC.Cno and
Cname='数据库技术');
```

查询结果如图 6-48 所示。

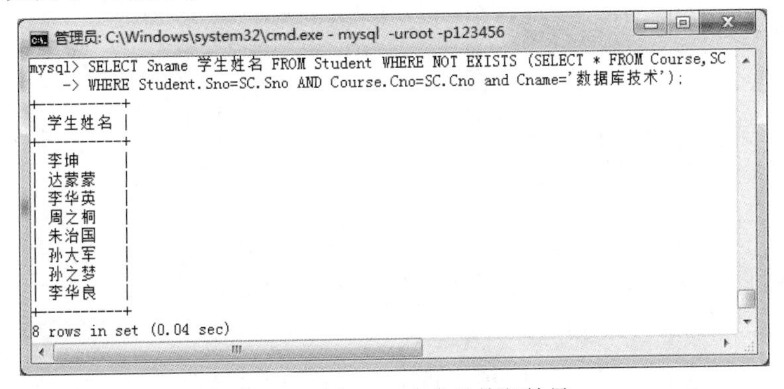

图 6-48 例 6-47 命令的执行结果

【例 6-48】查询选修了全部课程的学生学号和姓名。

从图 6-48 可知，目前并没有学生选修全部课程，为了使本例操作具有明确结果，使学号为 20180520101 的学生选修全部课程。执行如下插入记录命令：

```
INSERT INTO SC VALUES('20180520101',4,'2019-2020-2',89),
('20180520101',5,'2019-2020-2',90),('20180520101',6,'2019-2020-2',85),
('20180520101',7,'2020-2021-1',92),('20180520101',8,'2020-2021-2',93);
```

执行 SELECT * FROM SC;命令，查询结果如图 6-49 所示。从图 6-49 可以看出，学号为 20180520101 的学生已经选修了课程表中的所有课程。

SQL 中没有全称量词，但是可以把带有全称量词的谓词转换为等价的带有存在量词的谓词：

$$(\forall x)P \equiv \neg(\exists x(\neg P))$$

由于没有全称量词，可将题目的意思转换成等价的用存在量词（EXISTS）的形式：查询这样的学生，没有一门课程是他不选修的。SQL 语句如下：

```
SELECT Sno,Sname FROM Student
WHERE NOT EXISTS
      (SELECT * FROM Course
       WHERE NOT EXISTS
        (SELECT * FROM SC
        WHERE Sno=Student.Sno
         AND Cno=Course.Cno));
```

执行结果如图 6-50 所示，显示学号为 20180520101，姓名为张志华，表明该学生选修了课程表中的所有课程。

管理员: C:\Windows\system32\c...

mysql> SELECT * FROM SC;

Sno	Cno	Oterm	Grade
20180520101	1	2019-2020-1	93
20180520101	2	2019-2020-1	95
20180520101	3	2018-2019-1	56
20180520101	4	2019-2020-2	89
20180520101	5	2019-2020-2	90
20180520101	6	2019-2020-2	85
20180520101	7	2020-2021-1	92
20180520101	8	2020-2021-2	93
20180520101	9	2018-2019-2	53
20180520103	3	2018-2019-1	68
20180520103	9	2019-2020-1	72
20180520201	1	2019-2020-1	89
20180520201	3	2018-2019-1	89
20180520201	9	2018-2019-2	95
20180520301	3	2018-2019-1	79
20180520301	8	2019-2020-1	96
20180710101	3	2019-2020-1	84
20180710101	5	2019-2020-1	60
20180710102	4	2019-2020-1	74
20180710102	7	2019-2020-1	55
20180710129	7	2019-2020-1	100
20180890123	5	2019-2020-1	60
20180890135	4	2018-2019-2	84
20180890135	6	2019-2020-1	60

24 rows in set (0.00 sec)

图 6-49　选课表 SC 的记录

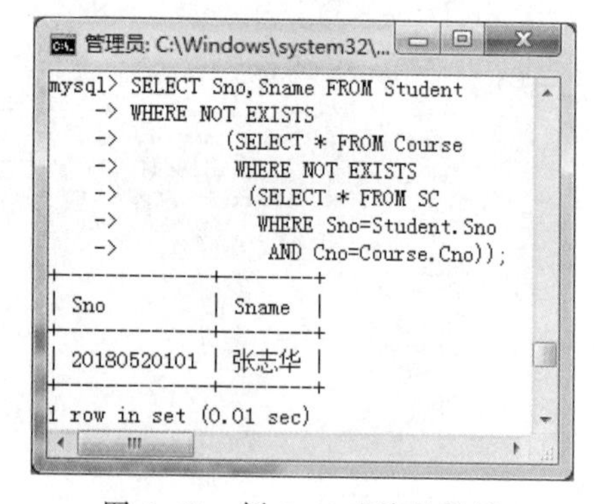
管理员: C:\Windows\system32\...

```
mysql> SELECT Sno, Sname FROM Student
    -> WHERE NOT EXISTS
    ->       (SELECT * FROM Course
    ->        WHERE NOT EXISTS
    ->         (SELECT * FROM SC
    ->          WHERE Sno=Student.Sno
    ->           AND Cno=Course.Cno));
+-------------+--------+
| Sno         | Sname  |
+-------------+--------+
| 20180520101 | 张志华 |
+-------------+--------+
1 row in set (0.01 sec)
```

图 6-50　例 6-48 查询的结果

【例 6-49】查询至少选修了学生 20180520103 选修的全部课程的学生学号。

本查询可以用逻辑蕴涵（logical implication）来表达：查询学号为 x 的学生，对所有的课程 y，只要 20180520103 学生选修了课程 y，则 x 也选修了 y。形式化表示如下：

用 p 表示谓词“学生 20180520103 选修了课程 y”；

用 q 表示谓词“学生 x 选修了课程 y”；

则上述查询为：

$$(\forall y)p \rightarrow q$$

SQL 中没有蕴涵逻辑运算，但是可以利用谓词演算将一个逻辑蕴涵的谓词等价转换为：

$$p \rightarrow q \equiv \neg p \vee q$$

该查询可以转换为如下等价形式：

$$(\forall y)p \rightarrow q \equiv \neg (\exists y(\neg (p \rightarrow q))) \equiv \neg (\exists y(\neg (\neg p \vee q))) \equiv \neg \exists y(p \wedge \neg q)$$

它所表达的语义为：不存在这样的课程 y，学生 20180520103 选修了课程 y，而学生 x 没有选。用 SQL 表示如下：

```
SELECT DISTINCT Sno FROM SC SCX
WHERE NOT EXISTS
    (SELECT * FROM SC SCY
    WHERE SCY.Sno= '20180520103' AND
        NOT EXISTS
          (SELECT * FROM SC SCZ
         WHERE SCZ.Sno=SCX.Sno AND
                SCZ.Cno=SCY.Cno));
```

该命令中的 SCX、SCY、SCZ 是表 SC 的别名。

该命令的执行结果如图 6-51 所示。从图 6-51 可以看出，有 3 名学生 20180520101、20180520103（本人）、20180520201 选修了学号 20180520103 学生选修的全部课程。

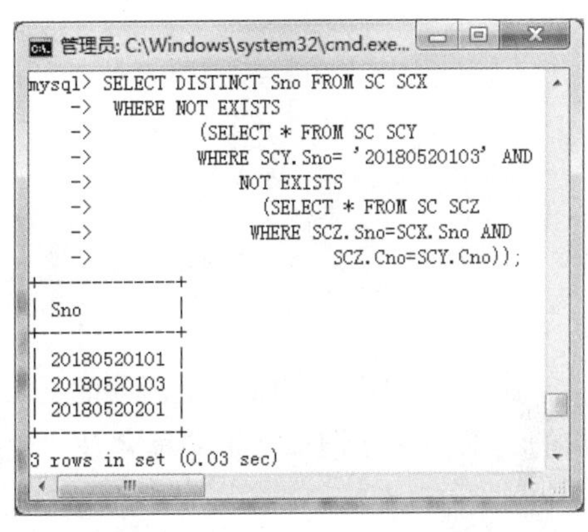

图 6-51　例 6-49 查询的结果

6.6 集合查询

SELECT 语句的查询结果是元组的集合，所以多个 SELECT 语句的结果可进行集合操作。在标准 SQL 中，集合操作包括并操作 UNION、交操作 INTERSECT 和差操作 EXCEPT。但在 MySQL 中，不支持交操作 INTERSECT 和差操作 EXCEPT，这两种操作可以通过条件查询和子查询等操作完成。

6.6.1 UNION 操作

使用 UNION 关键字可以把多个 SELECT 语句的结果合并到一个结果集中，要求多个 SELECT 子句中对应的字段数和数据类型必须相同。语法格式是：

```
SELECT … FROM … WHERE
UNION [ALL]
SELECT … FROM … WHERE
[UNION [ALL]
…
SELECT … FROM … WHERE];
```

如果不使用 ALL 关键字，返回的记录是唯一的。

【例 6-50】查询选修了课程名是“数据库技术”和“C 语言程序设计”的学生姓名。

输入 UNION 查询命令：

```
SELECT Sname 学生姓名 FROM Student,Course,SC
WHERE Student.Sno=SC.Sno AND Course.Cno=SC.Cno and Cname='数据库技术'
UNION
```

```
SELECT Sname 学生姓名 FROM Student,Course,SC
WHERE Student.Sno=SC.Sno AND Course.Cno=SC.Cno and Cname='C语言程序设计';
```

查询结果如图 6-52 所示。

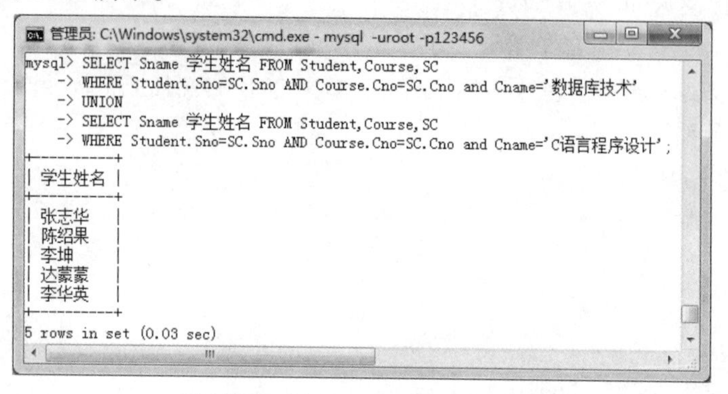

图 6-52　例 6-50 命令的执行结果

UNION 将多个 SELECT 语句的结果合并成一个结果集合，可以分开查看每个 SELECT 语句的结果。只查询选修了课程名是“数据库技术”的学生姓名的 SELECT 语句是：

```
SELECT Sname 学生姓名 FROM Student,Course,SC
WHERE Student.Sno=SC.Sno AND Course.Cno=SC.Cno and Cname='数据库技术';
```

查询结果如图 6-53 所示。

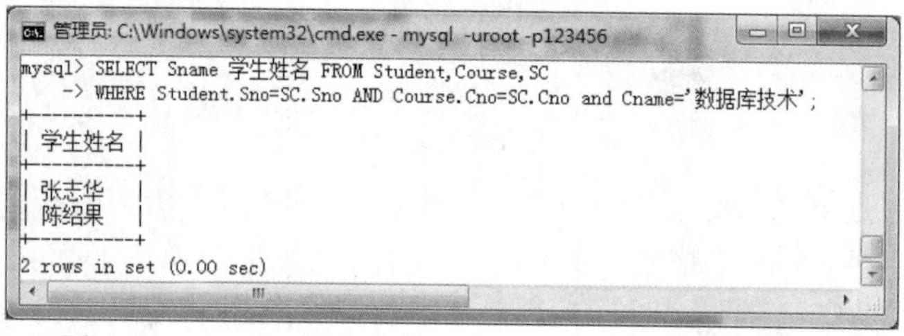

图 6-53　UNION 语句中第 1 个 SELECT 语句的执行结果

只查询选修了课程名是“C 语言程序设计”的学生姓名的 SELECT 语句是：

```
SELECT Sname 学生姓名 FROM Student,Course,SC
WHERE Student.Sno=SC.Sno AND Course.Cno=SC.Cno and Cname='C语言程序设计';
```

查询结果如图 6-54 所示。

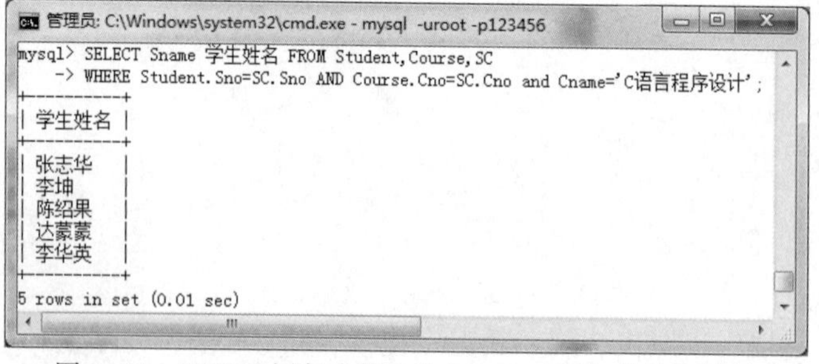

图 6-54　UNION 语句中第 2 个 SELECT 语句的执行结果

由图 6-53 和图 6-54 可以看出，第 2 个结果集包含了第 1 个结果集，使用 UNION 执行查询后将结果集合并成了一个，并删除了重复的记录。

例 6-50 中 UNION 联合查询的语句也可以用如下语句完成：

```
SELECT DISTINCT Sname 学生姓名 FROM Student,Course,SC
WHERE Student.Sno=SC.Sno AND Course.Cno=SC.Cno
AND (Cname='数据库技术' OR Cname='C语言程序设计');
```

【例 6-51】使用 UNION ALL 查询选修了课程名是“数据库技术”和“C 语言程序设计”的学生姓名。

输入 UNION 查询命令：

```
SELECT Sname 学生姓名 FROM Student,Course,SC
WHERE Student.Sno=SC.Sno AND Course.Cno=SC.Cno and Cname='数据库技术'
UNION ALL
SELECT Sname 学生姓名 FROM Student,Course,SC
WHERE Student.Sno=SC.Sno AND Course.Cno=SC.Cno and Cname='C语言程序设计';
```

查询结果如图 6-55 所示。

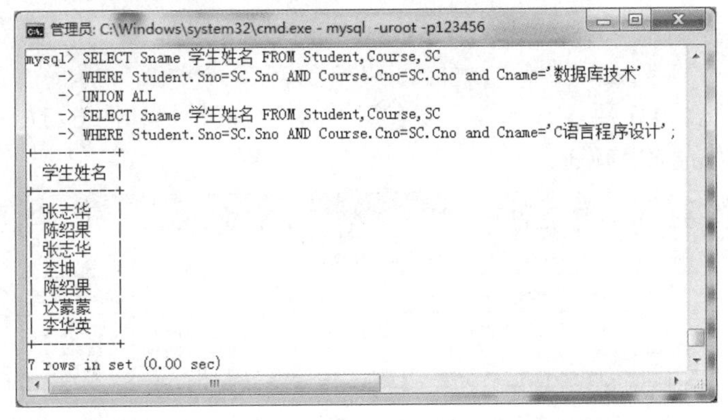

图 6-55 使用 UNION ALL 查询的执行结果

从图 6-55 可以看出，查询的结果等于图 6-53 和图 6-54 两个查询语句结果的记录数之和。

例 6-51 中 UNION 联合查询的语句也可以用如下语句完成：

```
SELECT Sname 学生姓名 FROM Student,Course,SC
WHERE Student.Sno=SC.Sno AND Course.Cno=SC.Cno
AND (Cname='数据库技术' OR Cname='C语言程序设计');
```

6.6.2 MySQL 中的 INTERSECT 操作

交操作 INTERSECT 是求多个查询操作的交集，但在 MySQL 中不支持。

【例 6-52】查询计算机学院的学生与年龄不大于 20 岁的学生的交集。

如果 MySQL 支持交操作，该题可以用交操作解决。实际上，该题就是查询计算机学院中年龄不大于 20 岁的学生。该题可以用如下查询语句完成：

```
SELECT * FROM Student WHERE Sdepartment='计算机学院'
AND TIMESTAMPDIFF(year,Sbirthday,CURDATE())<20;
```

假设当前日期是 2020 年 6 月 11 号，例 6-52 查询语句执行的结果如图 6-56 所示，计算机学院年龄小于 20 岁的学生是学号为 20180520301 的达蒙蒙。

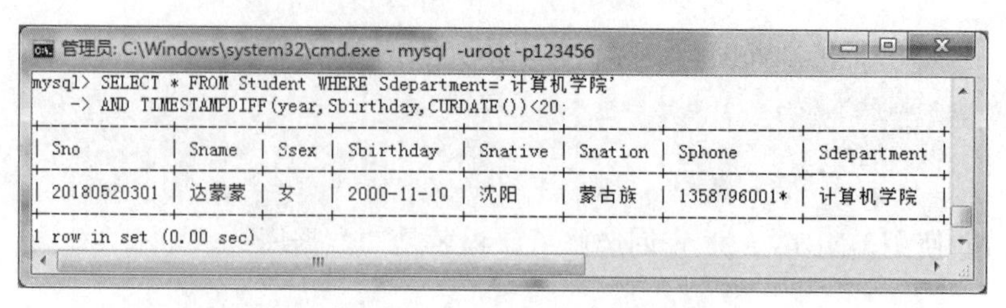

图 6-56　例 6-52 查询语句的执行结果

6.6.3　MySQL 中的 EXCEPT 操作

差操作 EXCEPT 是求两个查询操作的差集，但在 MySQL 中不支持。

【例 6-53】查询计算机学院的学生与年龄不大于 20 岁的学生的差集。

如果 MySQL 支持差操作，该题可以用差操作解决。实际上，该题就是查询计算机学院中年龄大于 20 岁的学生。该题可以用如下查询语句完成：

```
SELECT * FROM Student WHERE Sdepartment='计算机学院'
AND TIMESTAMPDIFF(year,Sbirthday,CURDATE())>20;
```

假设当前日期是 2021 年 3 月 5 号，该查询语句执行的结果如图 6-57 所示，表明计算机学院年龄大于 20 岁的学生有 3 人。

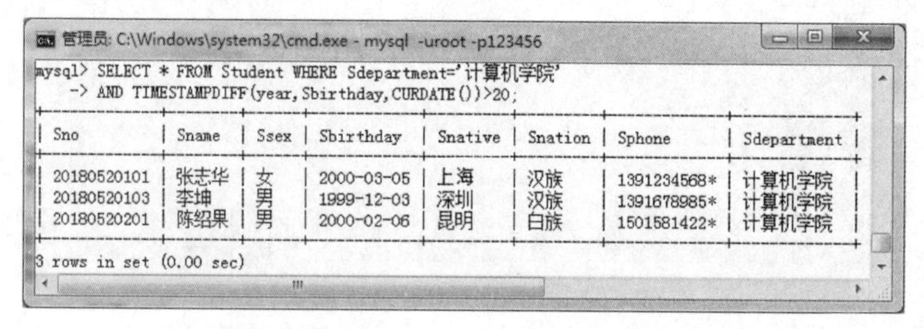

图 6-57　例 6-53 查询语句的执行结果

6.7　基于派生表的查询

子查询不仅可以出现在 WHERE 子句中，还可以出现在 FROM 子句中，这时子查询生成的临时派生表（derived table）成为主查询的查询对象。

【例 6-54】用含有派生表的 SQL 语句找出每个学生超过他自己选修课程平均成绩的课程号。

该题 SQL 语句如下：

```
SELECT Sno, Cno
FROM SC,
(SELECT Sno Sn, Avg(Grade) Pj
FROM SC GROUP BY Sno) AS Avg_sc
WHERE SC.Sno=Avg_sc.Sn
AND SC.Grade>=Avg_sc.Pj;
```

上述语句中 FROM 子句中的子查询(SELECT Sno Sn, Avg(Grade) Pj FROM SC GROUP BY Sno) AS Avg_sc 将生成一个派生表 Avg_sc，该表由 Sn（代表学号）和 Pj（代表某学生的平均成绩）两个属性组成，记录了每个学生的学号和平均成绩。主查询将 SC 表与 Avg_sc 按学号相等进行连接，找出学生选修课成绩大于其平均成绩的课程号。执行结果如图 6-58 所示。

【例 6-55】用含有派生表的 SQL 语句找出所有选修了 1 号课程的学生姓名。

该题 SQL 语句如下：

```
SELECT Sname
FROM Student,
(SELECT Sno
FROM SC WHERE Cno= '1') AS SC1
WHERE Student.Sno=SC1.Sno;
```

上述 FROM 子句中(SELECT Sno FROM SC WHERE Cno= '1') AS SC1 是子查询，SC1 是派生表，该表临时存放从 SC 表中选择的选修了课程号是 1 的学号。主查询将 Student 表与 SC1 表按学号相等进行连接，找出选修了 1 号课程的学生姓名。查询结果如图 6-59 所示。

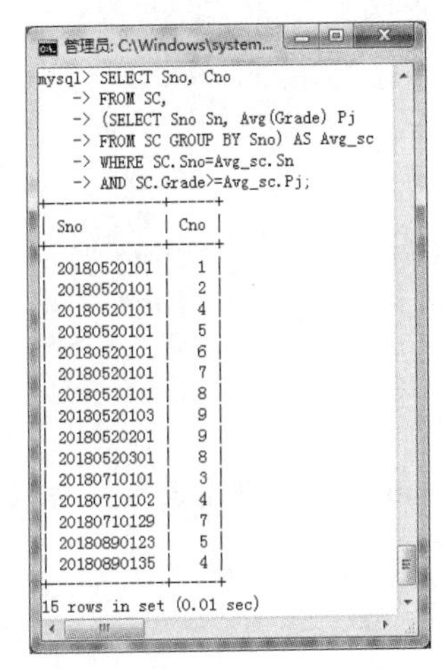

图 6-58　例 6-54 查询语句的执行结果

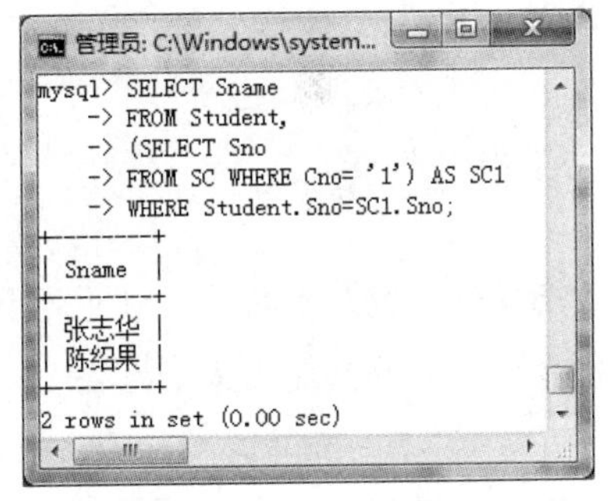

图 6-59　例 6-55 查询语句的执行结果

SELECT 语句查询数据时，同一个问题可以有多种书写语句，需要广大用户根据自己掌握的熟练程度，选择一种语句完成任务。

实训内容与要求

根据上个实验已经对数据库 Sspj 中数据表 S、J、P、SPJ 录入的数据，完成下列查询操作。

1. 查询供应零件号为 P1 的供应商号码和供应商名称。
2. 查询供应蓝色零件的供应商号码和供应商名称。
3. 查询供货量在 200～450 的供货信息。
4. 查询上海供应商供应的零件名称。
5. 查询质量在 20 以下，北京供应商的零件代码和零件名。
6. 查询供应非蓝色零件的供应商名称。
7. 查询供应商 S5 没有供应的零件名称。
8. 查询用于项目 J1 的零件名称。
9. 查询用于项目 J1 和 J3 的零件名称。
10. 查询供应零件代码为 P1 和 P3 两种零件的供应商名称。
11. 查询与齿轮颜色一样的零件名称。
12. 查询供应了全部零件的供应商名称。

实训7

索引 «

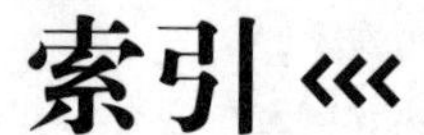

实训目的

掌握 MySQL 创建索引、查看索引和删除索引的方法。

实训准备

对前面实训创建的数据库 jxgl 中的数据表 Student、Course、SC 熟练其数据结构和数据，熟练创建数据表和修改数据表的方法。

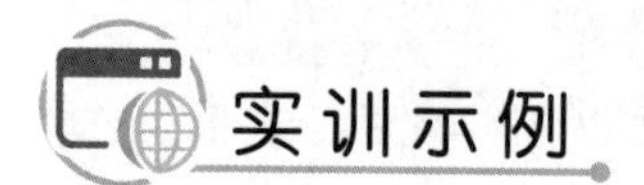

实训示例

7.1 索引概述

索引是数据库技术中的一个重要概念与技术，也是 MySQL 的一个数据库对象。建立索引的目的是提高数据库检索数据的速度。索引是创建在数据库表对象上的，由表中的一个字段或多个字段生成的键组成，这些键存储在数据结构（B-树或哈希表）中，MySQL 可以快速有效地查找与键值相关联的字段。MySQL 支持 6 种索引，分别是普通索引、唯一索引、主键索引、外键索引、复合索引和全文索引。

7.1.1 普通索引

普通索引是最基本的索引类型。普通索引的索引列值可以取空值或重复值。创建普通索引时，通常使用关键字 INDEX 或 KEY。

索引的任务是加快对数据的访问速度。因此，应该只为那些最经常出现查询条件(WHERE column = ）或排序条件（ ORDER BY column ）中的数据列创建索引。

7.1.2 唯一索引

唯一索引与普通索引基本相同，区别仅在于索引列值不能重复，但可以有空值（最多只能有一个记录的字段取空值）。创建唯一索引的关键字是 UNIQUE。

如果能确定某个数据列将只包含彼此各不相同的值，在为这个数据列创建索引时就应该用关键字 UNIQUE，把它定义为唯一索引。这么做的好处：一是简化了 MySQL 对该索引的管理工作，该索引也因此而变得更有效率；二是 MySQL 会在有新记录插入数据表时，自动检查新记录的该字段的值是否已经在某个记录的该字段中出现过；如果是，MySQL 将拒绝插入那条新记录。也就是说，索引可以保证数据记录的独特性。

7.1.3 主键索引

在 MySQL 中创建主键时，系统自动创建主键（PRIMARY）索引。主键索引与唯一索引的区别是：前者在定义时使用的关键字是 PRIMARY，后者使用的是 UNIQUE；主键索引的列不允许取空值，唯一索引可以允许某一个记录的索引字段取空值。

7.1.4 外键索引

如果为某个外键字段定义了一个外键约束条件，MySQL 就会定义一个内部索引来帮助自己以最有效率的方式管理和使用外键约束条件。

7.1.5 复合索引

复合索引可以覆盖多个数据列，如 INDEX (columnA, columnB)索引。

7.1.6 全文索引

全文索引只能创建在数据类型为 VARCHAR 或 TEXT 的列上。建立全文索引后，可以在全文索引列上进行全文查找。全文索引只能在 MyISAM 存储引擎的表中创建。

索引的优点是能够提高查询响应的速度，但会降低更新表中数据的速度，也会增加存储空间，因此在使用索引时应掌握一定的技巧：

① 对于数据量较小的表不要创建索引。数据量较小的表建立索引查询和不建立索引查询，在速度上没有太大的区别。一般只有在数据表中记录很多时，比如在 10 000 条以上记录的数据表中创建索引，在查询时，才会有明显的速度提升。

② 索引表达式中涉及列的值尽量多一些，如果值很少，如性别的值只有“男”或“女”，则性别列尽量不建立索引。

③ 在 WHERE 子句中，对经常出现在“=”号左边的列名对应的列建立索引。

7.2 查看索引

查看索引的语法格式是：

```
SHOW {INDEX|INDEXES|KEYS} {FROM|IN} tb_name [{FROM|IN} db_name]
```

该语句的功能是显示出表名为 tb_name 中所定义的索引名及索引类型。

【例 7-1】 显示出学生表 Student 上定义的索引名及索引类型。

输入如下命令：

```
SHOW INDEX FROM Student\G;
```

命令执行结果如图 7-1 所示。

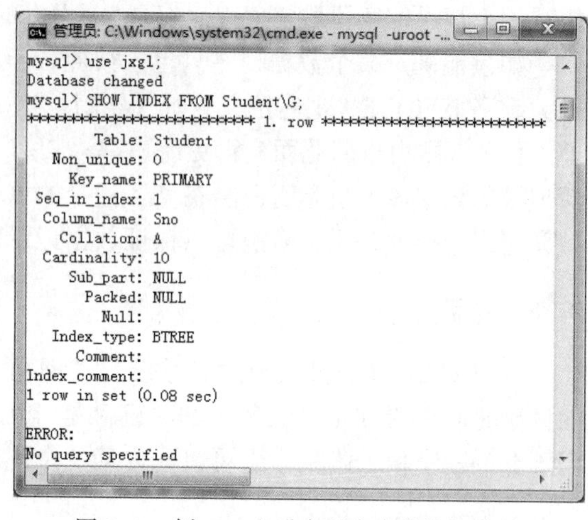

```
mysql> use jxgl;
Database changed
mysql> SHOW INDEX FROM Student\G;
*************************** 1. row ***************************
        Table: Student
   Non_unique: 0
     Key_name: PRIMARY
 Seq_in_index: 1
  Column_name: Sno
    Collation: A
  Cardinality: 10
     Sub_part: NULL
       Packed: NULL
         Null:
   Index_type: BTREE
      Comment:
Index_comment:
1 row in set (0.08 sec)

ERROR:
No query specified
```

图 7-1　例 7-1 查看索引命令的执行结果

在图 7-1 中，查看的各个项目含义是：

Table：表的名称，这里是 Student。

Non_unique：如果索引不能包括重复词，则为 0；如果可以，则为 1。

Key_name：索引的名称。如果在建表时创建了主键，则系统自动添加索引，并且默认索引名为 PRIMARY。

Seq_in_index：索引中列的序列号，从 1 开始。本命令建立的索引列是 1 列也是第 1 列。

Column_name：列名称。本例列名称是 Sno。

Collation：列以什么方式存储在索引中。有值“A”（升序）、“D”（降序）或 NULL（无分类）。

Cardinality：索引中唯一值的数目的估计值。本例 Student 表有 10 条记录，Sno 都是唯一值。

Sub_part：如果列只是被部分地编入索引，则为被编入索引的字符的数目。如果整列被编入索引，则为 NULL。

Packed：指示关键字如何被压缩。如果没有被压缩，则为 NULL。

Null：如果列含有 NULL，则为 YES；如果没有，则为 NO。

Index_type：索引类型（BTREE, FULLTEXT, HASH, RTREE）。这里是 BTREE。

Comment：评注。

7.3　创建索引

可以用 CREATE INDEX 语句创建索引，也可以在创建表的同时创建索引，还可以用 ALTER TABLE 向表添加索引。

7.3.1　使用 CREATE INDEX 语句创建索引

CREATE INDEX 语句创建索引的语法格式是：

```
CREATE [UNIQUE] INDEX index_name ON tb_name(col_name[(length)][ASC|DESC],… );
```

其中，index_name 指定要创建的索引名称；tb_name 指定要创建索引的数据表名称；col_name 指定要创建索引的数据表中的一个字段名；length 指定字段值中的字符个数；ASC 表示索引字段排序为升序；DESC 表示索引字段排序为降序。

【例 7-2】在学生表 Student 上创建一个普通索引，索引字段名是姓名 Sname，升序排序，索引名为 index_Sname。

输入命令：

```
CREATE INDEX index_Sname ON Student (Sname ASC);
```

完成该例题的索引创建。

输入命令：SHOW INDEX FROM Student\G;查看创建索引的情况，如图 7-2 所示。

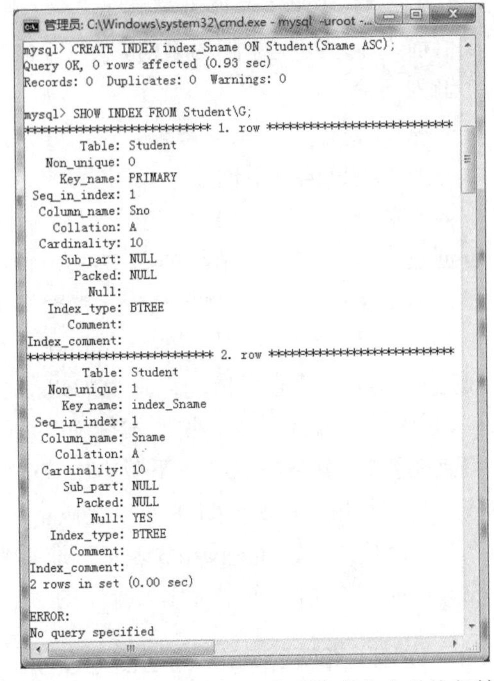

图 7-2　例 7-2 创建索引和查看索引命令的执行结果

从图 7-2 可以看出，在“*****2.row****”行下面显示了例 7-2 创建索引的情况。索引指标值如下：

Non_unique：为 1，说明该索引可以包括重复值。

Key_name：为 index_Sname。

Seq_in_index：索引中列的序列号是 1。本命令建立的索引列是 1 列也是第 1 列。

Column_name：列名称是 Sname。

Collation：A，升序排序。

Cardinality：索引中唯一值的数目的估计值。本例 Student 表有 10 条记录，目前 Sname 都是唯一值。

Sub_part：NULL，说明整列被编入索引。

Packed：为 NULL，没有被压缩。

Null：YES，该列可以含有 NULL。

Index_type：索引类型是 BTREE。

Comment：评注。

【例 7-3】在学生表 Student 上创建一个组合索引，索引字段名是籍贯 Snation 和姓名 Sname，升序排序，索引名为 index_Snation_Sname。

输入命令：

```
CREATE INDEX index_Snation_Sname ON Student(Snation,Sname);
```

完成该例题的索引创建。

输入命令：SHOW INDEX FROM Student\G;查看创建索引的情况。该命令在图 7-2 显示索引的基础上，会增加显示例 7-3 创建索引的情况，分别在“*****3.row****”和“*****4.row****”的下面，如图 7-3 所示。

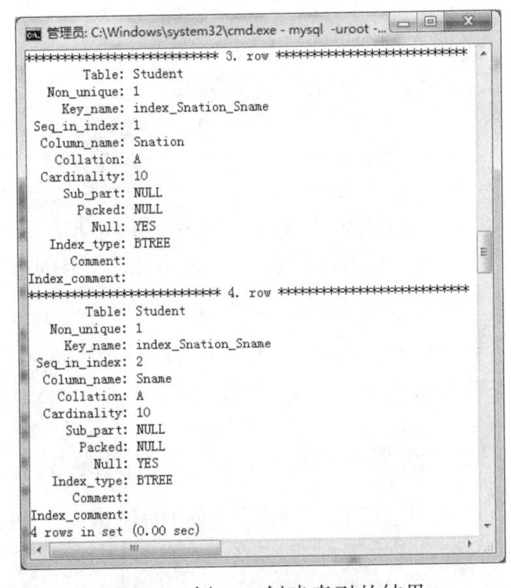

图 7-3　例 7-3 创建索引的结果

在图 7-3 中，可以看到“*****3.row****”下面的 Key_name: index_Snation_Sname，说明索引名称是 index_Snation_Sname；Column_name: Snation，Seq_in_index: 1，说明 Snation 字段在组合索引字段中排列在第 1 个索引字段位置。可以看到“*****4.row****”下面的 Key_name: index_Snation_Sname，说明索引名称是 index_ Snation_ Sname；Column_name: Sname，Seq_in_index: 2，说明 Sname 字段在组合索引字段中排列在第 2 个索引字段位置。

【例 7-4】在课程表 Course 上创建一个基于字段值前缀字符的索引，要求按课程名称 Cname 字段值前三个字符建立降序索引。

输入命令：

```
CREATE INDEX index_Cname ON Course(Cname(3) DESC);
```

完成该例题的索引创建。

输入命令：SHOW INDEX FROM Course\G;查看创建索引的情况，结果如图 7-4 所示。

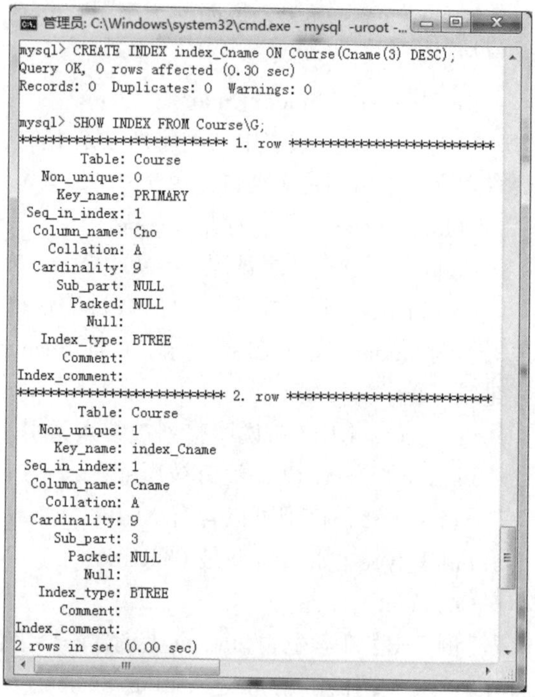

在图 7-4 中，看到“*****1.row****”下面是 Course 主键索引情况。“*****2.row****”下面是例 7-4 创建索引情况，其中 Collation: A，表示索引是升序排序，说明本例 DESC 降序参数被忽略，在 MySQL 8 以下版本中，DESC 参数不发挥作用，在 MySQL 8 及以上版本中，才支持 DESC 降序；Sub_part: 3 表示只取索引字段 Cname 值中前三个字符作为排序的值。

```
管理员: C:\Windows\system32\cmd.exe - mysql -uroot -...
mysql> CREATE INDEX index_Cname ON Course(Cname(3) DESC);
Query OK, 0 rows affected (0.30 sec)
Records: 0  Duplicates: 0  Warnings: 0

mysql> SHOW INDEX FROM Course\G;
*************************** 1. row ***************************
        Table: Course
   Non_unique: 0
     Key_name: PRIMARY
 Seq_in_index: 1
  Column_name: Cno
    Collation: A
  Cardinality: 9
     Sub_part: NULL
       Packed: NULL
         Null:
   Index_type: BTREE
      Comment:
Index_comment:
*************************** 2. row ***************************
        Table: Course
   Non_unique: 1
     Key_name: index_Cname
 Seq_in_index: 1
  Column_name: Cname
    Collation: A
  Cardinality: 9
     Sub_part: 3
       Packed: NULL
         Null:
   Index_type: BTREE
      Comment:
Index_comment:
2 rows in set (0.00 sec)
```

图 7-4　例 7-4 创建索引的结果

7.3.2　使用 CREATE TABLE 语句创建索引

使用 CREATE TABLE 语句创建索引的语法格式如下：

```
CREATE TABLE tb_name(col_name data_type)
    [CONSTRAINT index_name] [UNIQUE] [INDEX|KEY]
    index_name(col_name[(length)] [ASC|DESC]);
```

【例 7-5】创建表 Student1，同时创建索引。

输入命令：

```
CREATE TABLE student1(Sno char(11) PRIMARY KEY,Sname varchar(20),
Ssex enum('男','女'),Sbirthday date,Snative varchar(20),
Snation varchar(20) DEFAULT '汉族',Sphone char(11) DEFAULT NULL,
Sdepartment varchar(30) DEFAULT NULL,
KEY index_Sname (Sname),INDEX index_Sbirthday (Sbirthday));
```

完成 Student1 表的创建，同时该表创建了 3 个索引，第一个是主键索引，索引字段是 Sno；第二个是普通索引，索引名是 index_Sname，索引字段是 Sname；第三个是普通索引，索引名是 index_Sbirthday，索引字段是 Sbirthday。读者可以输入命令：SHOW INDEX FROM Student1\G;查看数据表 Student1 中索引的情况。

7.3.3　使用 ALTER TABLE 语句创建索引

使用 ALTER TABLE 语句创建索引的语法格式如下：

```
ALTER TABLE tb_name ADD [UNIQUE|FULLTEXT]
[INDEX|KEY][index_name] (col_name[(length)] [ASC|DESC]);
```

【例 7-6】使用 ALTER TABLE 语句在例 7-5 创建的表 Student1 中创建索引，索引字段是 Snation。

输入命令：

```
ALTER TABLE Student1 ADD INDEX index_Snation(Snation);
```

完成例 7-6 索引的创建。读者自己查看该索引的创建情况。

7.4 删除索引

7.4.1 使用 DROP INDEX 语句删除索引

使用 DROP INDEX 语句删除索引的语法格式是：

```
DROP INDEX index_name ON tb_name;
```

【例 7-7】删除例 7-6 创建的索引。

输入命令：

```
DROP INDEX index_Snation ON Student1;
```

将数据表 Student1 中索引名为 index_Snation 的索引删除。

7.4.2 使用 ALTER TABLE 删除索引

使用 ALTER TABLE 删除索引的语法格式是：

```
ALTER TABLE tb_name DROP INDEX index_name;
```

【例 7-8】删除数据表 Student1 中的索引 index_Sname。

输入命令：

```
ALTER TABLE Student1 DROP INDEX index_Sname;
```

删除数据表 Student1 中的索引 index_Sname。

实训内容与要求

对数据库 Sspj 中数据表 S、J、P、SPJ，完成下列索引的查看、创建、删除操作。

1. 查询数据表 S 中的索引情况，并完成填空，索引个数：________；索引名称分别是：________________；Cardinality 值是：________。

2. 查询数据表 P 中的索引情况，并完成填空，索引个数：________；索引名称分别是：________________；Cardinality 值是：________。

3. 查询数据表 J 中的索引情况，并完成填空，索引个数：________；索引名称分别是：________________；Cardinality 值是：________。

4. 查询数据表 SPJ 中的索引情况，并完成填空，索引个数：________；索引名称分别是：________________；Cardinality 值是：________。

5. 在数据表 S 中使用 CREATE INDEX 命令创建一个普通索引，索引字段是 CITY。命令语句是：

____。此时，

数据表 S 中索引个数：________；索引名称分别是：________________；Cardinality 值是：________。

6. 在数据表 P 中使用 CREATE INDEX 命令创建一个组合索引，索引字段是 COLOR、PNAME。命令语句是：

____。此时，数据表 P 中索引个数：________；索引名称分别是：________________；Cardinality 值是：________。

7. 在数据表 J 中使用 ALTER TABLE 命令创建一个组合索引，索引字段是 CITY、JNAME。命令语句是：

____。此时，数据表 J 中索引个数：________；索引名称分别是：________________；Cardinality 值是：________。

8. 创建数据表的同时创建索引。创建一个 SPJ1 数据表，数据表结构与 SPJ 数据表一样。主键是(SNO,PNO,JNO)，创建一个普通索引，索引字段是 QTY。命令语句是：

____。此时，数据表 SPJ1 中索引个数：________；索引名称分别是：________________；Cardinality 值是：________。

9. 使用 DROP INDEX 命令删除上面“5”题创建的索引。此时，数据表 S 中索引个数：________；索引名称分别是：________________；Cardinality 值是：__________。

10. 使用 ALTER TABLE 命令删除上面“6”题创建的索引。此时，数据表 P 中索引个数：________；索引名称分别是：________________；Cardinality 值是：________。

视图的操作 ‹‹‹

实训目的

了解视图的含义，掌握创建视图、查看视图定义、查询视图数据、修改视图、删除视图、更新视图数据等操作。

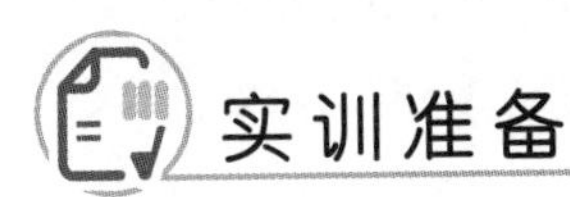

实训准备

本次实验使用 jxgl 数据库中的学生表 Student、课程表 Course、选课表 SC，用户要熟悉这些表的结构和其中的数据。

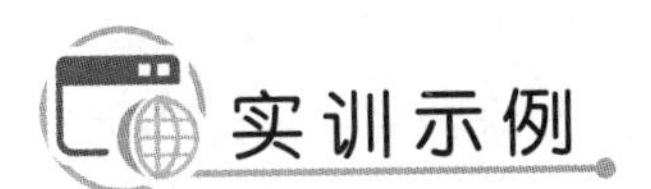

实训示例

8.1 视图的定义

视图是从一个或者多个表或者其他视图中导出的表，结果集也是以行列形式的表显示的。但是，视图不是数据库中真实的表，是一张虚拟表，视图本身不存储数据，只保存视图的定义，在使用视图时执行视图定义导出视图数据，供其他应用程序使用。

在数据库应用系统中，使用视图具有以下一些优点：

① 集中分散数据。使用视图可以将多个表的数据集中在一个视图中，用户使用起来非常方便。

② 保护数据安全。视图中不存储真实数据，同时视图只是部分提取了数据表中的字段，对于没有使用的字段进行了隐藏，用户只能查询视图中的数据，看不到数据库中其他对象的数据。通过数据授权，可以只把视图授权给用户，这样就保护了数据库中的其他对象。

③ 共享所需数据。每个用户不必自己定义和存储自己需要的数据，可以利用视图得到需要的数据，从而使数据只需定义和存储一次。

在数据库三级模式结构中，外模式一般使用视图。

8.2 创建视图

创建视图的语法格式是：

```
CRETAE [OR REPLACE] VIEW view_name[(column_list)]
AS SELECT_statement [WITH [CASCADED|LOCAL] CHECK OPTION];
```

命令中参数的含义如下：

① CREATE VIEW：创建视图的关键词。

② OR REPLACE：可选项，用于替换数据库中已有的同名视图，需要用户具有该视图的DROP权限。

③ view_name：视图的名称，在数据库中该视图名称要唯一。

④ column_list：视图结果集中每个列的列名，列名之间用逗号分隔。列名的数量要与下面 SELECT 子句中检索出的列的数量相等。如果省略 column_list，则新建视图中各个列的列名就与 SELECT 子句中检索出的列的列名一样。

⑤ SELECT_statement：创建视图的 SELECT 语句。这里对 SELECT 语句有一些要求：

- 用户要有定义视图需要的权限，也要有所涉及的基础表或其他视图的相关权限。
- SELECT 语句不能包含 FROM 子句中的子查询。
- SELECT 语句不能引用系统变量或用户变量。
- SELECT 语句不能引用预处理语句参数。

⑥ WITH CHECK OPTION：可选项。当视图是根据另一个视图定义时，WITH CHECK OPTION 有两个可选参数：CASCADED 和 LOCAL。CASCADED 为选项默认值，会对所有视图进行检查，LOCAL 只对定义的视图进行检查。

【例 8-1】 对学生数据表 Student 创建一个视图 view_Student_Ssex，要求该视图包含学生表中所有男生的信息，并且保证今后对该视图数据的修改都必须符合学生性别为男性这个条件。

输入如下命令：

```
CREATE OR REPLACE VIEW view_Student_Ssex
AS SELECT * FROM Student WHERE Ssex='男' WITH CHECK OPTION;
```

即可完成例 8-1 视图的创建。

【例 8-2】 对学生选课表创建视图 view_SC_AVG，要求该视图包含选课表 SC 中所有学生的学号和平均成绩，并按学号进行排序。

输入如下命令：

```
CREATE OR REPLACE VIEW view_SC_AVG(学号,平均成绩)
AS SELECT Sno,AVG(Grade) FROM SC GROUP BY Sno;
```

即可完成例 8-2 视图的创建。

【例 8-3】 对学生选课表 SC 创建视图 view_SC_Grade，该视图包含 SC 表中 Grade 小于 90 分的学生的学号、课程号和成绩，使用 WITH CHECK OPTION。

输入如下命令：

```
CREATE OR REPLACE VIEW view_SC_Grade
AS SELECT * FROM SC WHERE Grade<90 WITH CHECK OPTION;
```

即可完成例 8-3 视图的创建。

【例 8-4】基于例 8-3 创建的视图 view_SC_Grade 创建视图 view_SC_Grade_LOCAL，该视图包含视图 view_SC_Grade 中 Grade 大于 80 分的学生的学号、课程号和成绩，使用 WITH LOCAL CHECK OPTION。

输入如下命令：

```
CREATE OR REPLACE VIEW view_SC_Grade_LOCAL
AS SELECT * FROM view_SC_Grade WHERE Grade>80 WITH LOCAL CHECK OPTION;
```

即可完成例 8-4 视图的创建。

例 8-4 创建的视图带有 WITH LOCAL CHECK OPTION，即对视图更新时，只针对自身视图，即 view_SC_Grade_LOCAL 进行检查测试。

如执行插入命令：

```
INSERT INTO view_SC_Grade_LOCAL VALUES('20180520101',4,'2019-2020-2',90);
```

可以正确执行。这里对自身视图 view_SC_Grade_LOCAL 进行检查测试，符合要求（建立视图时，要求成绩 Grade 大于 80 分，这里 90 分符合要求）。

【例 8-5】基于例 8-3 创建的视图 view_SC_Grade 创建视图 view_SC_Grade_ CASCADED，该视图包含视图 view_SC_Grade 中 Grade 大于 80 分的学生的学号、课程号和成绩，使用 WITH CASCADED CHECK OPTION。

输入如下命令：

```
CREATE OR REPLACE VIEW view_SC_Grade_CASCADED
AS SELECT * FROM view_SC_Grade WHERE Grade>80
WITH CASCADED CHECK OPTION;
```

即可完成例 8-5 视图的创建。

例 8-5 创建的视图带有 WITH CASCADED CHECK OPTION，即对视图更新时，不仅对自身视图，即 view_SC_Grade_CASCADED 进行检查测试，还要对基础视图，即 view_SC_Grade 进行检查测试。

如执行插入命令：

```
INSERT INTO view_SC_Grade_CASCADED VALUES('20180520101',5,'2019- 2020-2', 90);
```

会出现：ERROR 1369 (HY000): CHECK OPTION failed 'jxgl.view_sc_grade_ cascaded'提示。原因是，该命令执行时，先对自身视图 view_SC_Grade_CASCADED 进行检查测试，符合要求（建立视图时，要求成绩 Grade 大于 80 分，这里 90 分符合要求）；再对基础视图 view_SC_Grade 进行检查测试，由于基础视图 view_SC_Grade 建立时要求成绩 Grade 小于 90 分，而该更新命令的成绩值是 90 分，不符合要求。

8.3 查看视图定义

查看视图定义的语法是：

```
SHOW CREATE VIEW view_name;
```

在 MySQL 中，可以加参数“\G”改变结果集的输出方式，按列显示。使用参数“\G”，末尾可以不加分隔符号“;”。

【例 8-6】查看例 8-3 创建的视图 view_SC_Grade 的定义。

输入如下命令：

```
SHOW CREATE VIEW view_SC_Grade\G
```

即可查看视图 view_SC_Grade 的定义情况。

8.4 查询视图数据

视图定义以后，就可以像数据表一样作为查询使用的数据源。

【例 8-7】以例 8-1 创建的视图 view_Student_Ssex 为数据源，查找家是深圳的男同学的学号、姓名和籍贯。

输入如下命令：

```
SELECT Sno,Sname,Snative FROM view_Student_Ssex WHERE Snative='深圳';
```

查询结果如图 8-1 所示。

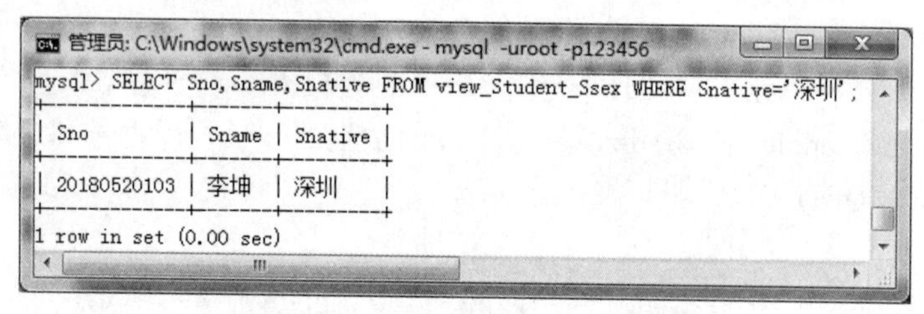

图 8-1　例 8-7 视图查询的结果

8.5 修 改 视 图

修改视图定义语句的语法格式如下：

```
ALTER VIEW view_name[(column_list)]
AS SELECT_statement [WITH [CASCADED|LOCAL] CHECK OPTION];
```

ALTER VIEW 语句与 CREATE VIEW 语句的语法类似，其中参数不再赘述。

【例 8-8】修改例 8-1 创建的视图 view_Student_Ssex 的定义，要求该视图包含学生性别为“男”、民族为“汉族”的学生的学号、姓名、性别、籍贯和民族。并且今后对该视图数据的修改要满足性别为“男”、民族为“汉族”的条件。

输入如下命令：

```
ALTER VIEW view_Student_Ssex
    AS SELECT Sno,Sname,Ssex,Snative,
Snation FROM Student
    WHERE Ssex='男' AND Snation='汉族'
WITH CHECK OPTION;
```

即可完成例 8-8 要求的视图定义修改。输入命令：

```
SELECT * FROM view_Student_Ssex;
```

可以查询修改后的视图定义显示结果集的情况，如图 8-2 所示。

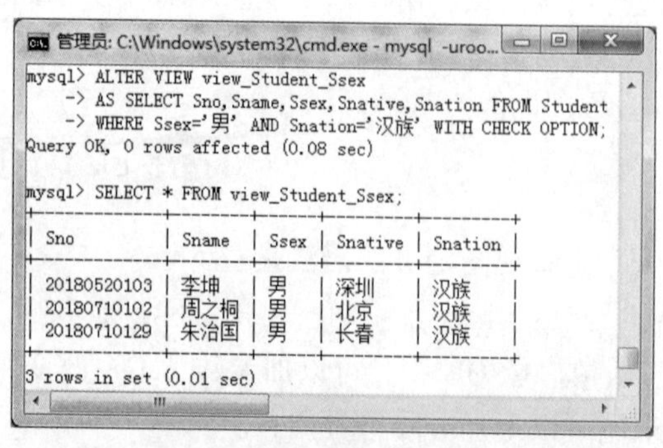

图 8-2　例 8-8 修改视图定义及查询的结果

8.6 更新视图数据

由于视图是一个虚拟表，所以通过插入、修改和删除等操作方式来更新视图中的数据时，实质上是在更新所引用基础表中的数据。对于可更新的视图，要求视图中的行和基础表中的行之间具有一对一的关系。对于不满足条件的视图是不可以更新的。

如果视图中的 SQL 语句中有聚合函数、DISTINCT 关键字、GROUP BY 子句、ORDER BY 子句、HAVING 子句、UNION 运算符、位于列表中的子查询、FROM 子句中包含多个表、引用了不可更新视图、WHERE 子句中子查询引用了 FROM 子句中的表等情况，则该视图不可更新。

8.6.1 使用 INSERT 语句通过视图向基础表插入数据

【例 8-9】向例 8-1 创建的视图 view_Student_Ssex 中插入一条记录：

```
('20180910121','庄小园','男','佛山','汉族');
```

输入如下命令：

```
INSERT INTO view_Student_Ssex
VALUES ('20180910121','庄小园','男','佛山','汉族');
```

即可完成例 8-9 例题数据记录的插入。输入如下命令：

```
SELECT * FROM view_Student_Ssex;
```

可查看数据记录的插入情况，如图 8-3 所示。

此时，再输入命令：

```
SELECT * FROM Student;
```

可以看到数据表 Student 中增加了 1 条记录，没有插入字段值的部分，以 NULL 代替，如图 8-4 所示。

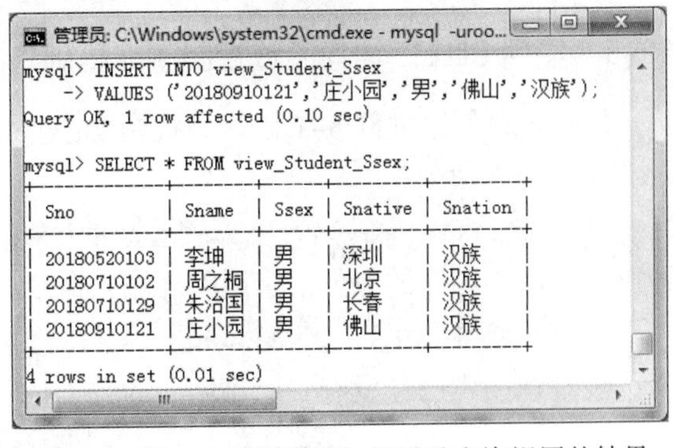

图 8-3 例 8-9 向视图添加记录及查询视图的结果

管理员: C:\Windows\system32\cmd.exe - mysql -uroot -p123456

mysql> SELECT * FROM Student;

Sno	Sname	Ssex	Sbirthday	Snative	Snation	Sphone	Sdepartment
20180520101	张志华	女	2000-03-05	上海	汉族	1391234568*	计算机学院
20180520103	李坤	男	1999-12-03	深圳	汉族	1391678985*	计算机学院
20180520201	陈绍果	男	2000-02-06	昆明	白族	1501581422*	计算机学院
20180520301	达蒙蒙	女	2000-11-10	沈阳	蒙古族	1358796001*	计算机学院
20180710101	李华英	女	2000-01-19	佛山	汉族	1701891987*	经济学院
20180710102	周之桐	男	2000-12-18	北京	汉族	1391234090*	经济学院
20180710129	朱治国	男	2000-05-18	长春	汉族	1361254667*	经济学院
20180890123	孙大军	男	1999-12-31	西安	苗族	1387658901*	环境学院
20180890135	孙之梦	女	2000-03-09	长春	满族	1378900909*	环境学院
20180910121	庄小园	男	NULL	佛山	汉族	NULL	NULL
20180990121	李华良	男	1999-11-25	广州	壮族	1373456212*	数学学院

11 rows in set (0.00 sec)

图 8-4 例 8-9 向视图添加记录及查询 Student 表数据的结果

8.6.2 使用 UPDATE 语句通过视图修改基础表的数据

【例 8-10】通过例 8-1 创建的视图 view_Student_Ssex，将“庄小园”的籍贯改为“深圳”。

输入如下命令：

```
UPDATE view_Student_Ssex SET Snative='深圳' WHERE Sname='庄小园';
```

即可完成数据的更新操作。输入命令：

```
SELECT * FROM view_Student_Ssex;
```

可查询更新后的视图数据情况，如图 8-5 所示。

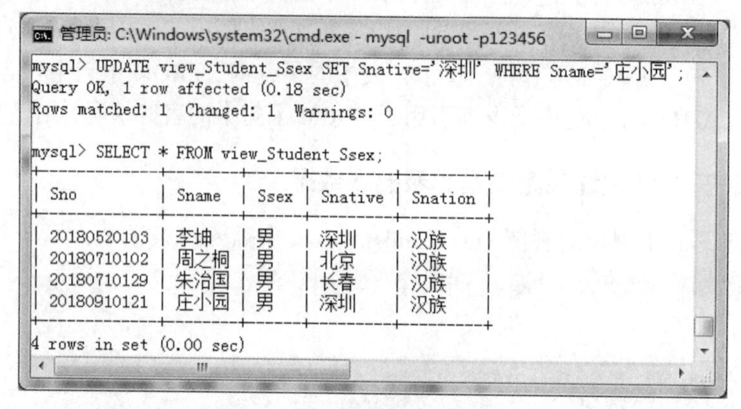

图 8-5　例 8-10 更新视图及查询更新后视图的结果

8.6.3　使用 DELETE 语句通过视图删除基础表的数据

【例 8-11】通过例 8-1 创建的视图 view_Student_Ssex，将“庄小园”的数据记录删除。

输入如下命令：

```
DELETE FROM view_Student_Ssex WHERE Sname='庄小园';
```

即可将“庄小园”的数据记录删除。输入命令：

```
SELECT * FROM view_Student_Ssex;
```

发现视图中已经没有“庄小园”的数据记录了，如图 8-6 所示。

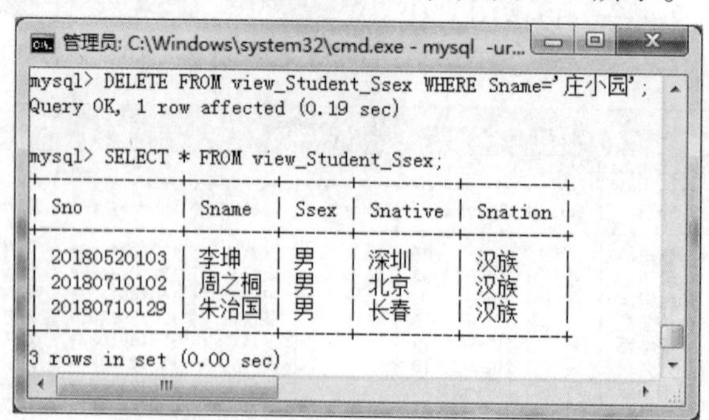

图 8-6　例 8-11 删除视图数据及查询视图数据的结果

输入命令：

```
SELECT * FROM Student;
```

发现数据表中已经没有“庄小园”的数据记录了，如图 8-7 所示。

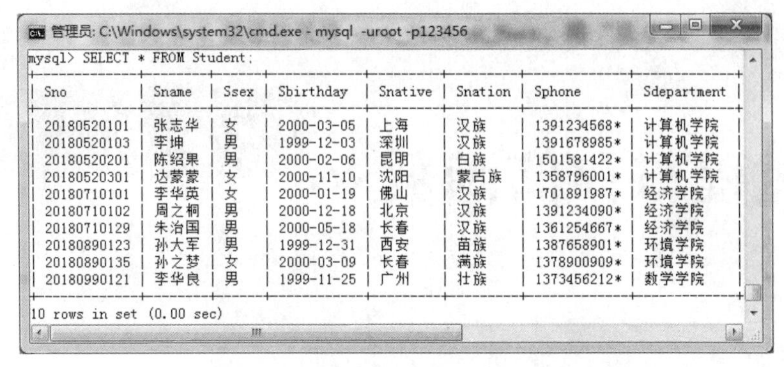

管理员: C:\Windows\system32\cmd.exe - mysql -uroot -p123456

```
mysql> SELECT * FROM Student;
```

Sno	Sname	Ssex	Sbirthday	Snative	Snation	Sphone	Sdepartment
20180520101	张志华	女	2000-03-05	上海	汉族	1391234568*	计算机学院
20180520103	李坤	男	1999-12-03	深圳	汉族	1391678985*	计算机学院
20180520201	陈绍果	男	2000-02-06	昆明	白族	1501581422*	计算机学院
20180520301	达蒙蒙	女	2000-11-10	沈阳	蒙古族	1358796001*	计算机学院
20180710101	李华英	女	2000-01-19	佛山	汉族	1701891987*	经济学院
20180710102	周之桐	男	2000-12-18	北京	汉族	1391234090*	经济学院
20180710129	朱治国	男	2000-05-18	长春	汉族	1361254667*	经济学院
20180890123	孙大军	男	1999-12-31	西安	苗族	1387658901*	环境学院
20180890135	孙之梦	女	2000-03-09	长春	满族	1378900909*	环境学院
20180990121	李华良	男	1999-11-25	广州	壮族	1373456212*	数学学院

10 rows in set (0.00 sec)

图 8-7 例 8-11 删除视图数据及查询数据表的结果

8.7 删除视图

删除视图语句的语法格式是：

```
DROP VIEW [IF EXISTS] view_name[,view_name] …;
```

参数 view_name 指要删除的视图名称，DROP VIEW 命令一次可以删除多个视图，视图名称之间用逗号分隔。可选项 IF EXISTS 用于防止删除因不存在的视图而出错。

【例 8-12】删除例 8-1 创建的视图 view_Student_Ssex。

输入命令：

```
DROP VIEW IF EXISTS view_Student_Ssex;
```

即可将视图 view_Student_Ssex 删除。

实训内容与要求

对数据库 Sspj 中数据表 S、J、P、SPJ，完成下列视图的创建、视图定义查看、查询视图数据、更新数据、修改视图定义、删除视图操作。

1. 在数据库 Sspj 中创建视图 view_S，要求包括数据表 S 中的所有信息。
2. 在数据库 Sspj 中创建视图 view_P，要求包括红色零件的所有信息。
3. 在数据库 Sspj 中创建视图 view_SPJ，要求包括 qty 大于或等于 200 且小于或等于 500 数量的所有信息。且更新视图时要满足该视图定义时的条件。
4. 查看上面三个视图的定义情况。
5. 查询视图 view_S 中的所有信息。
6. 查询视图 view_SPJ，要求包括 qty 大于或等于 300 且小于或等于 400 数量的所有信息。
7. 修改 view_P，要求包括蓝色零件的所有信息。
8. 通过视图 view_SPJ 向数据表 SPJ 插入一条记录：('S5','P1','J3',378)。然后，分别查看视图 view_SPJ 的数据结果集情况和数据表 SPJ 数据结果集情况。
9. 通过视图 view_SPJ 向数据表 SPJ 插入一条记录：('S5','P1','J3',650)。然后，分别查看视图 view_SPJ 的数据结果集情况和数据表 SPJ 数据结果集情况。
10. 通过视图 view_SPJ，将 P1 项目的零件数量改为 450。
11. 通过视图 view_SPJ，将 P1 项目零件数量为 450 的记录删除。
12. 将视图 view_S 删除。

存储过程与存储函数 ‹‹‹

实训目的

掌握存储过程与存储函数的创建、修改、使用和删除等基本操作。

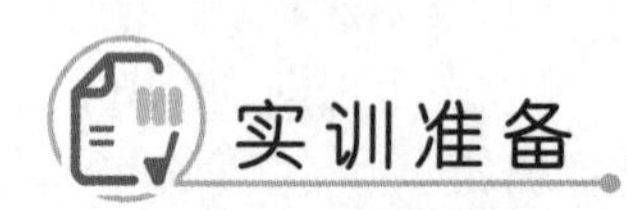

本次实验使用 jxgl 数据库中的学生表 Student、课程表 Course、选课表 SC，用户要熟悉这些表的结构和其中的数据。

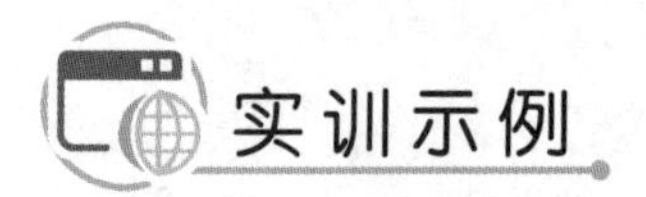

9.1 存储过程

存储过程是一组为了完成某些特定功能的 SQL 语句的集合。它可以由声明式的 SQL 语句和过程式 SQL 语句组成。这组语句集合经过编译后存储在数据库中，用户只需通过指定存储过程的名字并给定参数，即可随时调用并执行它，不必重新编译，因此，通过存储过程来完成某些数据库的操作比每次都执行 SQL 语句提高了执行效率。使用存储过程具有如下一些优点。

① 可以增强 SQL 的功能和灵活性。存储过程可以用流控制语句编写，有很强的灵活性，可以完成复杂的判断和运算。

② 良好的封装性。存储过程被创建后，可以多次调用，不必重新编写其中的 SQL 语句，数据库专业人员可以对存储过程进行修改，而不会影响调用该存储过程的其他应用程序代码。

③ 高性能。存储过程执行一次后，其执行规划就驻留在服务器的高速缓存中，以后再需要执行时，直接从缓存中调用已经编译好的二进制代码即可，提高了系统性能。

④ 减少了网络流量。存储过程在服务器端运行，当客户端执行存储过程时，只需要将调用存储过程语句传送给服务器，减少了网络数据的传送。

⑤ 能够在某种程度上为数据库提供安全性。使用存储过程可以完成数据库的所有操作，包括控制这些操作对数据库访问的权限。这些操作只在服务器端执行，减少了在网络上被窃

听的可能性，增加了安全性。

9.1.1 创建存储过程

创建存储过程的语法格式是：

```
CREATE PROCEDURE sp_name ([proc_parameter[,...]]) [characteristic] routine_body
```

其中，proc_parameter 的格式为：

```
[ IN | OUT | INOUT ] param_name type
```

characteristic 的格式为：

```
COMMENT 'string'
| LANGUAGE SQL
| [NOT] DETERMINISTIC
| { CONTAINS SQL | NO SQL | READS SQL DATA | MODIFIES SQL DATA }
| SQL SECURITY { DEFINER | INVOKER }
```

命令中参数的含义如下：

① sp_name：创建的存储过程的名称，该名称在当前数据库内要唯一。

② proc_parameter：存储过程参数的列表。其中，param_name 为参数名，type 为参数的数据类型。存储过程可以没有参数，也可以有 1 个或多个参数。当有多个参数时，参数之间用逗号分隔。MySQL 存储过程支持输入参数、输出参数和输入/输出参数，分别用 IN、OUT、INOUT 三个关键字表示。其中输入参数是使数据可以传递给存储过程；输出参数使存储过程返回一个操作结果给该参数；输入/输出参数既可以充当输入参数也可以充当输出参数。参数的名称不可与数据表的列名相同。

③ characteristic：存储过程的某些特征设定，下面分别介绍：

- COMMENT 'string'：用于对存储过程的描述，其中 string 为描述内容。描述信息可以用 SHOW CREATE PROCEDURE 语句查看。
- LANGUAGE SQL：指明编写该存储过程的语言为 SQL。
- DETERMINISTIC：表示对同样的输入参数产生同样的输出结果；如果设置为 NOT DETERMINISTIC 表示可能会产生不确定的结果。
- CONTAINS SQL | NO SQL | READS SQL DATA | MODIFIES SQL DATA：CONTAINS SQL 表示存储过程包含读或写数据的语句；NO SQL 表示存储过程不包含 SQL 语句；READS SQL DATA 表示存储过程包含读数据的访问，但不包含写数据的语句；MODIFIES SQL DATA 表示存储过程包含写数据的语句。若不指定，则默认为 CONTAINS SQL。
- SQL SECURITY：指定存储过程使用创建该存储过程的用户（DEFINER）许可来执行，还是使用调用者（INVOKER）的许可来执行。默认值为 DEFINER。

④ routine_body：存储过程的主体部分，又称存储过程体，包含了构成存储过程的 SQL 语句。该部分以关键字 BEGIN 开始，以关键字 END 结束。如果存储过程体只有 1 条语句，BEGIN-END 关键字可以省略。

在 MySQL 中，服务器处理 SQL 语句默认是以分号作为语句结束标志。但存储过程体中可能包含有多条 SQL 语句，这些 SQL 语句如果仍以分号作为语句结束符，MySQL 服务器在执行第一条语句后，就会以该语句后的分号作为结束符，而不会处理存储过程体中其他 SQL 语句，这显然不符合要求。为了解决这个问题，在创建存储过程时，第一条命令是 DELIMITER，该命令将 MySQL 结束符临时修改为其他符号，从而使得 MySQL 服务器可以完整地处理过程体中所有 SQL 语句。

DELIMITER 语句的语法格式是：

```
DELIMITER $$
```

定义符号$$作为 MySQL 服务器语句临时结束符号。该临时结束符号可以是一些特殊符号，但不能是“\”字符，因为该字符是 MySQL 的转义字符。

【例 9-1】 将 MySQL 结束符修改为两个星号“**”。

输入如下命令：

```
DELIMITER **
```

执行命令 DELIMITER **后，输入任何 MySQL 语句，语句最后的结束符号就用**号了，如图 9-1 所示，命令：use jxgl**和 select * from student**的执行情况。

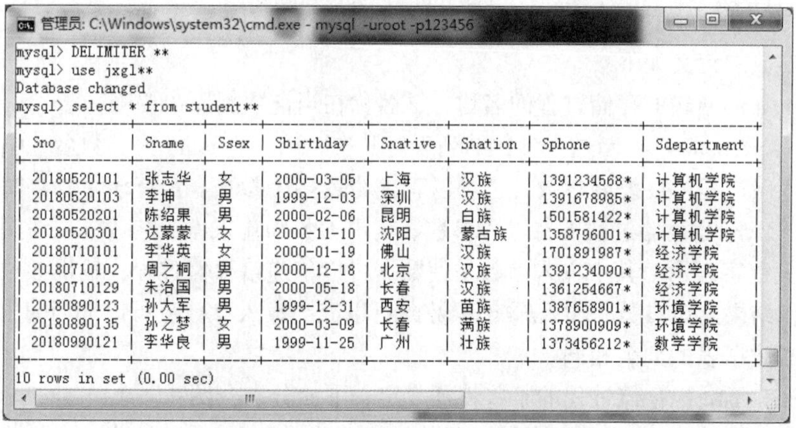

```
管理员: C:\Windows\system32\cmd.exe - mysql -uroot -p123456
mysql> DELIMITER **
mysql> use jxgl**
Database changed
mysql> select * from student**
+-------------+--------+------+------------+---------+---------+-------------+-------------+
| Sno         | Sname  | Ssex | Sbirthday  | Snative | Snation | Sphone      | Sdepartment |
+-------------+--------+------+------------+---------+---------+-------------+-------------+
| 20180520101 | 张志华 | 女   | 2000-03-05 | 上海    | 汉族    | 1391234568* | 计算机学院  |
| 20180520103 | 李坤   | 男   | 1999-12-03 | 深圳    | 汉族    | 1391678985* | 计算机学院  |
| 20180520201 | 陈绍果 | 男   | 2000-02-06 | 昆明    | 白族    | 1501581422* | 计算机学院  |
| 20180520301 | 达蒙蒙 | 女   | 2000-11-10 | 沈阳    | 蒙古族  | 1358796001* | 计算机学院  |
| 20180710101 | 李华英 | 女   | 2000-01-19 | 佛山    | 汉族    | 1701891987* | 经济学院    |
| 20180710102 | 周之桐 | 男   | 2000-12-18 | 北京    | 汉族    | 1391234090* | 经济学院    |
| 20180710129 | 朱治国 | 男   | 2000-05-18 | 长春    | 汉族    | 1361254667* | 经济学院    |
| 20180890123 | 孙大军 | 男   | 1999-12-31 | 西安    | 苗族    | 1387658901* | 环境学院    |
| 20180890135 | 孙之梦 | 女   | 2000-03-09 | 长春    | 满族    | 1378900909* | 环境学院    |
| 20180990121 | 李华良 | 男   | 1999-11-25 | 广州    | 壮族    | 1373456212* | 数学学院    |
+-------------+--------+------+------------+---------+---------+-------------+-------------+
10 rows in set (0.00 sec)
```

图 9-1　例 9-1 MySQL 结束符的更改

如果想将 MySQL 语句结束符号恢复成分号“;”，再输入命令：

```
DELIMITER ;
```

就可以了。

【例 9-2】 创建一个存储过程 sp_Studnet_edit_SnoSsex，用于通过指定学号以及性别值来修改数据表 Student 中的某个学生的性别。

输入如下命令：

```
DELIMITER **
CREATE PROCEDURE sp_Studnet_edit_SnoSsex(IN Sno1 CHAR(11),IN Ssex1 Char(2))
BEGIN
  UPDATE Student SET Ssex=Ssex1 WHERE Sno=Sno1;
END **
DELIMITER ;
```

即可完成该存储过程的创建。

9.1.2 调用存储过程

调用存储过程的语法格式是：

```
CALL sp_name ([proc_parameter[,...]])
```

使用该语句在程序、触发器或者其他存储过程中调用 sp_name 指定的存储过程。

当存储过程没有参数时，可以使用 CALL sp_name( )或者 CALL sp_name 调用存储过程。

【例 9-3】 调用例 9-2 创建的存储过程 sp_Studnet_edit_SnoSsex，将图 9-1 中学号为 20180990121 同学的性别改为“女”。

输入如下命令：

```
CALL sp_Studnet_edit_SnoSsex("20180990121","女");
```

即可完成例 9-3 的要求。输入命令：select * from student;可修改情况，如图 9-2 所示。

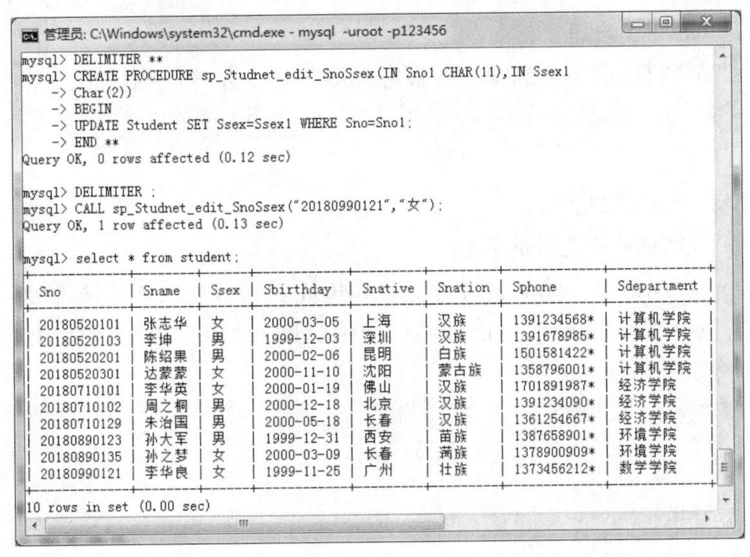

图 9-2　存储过程创建及调用

由图 9-2 可知，通过存储过程的调用，学号为 20180990121 同学的性别已经改为“女”了。

9.1.3　存储过程体

在存储过程体中可以使用 SQL 语句和过程语句组合，以实现更为复杂的业务逻辑。下面介绍一些用于存储过程体的语句。

1. 局部变量

使用 DECLARE 语句声明局部变量，该语句的语法格式为：

```
DECLARE var_name [, …] type [DEFAULT value]
```

语法说明如下：

① var_name：指定局部变量的名称。

② type：指定局部变量的数据类型。

③ DEFAULT value：为局部变量指定一个默认值，如省略该语句，则变量默认值为 NULL。

【例 9-4】 声明一个局部变量 Psno，类型为 CHAR(11)。

在存储过程体 BEGIN…END 语句块中输入如下语句，即可完成变量定义。

```
DECLARE Psno CHAR(11);
```

使用局部变量，需要注意：局部变量只能在存储过程体的 BEGIN…END 语句块中声明，作用范围也仅限于 BEGIN…END 语句块，其他语句块中不能使用。局部变量不同于用户变量，用户变量声明时，会在用户变量名称前使用“@”符号，同时已声明的用户变量存在于整个会话之中。

2．SET 语句

使用 SET 语句为局部变量赋值，其语法格式为：

```
SET var_name=expr[,var_name = expr] …;
```

【例 9-5】为例 9-4 声明的局部变量 Psno 赋值为：20180990121。

在存储过程体 BEGIN…END 语句块中输入如下语句，即可完成变量赋值。

```
SET Psno="20180990121";
```

3．SELECT…INTO 语句

使用 SELECT…INTO 语句把选定列的值存储到局部变量中，语法格式是：

```
SELECT col_name[,…] INTO var_name[,…] table_expression;
```

语法说明如下：

① col_name：指定列的名称。

② var_name：指定局部变量的名称。

③ table_expression：指 SELECT 语句中的 FROM 子句及后面的语法部分。

【例 9-6】将例 9-5 赋值的 Psno 的姓名赋值给变量 Pname。编写该存储过程。

输入如下命令：

```
DELIMITER **
CREATE PROCEDURE Sp_selectinto(OUT Pname varchar(20))
BEGIN
    DECLARE Psno CHAR(11);
    SET Psno="20180990121";
    SELECT Sname INTO Pname FROM Student WHERE Sno=Psno;
END **
DELIMITER ;
```

上述命令中的 Pname 定义的类型和宽度要与数据表 Student 中的 Sname 的数据类型和宽度一致。编写完成上述存储过程以后，执行以下命令：

```
CALL Sp_selectinto(@pname);
SELECT @pname;
```

就会显示存储过程求得的学生姓名：李华良，如图 9-3 所示。

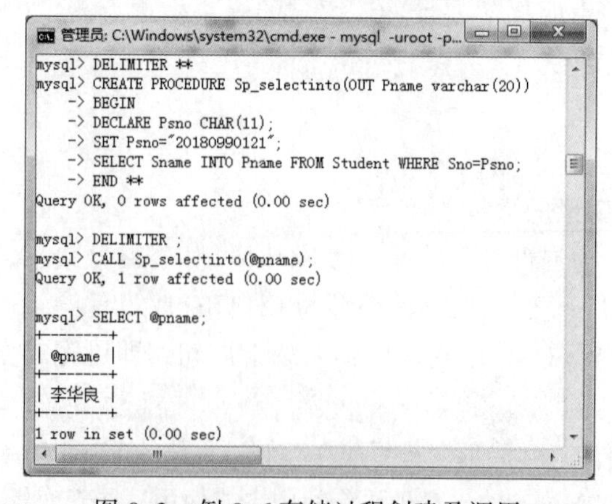

图 9-3　例 9-6 存储过程创建及调用

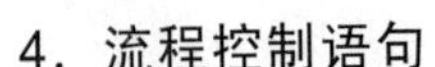

4. 流程控制语句

（1）条件判断语句

常用的条件判断语句有 IF-THEN-ELSE 语句和 CASE 语句。

① IF-THEN-ELSE 语句。该语句根据不同的条件执行不同的操作，具体语法格式是：

```
IF search_condition1 THEN statement_list1
   [ELSEIF search_condition2 THEN statement_list2] …
   [ELSE statement_listn]
ENDIF
```

上述语法格式中的 search_condition1、search_condition2 等表示判断条件，statement_list1、statement_list2 等表示一条或者多条 SQL 语句。只有当判断条件为真时，才执行相应的 SQL 语句。

【例 9-7】 编写一个存储过程 Sp_max，输入两个数，将其中的大者输出。

输入如下命令，编写存储过程。

```
DELIMITER **
CREATE PROCEDURE Sp_max(IN a int,IN b int,OUT c int)
BEGIN
   IF a>b THEN SET c=a;
     ELSE SET c=b;
   END IF;
END **
DELIMITER ;
```

完成上述存储过程的创建后，输入如下命令进行存储过程的调用和结果的显示。

```
CALL Sp_max(5,7,@c_max);
SELECT @c_max;
```

上述命令执行的结果如图 9-4 所示。

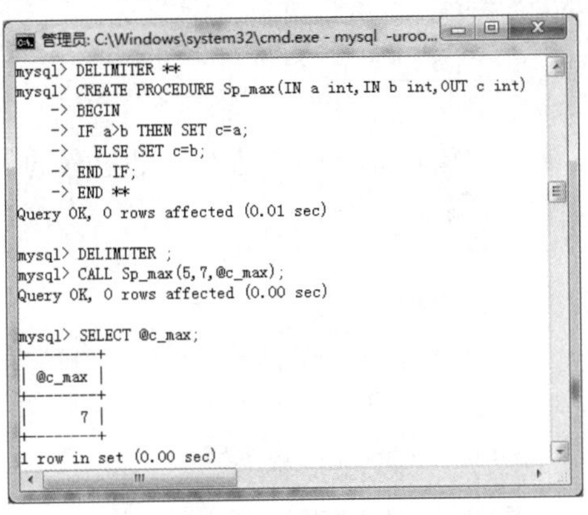

图 9-4　例 9-7 存储过程创建及调用

② CASE 语句。CASE 语句有两种语法格式，分别是：

```
CASE case_value
   WHEN when_value1 THEN statement_list1
   [WHEN when_value2 THEN statement_list2] …
   [ELSE statement_listn]
END CASE
```

或者

```
CASE
```

```
    WHEN search_condition1 THEN statement_list1
    [WHEN search_condition2 THEN statement_list2] …
    [ELSE statement_listn]
END CASE
```

第一种语法格式中的 case_value 用于指定被判断的值或表达式，后面的一系列 WHEN–THEN 语句块中，分别用 when_value1、when_value2 等参数的值与 case_value 的值进行等值比较，当某一比较值为真时，就执行对应 THEN 后面的 statement_list 中的 SQL 语句。如果每一个 WHEN–THEN 中的 when_value 值都不与 case_value 相等，则执行 ELSE 后面的 SQL 语句。

第二种语法格式中的 CASE 后面没有指定参数值，而是在 WHEN–THEN 语句块中指定 search_condition1、search_condition2 等条件表达式，如果某一条件表达式为真，就执行相应 THEN 后面的 SQL 语句。如果所有 search_condition 条件表达式都不满足，则执行 ELSE 后面的 SQL 语句。

【例 9-8】编写一个存储过程 Sp_grade，输入成绩，如果成绩大于或等于 90 分，则输出“优秀”；如果成绩大于或等于 80 分且小于 90 分，则输出“良好”；如果成绩大于或等于 70 分且小于 80 分，则输出“中等”；如果成绩大于或等于 60 分且小于 70 分，则输出“及格”；如果成绩小于 60 分，则输出“不及格”。

输入如下命令，编写存储过程。

```
DELIMITER **
CREATE PROCEDURE Sp_grade(IN grade int,OUT c_grade char(6))
BEGIN
   CASE
     WHEN grade>=90 THEN SET c_grade="优秀";
     WHEN grade<90 AND grade>=80 THEN SET c_grade="良好";
     WHEN grade<80 AND grade>=70 THEN SET c_grade="中等";
     WHEN grade<70 AND grade>=60 THEN SET c_grade="及格";
     WHEN grade<60 THEN SET c_grade="不及格";
   END CASE;
END **
DELIMITER ;
```

完成上述存储过程的创建后，输入如下命令进行存储过程的调用和结果的显示。

```
CALL Sp_grade(85,@c_grade);
SELECT @c_grade;
```

上述命令执行的结果如图 9-5 所示。

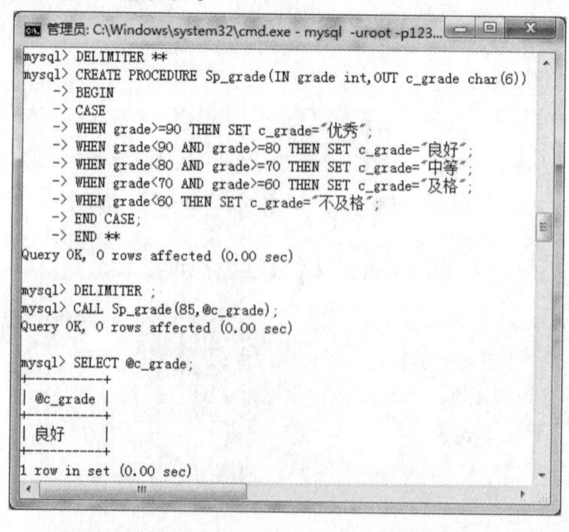

图 9-5　例 9-8 存储过程创建及调用

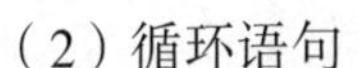

（2）循环语句

常用的循环语句有 WHILE 语句、REPEAT 语句和 LOOP 语句。

① WHILE 语句。格式为：

```
[begin_label:] WHILE search_condition DO
   statement_list
END WHILE[end_label]
```

该循环语句首先判断条件表达式 search_condition 是否为真，如果为真，就执行 DO 后面的 statement_list 中的 SQL 语句；然后再次判断 search_condition 是否为真，如果为真，就继续执行 DO 后面的 statement_list 中的 SQL 语句，直到 search_condition 不为真才结束循环。

begin_label 和 end_label 是 WHILE 语句的标注，必须使用相同的名字且成对出现。

【例 9-9】编写一个存储过程 Sp_sum，将 1～100 的自然数累加和计算出来。

输入如下命令，编写存储过程。

```
DELIMITER **
CREATE PROCEDURE Sp_sum(IN a int,IN b int,OUT c_sum int)
BEGIN
   SET c_sum=0;
   WHILE a<=b DO
     SET c_sum=c_sum+a;
     SET a=a+1;
   END WHILE;
END **
DELIMITER ;
```

完成上述存储过程的创建后，输入如下命令进行存储过程的调用和结果的显示。

```
CALL Sp_sum(1,100,@c_sum);
SELECT @c_sum;
```

上述命令执行的结果如图 9-6 所示。

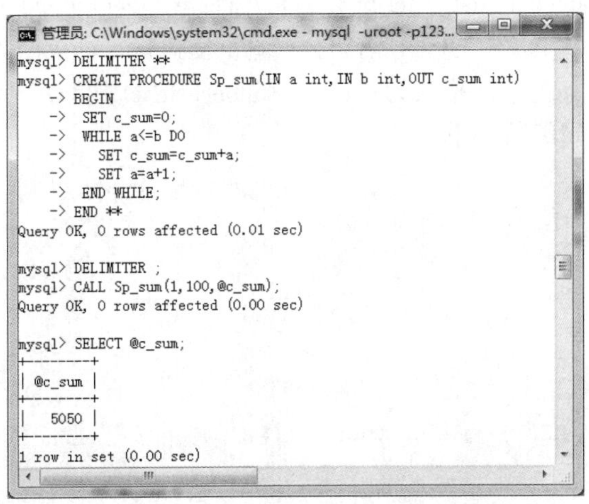

图 9-6　例 9-9 存储过程创建及调用

② REPEAT 语句。格式为：

```
[begin_label:] REPEAT
   statement_list
```

```
UNTIL search_condition
END REPEAT[end_label]
```

该语句先执行一次 statement_list 中的 SQL 语句，然后判断条件表达式 search_condition 是否为真,如果不为真,继续执行 statement_list 中的SQL语句,直到条件表达式 search_condition 为真才结束循环。

REPEAT 语句也可以使用 begin_label 和 end_label 进行标注。

例 9-9 用 REPEAT 语句编写如下：

```
DELIMITER **
CREATE PROCEDURE Sp_sum1(IN a int,IN b int,OUT c_sum int)
BEGIN
   SET c_sum=0;
   REPEAT
     SET c_sum=c_sum+a;
     SET a=a+1;
   UNTIL a>b
   END REPEAT;
END **
DELIMITER ;
```

完成上述存储过程的创建后，输入如下命令进行存储过程的调用和结果的显示。

```
CALL Sp_sum1(1,100,@c_sum);
SELECT @c_sum;
```

上述命令执行的结果与图 9-6 所示结果一致。

③ LOOP 语句。格式为：

```
[begin_label:] LOOP
   statement_list
END LOOP[end_label]
```

该语句重复执行 statement_list 中的 SQL 语句。begin_label 和 end_label 是 LOOP 语句的标注。循环体中的 statement_list 中的 SQL 语句会一直重复执行，直至循环体中出现 LEAVE 语句才退出循环。LEAVE 语句的语法格式为：LEAVE label，label 是 LOOP 语句中自定义的名字。

例 9-9 用 LOOP 语句编写如下：

```
DELIMITER **
CREATE PROCEDURE Sp_sum2(IN a int,IN b int,OUT c_sum int)
label_end:BEGIN
   SET c_sum=0;
   LOOP
     SET c_sum=c_sum+a;
     SET a=a+1;
     IF a>b THEN LEAVE label_end;
     END IF;
   END LOOP;
END **
DELIMITER ;
```

完成上述存储过程的创建后，输入如下命令进行存储过程的调用和结果的显示。

```
CALL Sp_sum2(1,100,@c_sum);
```

```
SELECT @c_sum;
```

上述命令执行的结果与图 9-6 所示结果一致。

另外，循环语句中还可以使用 ITERATE 语句，但它只能出现在 LOOP、REPEAT 和 WHILE 子句中，用于表示退出当前循环，且重新开始一个循环。其语法格式为：ITERATE label，这里的 label 是循环语句中的自定义标注名字。LEAVE 语句和 ITERATE 语句的区别是：LEAVE 语句是结束整个循环，ITERATE 语句是退出当前循环，然后重新开始一个新的循环。

5．游标

游标是在内存中开辟出来的一块缓冲区，声明游标后，就可以用游标存储 SELECT 语句检索出来的结果集。游标只能用于存储过程或存储函数中，不能单独在查询操作中使用。每一个存储过程中的游标名称必须是唯一的。使用游标的步骤如下：

（1）声明游标

使用游标之前必须先声明游标，语法格式是：

```
DECLARE cursor_name CURSOR FOR select_statement;
```

cursor_name 是指定要创建的游标名称。select_statement 是一个 SELECT 语句，但该语句不能有 INTO 子句。

（2）打开游标

在声明游标后，必须打开游标，才能使用游标。打开游标实际上是将游标连接到 SELECT 语句返回的结果集。打开游标的语法格式是：

```
OPEN cursor_name;
```

在实际使用中，一个游标可以被多次打开，由于其他用户或应用程序可能随时更新了数据表，所以每次打开游标的结果集可能不同。

（3）读取数据

读取数据的语法格式是：

```
FETCH cursor_name INTO var_name1[,var_name2]…;
```

cursor_name 是已经打开的游标名，var_name1、var_name2 等是存放数据的变量名。FETCH 语句将游标指向的一行数据赋值给指定的一组变量，这些变量的数目必须等于声明游标时 SELECT 语句后选择列的数目。游标有一个指针指向数据表的当前行，刚打开游标时游标指针指向结果集的第一行。执行完 FETCH 语句后，将游标指针移向下一行。

（4）关闭游标

在结束游标使用时，必须关闭游标。关闭游标的语法格式是：

```
CLOSE cursor_name;
```

一个游标被关闭后，如果没有被重新打开，则不能被使用。对于声明过的游标，则不需要再次声明，可直接使用 OPEN 语句打开。如果没有明确关闭游标，在执行到 END 语句时自动关闭它。

【例 9-10】编写一个存储过程 Sp_count，统计数据表 Student 中的学生人数。

输入如下命令，编写存储过程。

```
DELIMITER **
CREATE PROCEDURE Sp_count(OUT c_count int)
BEGIN
```

```
    DECLARE sp_Sno char(11);
    DECLARE F_found BOOLEAN DEFAULT TRUE;
    DECLARE cur CURSOR FOR SELECT Sno FROM Student;
    DECLARE CONTINUE HANDLER FOR NOT FOUND SET F_found=FALSE;
    SET c_count=0;
    OPEN cur;
    FETCH cur INTO sp_Sno;
    WHILE F_found DO
      SET c_count=c_count+1;
      FETCH cur INTO sp_Sno;
    END WHILE;
    CLOSE cur;
END **
DELIMITER ;
```

在上述代码中，有多个 DECLARE 语句，这些语句的出现要满足一定的次序。定义的局部变量语句要出现在定义游标的语句之前，定义的游标语句要在定义句柄语句（如本例的 DECLARE CONTINUE HANDLER FOR NOT FOUND SET F_found=FALSE;）之前。

定义的句柄语句 DECLARE CONTINUE HANDLER FOR NOT FOUND 的含义是：当游标指针指向了内存缓冲区结果集最后一行数据的末尾时，即发现没有数据可以继续执行时，设置 SET F_found=FALSE;即使变量 F_found 的值为 FALSE。

完成存储过程的创建后，输入如下命令进行存储过程的调用和结果的显示。

```
CALL Sp_count(@c_count);
SELECT @c_count;
```

上述命令执行的结果如图 9-7 所示，统计出学生表 Student 有 10 条记录。

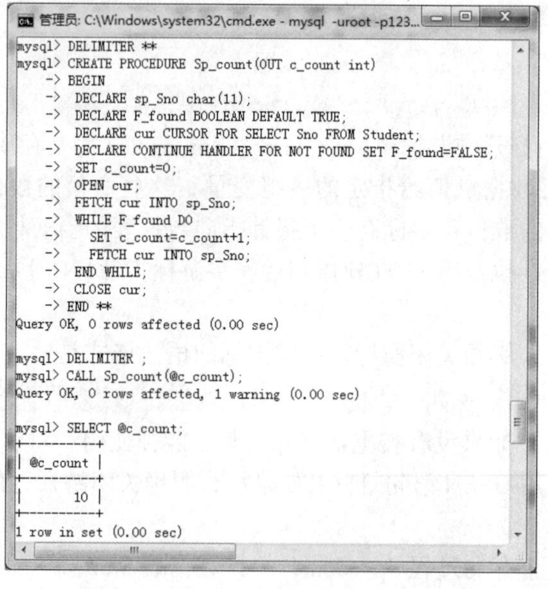

图 9-7　例 9-10 存储过程创建及调用

9.1.4　查看存储过程

列出所有存储过程命令的语法：

```
SHOW PROCEDURE STATUS;
```

该语句以表格形式返回存储过程的特征，如数据库、存储过程名字、类型、创建者、创建日期、字符集等信息。

使用命令：SHOW PROCEDURE STATUS \G; 可以格式化显示每个存储过程的信息，更为醒目。

9.1.5 删除存储过程

删除存储过程的语法是：

```
DROP PROCEDURE [IF EXISTS] sp_name;
```

使用 IF EXISTS 关键字，用于防止因删除不存在的存储过程而引发的错误。

【例 9-11】删除存储过程 Sp_count。

输入如下命令即可删除存储过程 Sp_count。

```
DROP PROCEDURE Sp_count;
```

9.2 存 储 函 数

存储函数与存储过程类似，都是由 SQL 语句和过程语句构成的代码，可以被应用程序和其他 SQL 语句调用。但它们之间也有一些不同。

① 存储函数不能有输出参数，因为存储函数本身就是输出参数；但存储过程可以有输出参数。

② 可以用 SELECT 语句对存储函数直接调用；存储过程需要使用 CALL 语句调用。

③ 存储函数必须包含一条 RETURN 语句，以返回函数值。但存储过程中不能有 RETURN 语句。

9.2.1 创建存储函数

创建存储函数的语法是：

```
CREATE FUNCTION function_name ([func_parameter [,…]]
        RETURNS type
        function_body
```

function_name 是函数名称，在数据库中函数名称要唯一；func_parameter 是函数参数，包括参数名称和参数的数据类型；RETURNS type 中的 type 指函数要返回的数据类型；function_body 指函数体。

【例 9-12】根据数据表 Student，创建一个存储函数 Sf_Sno_Ssex，根据给定的学号，输出该学生的性别。

输入如下代码完成该存储函数的创建。

```
DELIMITER **
CREATE FUNCTION Sf_Sno_Ssex (SSno char(11)) RETURNS VARCHAR(12)
BEGIN
    DECLARE SF_Sex char(2);
    SELECT Ssex INTO Sf_Sex FROM Student WHERE Sno=SSno;
    IF Sf_Sex IS NULL THEN RETURN(SELECT '没有该学生');
```

```
        ELSE IF SF_Sex='女' THEN RETURN(SELECT '女');
            ELSE RETURN(SELECT '男');
        END IF;
    END IF;
END **
DELIMITER ;
```

9.2.2 调用存储函数

使用 SELECT 语句调用存储函数，语法是：

```
SELECT function_name ([func_parameter [,…]])
```

【例 9-13】调用例 9-12 创建的函数 Sf_Sno_Ssex。

输入如下代码，完成存储函数 Sf_Sno_Ssex 的调用。

```
SELECT Sf_Sno_Ssex('20180990121');
```

命令执行结果如图 9-8 所示。

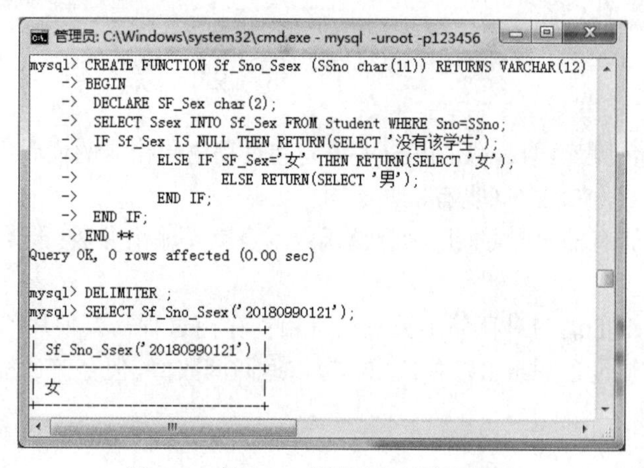

图 9-8　例 9-12 存储过程创建及调用

9.2.3 查看存储函数

列出所有存储函数命令的语法：

```
SHOW FUNCTION STATUS;
```

该语句以表格形式返回存储函数的特征，如数据库、存储函数名字、类型、创建者、创建日期、字符集等信息。

使用命令：SHOW FUNCTION STATUS \G; 可以格式化显示每个存储过程的信息，更为醒目。

创建存储过程和存储函数的详细代码保存在 mysql 数据库的 proc 数据表里，因此，还可以通过命令：

```
SELECT * FROM mysql.proc \G;
```

也可以查看所有存储过程和存储函数的详细信息。

9.2.4 删除存储函数

删除存储函数的语法是：

```
DROP FUNCTION [IF EXISTS] function_name;
```

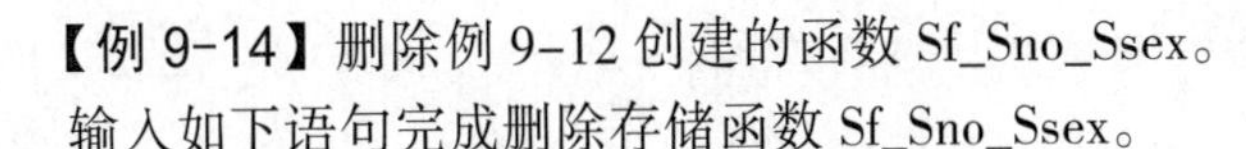

【例 9-14】删除例 9-12 创建的函数 Sf_Sno_Ssex。

输入如下语句完成删除存储函数 Sf_Sno_Ssex。

```
DROP FUNCTION IF EXISTS Sf_Sno_Ssex;
```

实训内容与要求

对数据库 Sspj 中数据表 S、J、P、SPJ，完成下列存储过程及存储函数的创建、调用、删除操作。

1. 在数据库 Sspj 中创建一个存储过程 Sspj_min，求出两个数的最小值并输出。
2. 在数据库 Sspj 中创建一个存储过程 Sspj_factor，求出自然数 n 的阶乘，并将结果输出。
3. 在数据库 Sspj 中创建一个存储过程 Sspj_SPJ_count，统计出数据表 SPJ 中记录的条数，并将结果输出。
4. 用 SHOW PROCEDURE STATUS \G; 命令查看上述三个存储过程的详细信息。
5. 删除存储过程 Sspj_min。
6. 创建一个函数 Func_J_City，根据数据表中工程 Jname 的值，查询出该工程所在的城市。
7. 删除函数 Func_J_City。

触发器 «‹

实训目的

学习什么是触发器，掌握触发器的创建、使用和删除的基本操作。

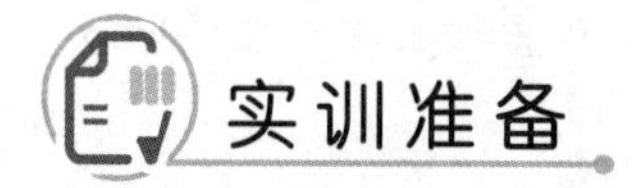

实训准备

本次实验使用 jxgl 数据库中的学生表 Student、课程表 Course、选课表 SC，用户要熟悉这些表的结构和其中的数据。

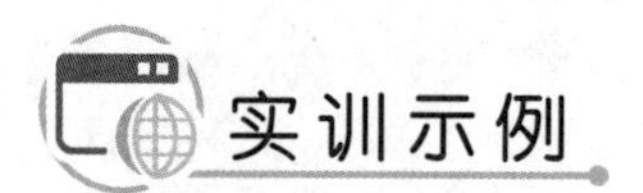

实训示例

10.1 触发器概述

触发器是 MySQL 响应 INSERT、UPDATE 和 DELETE 语句而自动执行的一条或多条 MySQL 语句，主要用于保障数据库中数据的完整性，以及多表之间的数据一致性。在针对 INSERT、UPDATE 和 DELETE 语句创建了相应的触发器后，如果在执行 INSERT、UPDATE 和 DELETE 语句时，达到了激活条件，触发器包含的 MySQL 语句就会自动执行。

10.2 创建触发器

创建触发器的语法是：

```
CREATE TRIGGER trigger_name trigger_time trigger_event
    ON tbl_name FOR EACH ROW trigger_body
```

参数说明如下：

① trigger_name：触发器的名称，该名称在当前数据库中必须唯一。

② trigger_time：触发器触发的时刻，有两个选项，即 BEFORE 和 AFTER。BEFORE 是先完成触发，再增删改，触发的语句先于增删改，这样就有机会判断，修改即将发生的操作；AFTER 是先完成数据的增删改，再触发，触发的语句晚于增删改操作，无法影响前面的增删改动作。

③ trigger_event：触发事件，包括 INSERT、UPDATE 和 DELETE 事件。INSERT 事件是指将新行插入表时激活触发器，它不仅在执行 INSERT 语句时被激活，也能在执行 LOAD 语句时被激活。UPDATE 事件是在更改表中某一行数据时激活触发器，在执行 UPDATE 语句时激活。DELETE 事件是在表中某一行数据被删除时激活触发器，在执行 DELETE 和 REPLACE 语句时激活。

④ tbl_name：数据表名称，触发器的创建必须基于一个数据表，该表必须是永久性表，不能将触发器与临时表或视图关联起来。同一个表不能拥有两个具有相同触发时刻和事件的触发器。例如，对于同一张数据表，不能同时有两个 BEFORE INSERT 触发器，但可以有一个 BEFORE INSERT 触发器和一个 BEFORE UPDATE 触发器，或者一个 BEFORE INSERT 触发器和一个 AFTER INSERT 触发器。

⑤ FOR EACH ROW：指定对于受触发事件影响的每一行都要激活触发器的动作。例如，使用一条 INSERT 语句向一个表插入多行数据时，触发器会对每一行数据的插入都执行相应的触发器动作。

⑥ trigger_body：触发器动作体，包含触发器激活时将要执行的 MySQL 语句。如果要执行多个语句，可以使用 BEGIN…END 复合语句结构，这里可使用存储过程中允许的语句。

在触发器的创建中，每个表每个事件每次只允许一个触发器，因此，每个表最多支持 6 个触发器，即每条 INSERT、UPDATE 和 DELETE 语句之前或之后事件触发器。单一触发器不能与多个事件或多个表关联，例如，对同一张表进行 INSERT 和 UPDATE 操作执行的触发器，则应该定义两个触发器。

如果要查看数据库中已有的触发器，可以使用 SHOW TRIGGERS 语句，其语句格式为：

```
SHOW TRIGGERS [{FROM|IN} db_name];
```

【例 10-1】 在数据库 jxgl 中的数据表 Student 中创建一个触发器 Student_insert_trigger，用于每次向表中插入一条记录时将变量 student_str 的值设置为“已成功插入一条记录！”。

输入如下语句，完成该触发器的创建。

```
CREATE TRIGGER Student_insert_trigger AFTER INSERT ON Student
FOR EACH ROW SET @student_str='已成功插入一条记录！';
```

可以输入命令：

```
SHOW TRIGGERS\G;
```

查看数据库 jxgl 中已有的触发器。目前，该数据库中只有一个刚才创建的触发器。

输入如下命令：

```
INSERT INTO Student VALUES('20180990211','赵萌萌','女','2000-3-12','佛山','汉族','1398789013*','电子工程学院');
```

向数据表插入一条记录。输入如下命令，验证触发器：

```
SELECT @student_str;
```

执行上述 4 条命令的情况，如图 10-1 所示。

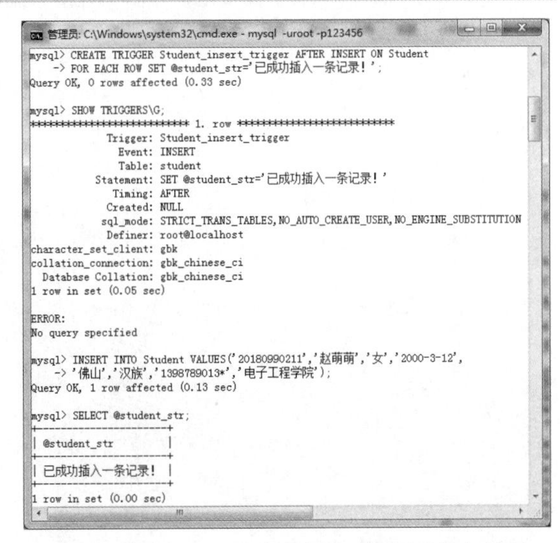

图 10-1　例 10-1 触发器创建、查看及执行情况

10.3 删除触发器

删除触发器的语法是：

```
DROP TRIGGER [IF EXISTS] [schema_name.]trigger_name;
```

语法说明如下：

（1）IF EXISTS：可选项，用于避免在没有触发器的情况下删除触发器出现错误。

（2）schema_name：可选项，用于指定触发器所在的数据库名称，如果是当前数据库，则省略该选项。

（3）trigger_name：要删除的触发器的名称。

（4）删除触发器必须具有相应的权限。

当删除一个表时，会自动删除该表上的触发器。触发器也不能更新，为了修改一个触发器，要先删除它，然后再重新创建。

【例 10-2】删除触发器 Student_insert_trigger。

输入如下命令，即可删除触发器 Student_insert_trigger。

```
DROP TRIGGER IF EXISTS jxgl. Student_insert_trigger;
```

如果当前数据库是 jxgl，也可以输入：

```
DROP TRIGGER Student_insert_trigger;
```

10.4 使用触发器

1. INSERT 触发器

INSERT 触发器可以在 INSERT 语句之前或之后执行。使用该触发器时需要注意以下几点：

① 在 INSERT 触发器代码内可引用一个名为 NEW（不区分大小写）的虚拟表来访问被插入的行。

② 对于 AUTO_INCREMENT 列，NEW 在执行之前包含的是 0 值，在 INSERT 语句执行之后包含新的自动生成值。

【例 10-3】在数据库 jxgl 中的 SC 表上创建触发器 SC_insert_trigger，设置成绩 Grade 的取值范围为 0～100 分，如果成绩不在该范围内则拒绝插入该记录。

输入如下语句：

```
DELIMITER **
CREATE TRIGGER SC_insert_trigger AFTER INSERT ON SC FOR EACH ROW
BEGIN
IF NEW.Grade>100 or NEW.Grade<0 THEN
  SET @student_str='插入的记录不符合要求，拒绝插入！';
  DELETE FROM SC WHERE Grade>100 OR Grade<0;
ELSE
  SET @student_str='已成功插入一条记录！';
END IF;
END**
DELIMITER ;
```

就可以成功创建该触发器。

现在插入一条记录：

```
INSERT INTO SC VALUES("20180520201",5,"2019-2020-1",120);
```

屏幕会出现：ERROR 1442 (HY000): Can't update table 'sc' in stored function/trigger because it is already used by statement which invoked this stored function/trigger.的提示，意思是：不能对该存储函数/触发器中的表 sc 进行更新，因为该表正在被激活的存储函数/触发器使用。这个信息是由于执行 DELETE FROM SC WHERE Grade>100 OR Grade<0;语句而产生的，因为该语句要将不满足分数条件的记录进行删除，属于在 INSERT 触发器中对 SC 进行更新。虽然出现了错误信息，但 MySQL 还是删除了不满足分数条件的记录，相当于拒绝了不满足条件的记录插入。用户可以输入命令：

```
SELECT * FROM SC;
```

进行查询，会发现 SC 表中并没有插入记录：("20180520201",5,"2019-2020-1",120)。

上述几个命令的效果，如图 10-2 所示。

执行命令：

SELECT @student_str;会显示变量值：插入的记录不符合要求，拒绝插入！，如图 10-3 所示。

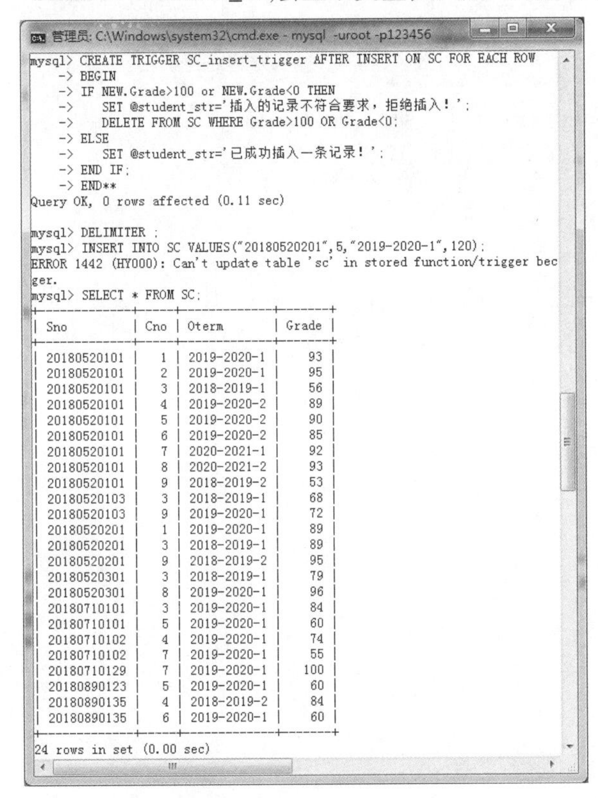

图 10-2 例 10-3 触发器创建、查看及执行情况

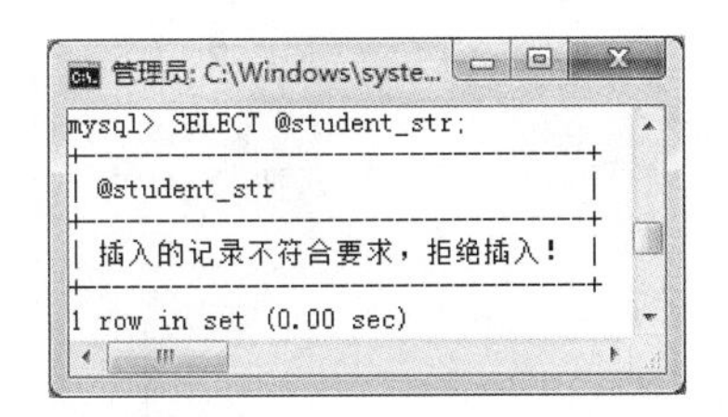

图 10-3 例 10-3 触发器执行后用户变量值情况

当然，还有另外一种办法，当分数不满足要求时，插入记录，但将分数设置为-1，然后调用一个存储过程，将分数是-1 的记录删除。

输入如下命令：

```
DROP TRIGGER SC_insert_trigger;
```

将 SC_insert_trigger 存储过程删除。

先编写一个存储过程：SP_SC_delete，删除数据表 SC 中分数 Grade 是-1 的记录。

```
CREATE PROCEDURE SP_SC_delete() DELETE FROM SC WHERE Grade=-1;
```

再创建触发器：

```
DELIMITER **
CREATE TRIGGER SC_insert_trigger BEFORE INSERT ON SC FOR EACH ROW
BEGIN
IF NEW.Grade>100 or NEW.Grade<0 THEN
   SET @student_str='插入的记录不符合要求，Grade 的值设置为-1，请检查！';
   SET New.Grade=-1;
ELSE
   SET @student_str='已成功插入一条记录！';
END IF;
END**
DELIMITER ;
```

输入插入记录命令：INSERT INTO SC VALUES("20180520201",5,"2019-2020-1", 120);。会发现该命令正确运行。输入命令：

```
SELECT * FROM SC;
```

会发现记录已经插入，但该记录 Grade 的值为-1，如图 10-4 所示。

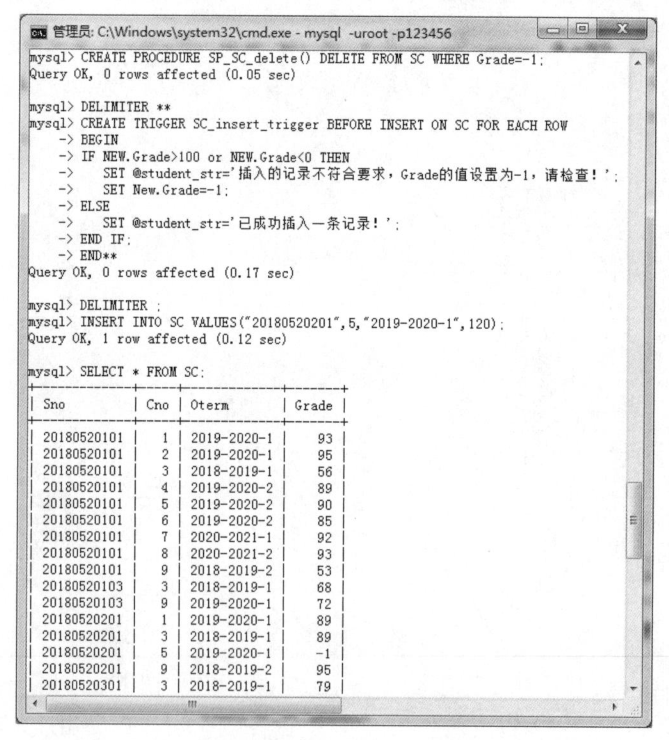

图 10-4　例 10-3 触发器将 Grade 修改值为-1 的情况

SELECT @student_str;会显示变量值：插入的记录不符合要求，Grade 的值设置为-1，请检查！。

执行调用存储过程命令：

```
CALL SP_SC_delete();
```

将 Grade 值为-1 的记录删除了。

再执行命令：

```
SELECT * FROM SC;
```

会发现 Grade 值为-1 的记录删除了。

上述三个命令执行情况如图 10-5 所示。

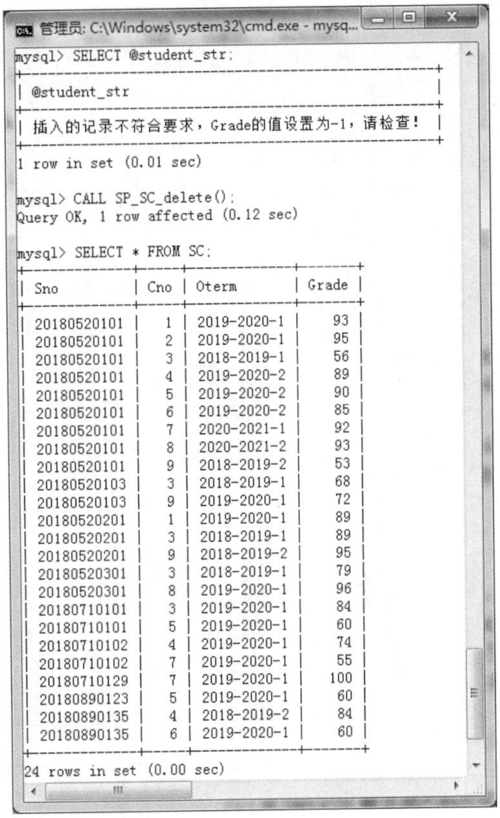

```
管理员: C:\Windows\system32\cmd.exe - mysq...
mysql> SELECT @student_str;
+--------------------------------------------------+
| @student_str                                     |
+--------------------------------------------------+
| 插入的记录不符合要求，Grade的值设置为-1，请检查！ |
+--------------------------------------------------+
1 row in set (0.01 sec)

mysql> CALL SP_SC_delete();
Query OK, 1 row affected (0.12 sec)

mysql> SELECT * FROM SC;
+-------------+-----+-------------+-------+
| Sno         | Cno | Oterm       | Grade |
+-------------+-----+-------------+-------+
| 20180520101 |   1 | 2019-2020-1 |    93 |
| 20180520101 |   2 | 2019-2020-1 |    95 |
| 20180520101 |   3 | 2018-2019-1 |    56 |
| 20180520101 |   4 | 2019-2020-2 |    89 |
| 20180520101 |   5 | 2019-2020-2 |    90 |
| 20180520101 |   6 | 2019-2020-2 |    85 |
| 20180520101 |   7 | 2020-2021-1 |    92 |
| 20180520101 |   8 | 2020-2021-2 |    93 |
| 20180520101 |   9 | 2018-2019-2 |    53 |
| 20180520103 |   3 | 2018-2019-1 |    68 |
| 20180520103 |   9 | 2019-2020-1 |    72 |
| 20180520201 |   1 | 2019-2020-1 |    89 |
| 20180520201 |   3 | 2018-2019-1 |    89 |
| 20180520201 |   9 | 2018-2019-2 |    95 |
| 20180520301 |   3 | 2018-2019-1 |    79 |
| 20180520301 |   8 | 2019-2020-1 |    96 |
| 20180710101 |   3 | 2019-2020-1 |    84 |
| 20180710101 |   5 | 2019-2020-1 |    60 |
| 20180710102 |   4 | 2019-2020-1 |    74 |
| 20180710102 |   7 | 2019-2020-1 |    55 |
| 20180710129 |   7 | 2019-2020-1 |   100 |
| 20180890123 |   5 | 2019-2020-1 |    60 |
| 20180890135 |   4 | 2018-2019-2 |    84 |
| 20180890135 |   6 | 2019-2020-1 |    60 |
+-------------+-----+-------------+-------+
24 rows in set (0.00 sec)
```

图 10-5　将 Grade 为-1 的记录删除情况

2. DELETE 触发器

DELETE 触发器可以在 DELETE 语句执行之前或之后执行。使用该触发器时，需要注意如下几点：

① 在 DELETE 触发器代码内可以引用一个名为 OLD（不区分大小写）的虚拟表来访问被删除的行。

② OLD 中的值全部是只读的，不能被更新。

3. UPDATE 触发器

UPDATE 触发器在 UPDATE 语句执行之前或之后执行。使用该触发器时，需要注意如下几点：

① 在 UPDATE 触发器代码内可以引用一个名为 OLD（不区分大小写）的虚拟表来访问以前（UPDATE 语句执行前）的值，也可以引用一个名为 NEW（不区分大小写）的虚拟表访问新更新的值。

② 在 BEFORE UPDATE 触发器中，NEW 中的值可能也被更新，即允许更改将要用于 UPDATE 语句中的值。

③ OLD 中的值全部是只读的，不能被更新。

④ 当触发器涉及对表自身的更新操作时，只能使用 BEFORE UPDATE 触发器，不能使用 AFTER UPDATE 触发器。

【例 10-4】在数据库 jxgl 的 Student 表上创建触发器 SC_update_trigger，设置成绩 Grade 的取值范围为 0～100 分，如果成绩不在该范围内则拒绝更新该记录，恢复原来的值。

输入如下命令：

```
DELIMITER **
CREATE TRIGGER SC_update_trigger BEFORE UPDATE ON SC FOR EACH ROW
BEGIN
IF NEW.Grade>100 or NEW.Grade<0 THEN
   SET @student_str='插入的记录不符合要求，拒绝更新！';
   SET New.Grade=OLD.Grade;
ELSE
   SET @student_str='已成功更新记录！';
END IF;
END**
DELIMITER ;
```

现在对学号是“20180890135”的 Grade 的值更新为 120，输入如下命令进行更新操作：

```
UPDATE SC SET Grade=120 WHERE Sno='20180890135';
```

执行命令：

```
SELECT @student_str;
```

显示用户变量 student_str 的值为：插入的记录不符合要求，拒绝更新!。

再输入命令：

```
SELECT * FROM SC WHERE Sno='20180890135';
```

查询学号是“20180890135”的 Grade 的值，发现该值并没有修改。

上述命令执行的结果如图 10-6 所示。

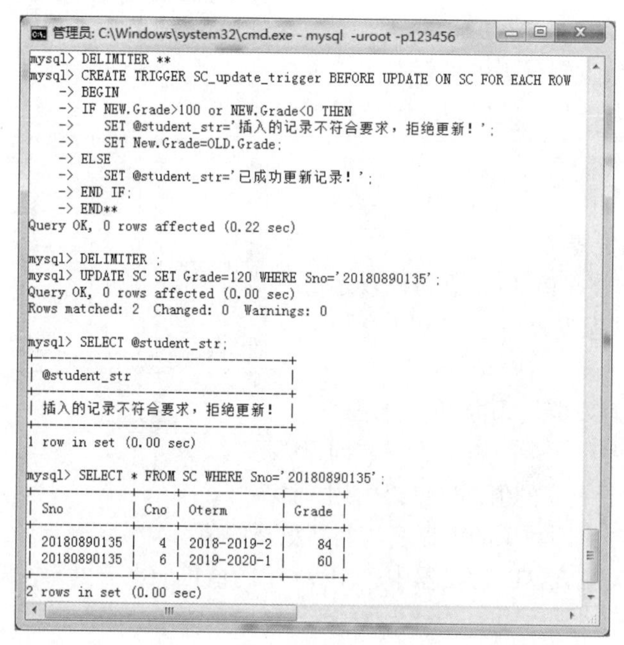

图 10-6 例 10-4 UPDATE 触发器创建及执行情况

在触发器执行的过程中，MySQL 会按照下面的方式来处理：

① 如果 BEFORE 触发程序失败，则 MySQL 将不执行相应行上的操作。

② 仅当 BEFORE 触发程序和行操作均成功执行时，MySQL 才会执行 AFTER 触发程序（如果有的话）。

③ 如果 BEFORE 或 AFTER 触发程序的执行过程中出现错误，将导致调用触发程序的整个语句失败。

10.5 对触发器的进一步说明

前几节对触发器的创建及使用作了介绍，这里对 MySQL 5.5 中的触发器的使用作进一步的说明。

① 与其他 DBMS 相比，目前 MySQL 5.5 版本所支持的触发器还较为初级，将来的 MySQL 版本将会对触发器进一步改进并增强触发器的功能。

② 创建触发器需要特殊的安全访问权限，但是触发器的执行是自动的。只要 INSERT、UPDATE 和 DELETE 语句能够执行，相应的触发器就自动执行。

③ 应该多用触发器来保证数据的完整性。例如，用 BEFORE 触发程序进行数据的验证和净化，可以保证插入表的数据确实是需要的正确数据，而且这种操作对用户是透明的。

④ 触发器可以用于创建审计与跟踪，也就是使用触发器把表的更改状态以及之前和之后的状态记录到另外一张表中。

实训内容与要求

对数据库 Sspj 中数据表 S、J、P、SPJ，完成下列触发器的创建、调用、删除操作。

1. 在数据库 Sspj 的 S 数据表中创建一个触发器：S_INSERT，要求插入记录时 STATUS 的值为大于 0 小于或等于 50，不在这个范围的数据拒绝插入。

2. 在数据库 Sspj 的 P 数据表中创建一个触发器：P_INSERT，要求插入记录时，只接受颜色是：红、绿、蓝，其他颜色拒绝接受。

3. 在数据库 Sspj 的 SPJ 数据表中创建一个触发器：SPJ_UPDATE，当更新记录时，要求 QTY 的值在 100～1000 之间。

4. 用 SHOW TRIGGERS\G;命令查看上述三个触发器的详细信息。

5. 删除触发器 P_INSERT。

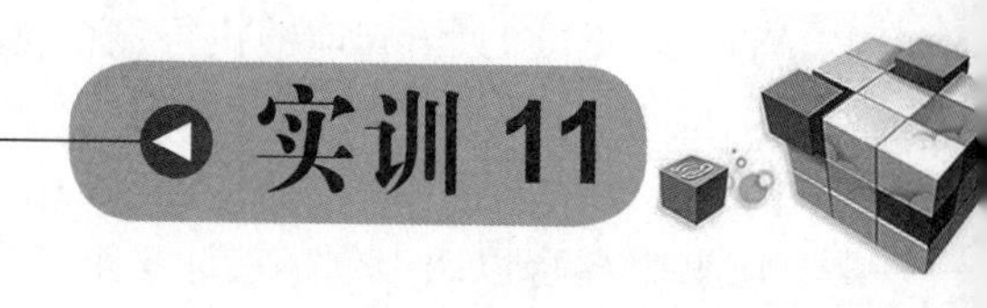

事件 ‹‹‹

实训目的

学习什么是事件，掌握事件的创建、修改和删除的基本操作。

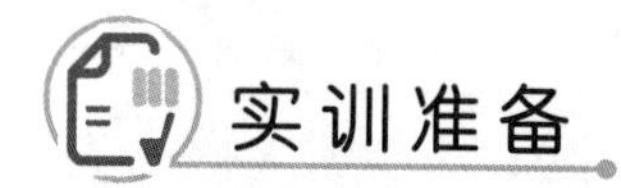

实训准备

本次实验使用 jxgl 数据库中的学生表 Student、课程表 Course、选课表 SC，用户要熟悉这些表的结构和其中的数据。

实训示例

11.1 事件概述

MySQL 5.5 中有一个事件调度器（Event Scheduler），可以在指定时刻执行某些特定的任务，并以此可取代原先只能由操作系统的计划任务来执行的工作，这种在指定的时刻才被执行的任务就是事件。事件可以应用于特定时刻下对数据实时性要求较高的应用，如股票等。

事件和触发器相似，都是在某些事情发生的时候启动。事件是基于特定的时间周期来触发某些任务，触发器是基于某个表的 INSERT、DELETE 和 UPDATE 事件触发某个任务，这是它们之间的区别。

在确保 MySQL 的 EVENT_SCHEDULER 已经开启的情况下，才能使用事件调度器。可以输入如下命令查看事件调度器是否开启。

```
SHOW VARIABLES LIKE 'EVENT_SCHEDULER';
```

或者：

```
SELECT @@EVENT_SCHEDULER;
```

如果变量的值是 OFF，则事件调度器没有开启。输入如下命令可以开启事件调度器。

```
SET GLOBAL EVENT_SCHEDULER=1;
```

或者：

```
SET GLOBAL EVENT_SCHEDULER=TRUE;
```

也可以在 MySQL 的配置文件 my.ini 中加上语句：

```
EVENT_SCHEDULER=1
```

或者

```
SET GLOBAL EVENT_SCHEDULER=ON
```

来开启事件调度器。

11.2 创建事件

创建事件的语法格式是：

```
CREATE EVENT [IF NOT EXISTS] event_name ON SCHEDULE schedule
    [ENABLE | DISABLE | DISABLE ON SLAVE]
    DO event_body
```

其中，schedule 的语法格式为：

```
    AT timestamp [+ INTERVAL interval] ...
  | EVERY interval
    [STARTS timestamp [+ INTERVAL interval] ...]
    [ENDS timestamp [+ INTERVAL interval] ...]
```

interval 的语法格式为：

```
    quantity {YEAR | QUARTER | MONTH | DAY | HOUR | MINUTE |
              WEEK | SECOND | YEAR_MONTH | DAY_HOUR | DAY_MINUTE |
              DAY_SECOND | HOUR_MINUTE | HOUR_SECOND |
              MINUTE_SECOND}
```

语法说明如下：

① event name：指定的事件名。

② schedule：时间调度，用于指定事件何时发生或者每隔多久发生一次，分别对应下面两个子句：

- AT 子句：指定事件在某时刻发生。其中，timestamp 表示一个具体的时间点，后面加上一个时间间隔，表示在这个时间间隔后事件发生；interval 表示这个时间间隔，由一个数值和单位构成；quantity 是间隔时间的数值。
- EVERY 子句：表示事件在指定时间区间内每间隔多长时间发生一次。其中，STARTS 子句用于指定开始时间，ENDS 子句用于指定结束时间。

③ event_body：指定事件启动后要执行的代码。如果包含多条语句，可以使用 BEGIN…END 复合结构。

④ ENABLE | DISABLE | DISABLE ON SLAVE：为可选项，表示事件的一种属性。其中，关键字 ENABLE 表示该事件是活动的，调度器检查事件时必须调用活动事件；DISABLE 表示事件是关闭的，关闭意味着事件的声明存储到目录中，但是调度器不会检查它是否应该调用；DISABLE ON SLAVE 表示事件在从机中是关闭的。如果不指定这三个选项中的任何一个，则在一个事件创建后，它立即变为活动的。

【例 11-1】在数据库 jxgl 中创建一个事件 event_static，每隔半年统计一下数据表 SC 中每学期学生选课的平均分，并将统计结果送到 D 盘的根目录下以统计当天日期为文件名的文本文件中，直到 2022 年 7 月 10 日结束。

输入如下命令：

```
USE jxgl;
```

将当前数据库切换为 jxgl 数据库。

输入如下命令创建事件：

```
DELIMITER **
CREATE EVENT IF NOT EXISTS event_static ON SCHEDULE EVERY 6 MONTH
    STARTS CURDATE()+INTERVAL 6 MONTH
    ENDS '2022-7-10'
    DO
    BEGIN
      set @abcd=concat("SELECT Sno,Oterm,avg(Grade) 平均分 FROM sc
      GROUP BY Sno,Oterm INTO OUTFILE 'd:\\",curdate(),".TXT'","LINES TERMINATED
BY '\r\n'");    # LINES TERMINATED BY '\r\n'使文本文件每行换行
      IF CURDATE()<'2022-7-10' THEN
       PREPARE EXECSQL FROM @abcd;
       EXECUTE EXECSQL;
      END IF;
    END **
DELIMITER ;
```

上述命令执行的情况如图 11-1 所示。

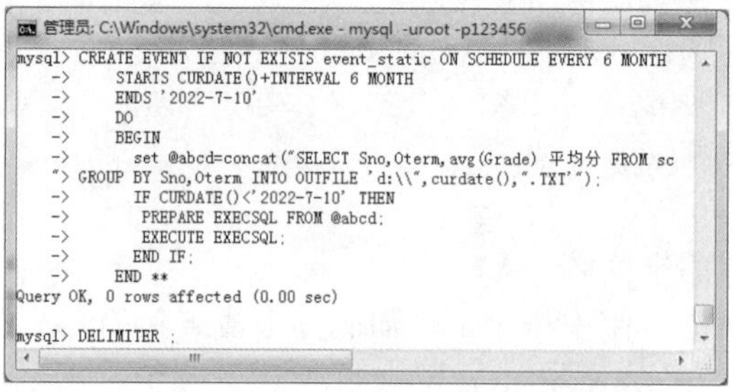

```
管理员: C:\Windows\system32\cmd.exe - mysql  -uroot -p123456
mysql> CREATE EVENT IF NOT EXISTS event_static ON SCHEDULE EVERY 6 MONTH
    ->     STARTS CURDATE()+INTERVAL 6 MONTH
    ->     ENDS '2022-7-10'
    ->     DO
    ->     BEGIN
    ->       set @abcd=concat("SELECT Sno,Oterm,avg(Grade) 平均分 FROM sc
    "> GROUP BY Sno,Oterm INTO OUTFILE 'd:\\",curdate(),".TXT'");
    ->       IF CURDATE()<'2022-7-10' THEN
    ->        PREPARE EXECSQL FROM @abcd;
    ->        EXECUTE EXECSQL;
    ->       END IF;
    ->     END **
Query OK, 0 rows affected (0.00 sec)

mysql> DELIMITER ;
```

图 11-1　例 11-1 创建事件的命令

该事件假设是 2020 年 9 月 1 日创建的，那么在 2021 年 3 月 1 日会自动在 D 盘创建一个 2021-03-01.TXT 文件，里面存放着每个学生每个学期选课平均成绩统计的情况。2021-03-01.TXT 文件中的数据如图 11-2 所示。

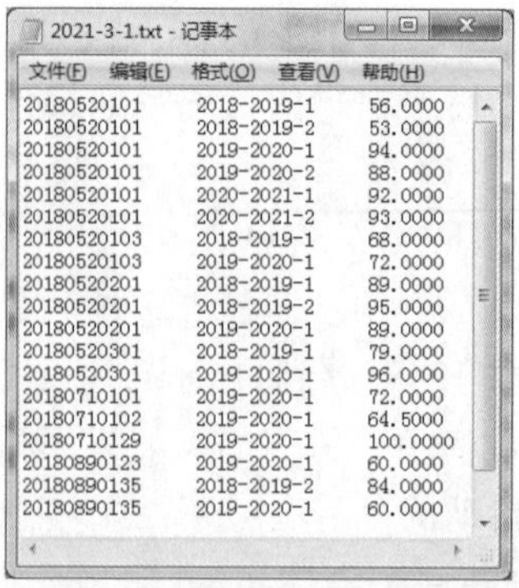

```
2021-3-1.txt - 记事本
文件(F)  编辑(E)  格式(O)  查看(V)  帮助(H)
20180520101    2018-2019-1    56.0000
20180520101    2018-2019-2    53.0000
20180520101    2019-2020-1    94.0000
20180520101    2019-2020-2    88.0000
20180520101    2020-2021-1    92.0000
20180520101    2020-2021-2    93.0000
20180520103    2018-2019-1    68.0000
20180520103    2019-2020-1    72.0000
20180520201    2018-2019-1    89.0000
20180520201    2018-2019-2    95.0000
20180520201    2019-2020-1    89.0000
20180520301    2018-2019-1    79.0000
20180520301    2019-2020-1    96.0000
20180710101    2019-2020-1    72.0000
20180710102    2019-2020-1    64.5000
20180710129    2019-2020-1    100.0000
20180890123    2019-2020-1    60.0000
20180890135    2018-2019-2    84.0000
20180890135    2019-2020-1    60.0000
```

图 11-2　例 11-1 事件执行后产生的文本文件内容

11.3 修改事件

修改事件的语法格式是：

```
ALTER EVENT event_name
    [ON SCHEDULE schedule]
    [RENAME TO new_event_name]
    [ENABLE | DISABLE | DISABLE ON SLAVE]
    [DO event_body]
```

ALTER EVENT 语句与 CREATE EVENT 语句语法相似，不再赘述。

【例 11-2】 将例 11-1 创建的事件 event_static 临时关闭。

输入如下命令可关闭事件 event_static。

```
ALTER EVENT event_static DISABLE;
```

【例 11-3】 将例 11-1 创建的事件 event_static 再次开启。

输入如下命令可开启事件 event_static。

```
ALTER EVENT event_static ENABLE;
```

【例 11-4】 将例 11-1 创建的事件 event_static 改名为 e_static。

输入如下命令可将事件 event_static 改名为 e_static。

```
ALTER EVENT event_static RENAME TO e_static;
```

11.4 删除事件

删除事件的语法格式是：

```
DROP EVENT [IF EXISTS] event_name;
```

【例 11-5】 将事件 e_static 删除。

输入如下命令可将事件 e_static 删除。

```
DROP EVENT IF EXISTS e_static;
```

实训内容与要求

对数据库 Sspj 中数据表 S、J、P、SPJ，完成下列事件的创建、修改、删除操作。

1. 在数据库 Sspj 中创建一个事件：spj_static，要求每个月 1 号将每种零件使用的总数量统计保存到磁盘 D 中以当天日期为文件名的文本文件中。

2. 使用 SHOW CREATE EVENT spj_static\G;查看事件创建的情况，并填写 STARTS 时间：______________。

3. 执行临时关闭事件 spj_static 的命令，并用 SHOW CREATE EVENT spj_static\G;查看事件修改的情况，分析有什么变化。

4. 执行再次开启事件 spj_static 的命令，并用 SHOW CREATE EVENT spj_static\G;查看事件修改的情况，分析有什么变化。

5. 执行将事件 spj_static 更名为 event_spj_static 的命令。

6. 执行将事件 event_spj_static 删除的命令。

数据库安全性

实训目的

掌握MySQL中用户的创建、用户授权与收回权限的基本操作。

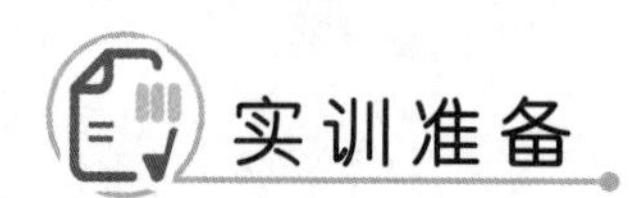

实训准备

本次实验使用jxgl数据库中的学生表Student、课程表Course、选课表SC，用户要熟悉这些表的结构及其数据。

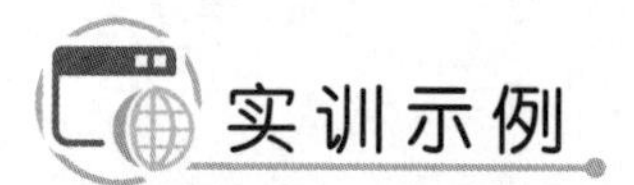

实训示例

12.1 数据库安全性概述

数据库的安全性是指保护数据库以防止不合法的使用造成的数据丢失、破坏和更改。一般数据库的安全性控制措施是分级设置的，用户需要利用用户名和口令登录，经系统核实后，由数据库管理系统DBMS分配其存取控制权限，对同一对象，不同的用户会有不同的许可。

MySQL提供了一套安全/授权系统，通过网络连接服务器的合法用户对MySQL数据库的访问由授权表内容来控制。涉及的安全管理有2个模块5个表。

1. 用户管理模块

主要负责用户登录连接相关的基本权限控制，有3个表。

① user表：列出可以连接服务器的用户和口令，并指定用户具有哪种全局权限。在user表启用的权限都是全局权限，并适用于所有数据库。例如，如果启用了UPDATE权限，在这里列出的所有用户都可以对任何表进行更新操作。

② db表：列出用户有权限访问的数据库，这里的权限是指用户适用于一个数据库中的所有表。

③ host表：与db表结合使用，控制特定主机对数据库的访问权限，比单独使用db好些。这个表不受GRANT和REVOKE语句的影响。

2. 访问授权控制模块

随时随地检查已经进门的访问者，校验他们是否具有访问所发出请求需要访问的数据的权限，涉及的表为：

① tables_priv 表：指定表级权限，指定的权限适用于一个表的所有列。

② columns_priv 表：指定列级权限，指定的权限适用于一个表的特定列。

MySQL 权限系统保证用户只执行允许做的事情。当连接 MySQL 服务器时，由连接的主机和用户名确定用户身份。发出连接请求后，系统根据身份和想做什么来授予权限。MySQL 存取控制包含两个阶段：

第一阶段：请求阶段。服务器检查是否允许连接。

第二阶段：验证阶段。在允许连接的情况下，服务器检查每个请求是否有足够的权限实施它。例如，如果从数据库表中选择行或从数据库表删除行，服务器就要确定用户对表是否有 SELECT 权限或对数据库表有 DELETE 权限。

MySQL 服务器在存取控制的两个阶段都使用 MySQL 数据库中的 user、db 和 host 表。在第二阶段，服务器执行请求验证以确保每个客户端有充分的权限满足访问需求。除了使用数据库中的 user、db 和 host 表外，如果请求涉及表，服务器可以另外参考 tables_priv 表和 columns_priv 表。

12.2 用户管理

MySQL 的用户账号及相关信息都存储在 MySQL 服务器的 mysql 数据库的 user 表中，并且用一个 user 列存储用户的登录名。输入如下命令：

```
SELECT user,host FROM mysql.user;
```

可以查看 MySQL 数据库的使用者账号和登录主机，查询结果如图 12-1 所示。

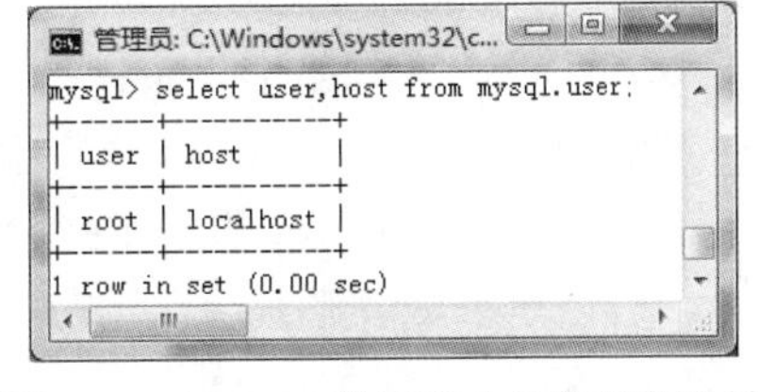

图 12-1 MySQL 数据库中的使用者账号

由图 12-1 可以看到，作为一个新安装的系统，当前只有一个 root 用户，它是由系统自动创建的，用户连接 MySQL 时所在的主机是本机。root 用户是 MySQL 管理员，具有对 MySQL 服务器完全控制的权限。

为避免恶意用户冒名使用 root 登录数据库，造成数据库中数据的损失，通常需要创建一些具备适当权限的账号，尽可能少用 root 账号登录 MySQL 服务器，以确保数据的安全访问。

12.2.1 创建用户账号

创建用户账号的语法是：

```
CREATE USER user_specification[, user_specification] ...
```

其中，user_specification 为：

```
    user [IDENTIFIED BY [PASSWORD] 'password'
       | IDENTIFIED WITH auth_plugin [AS 'auth_string']]
```

语法说明如下：

① user：创建的用户账号，其格式为：user_name@host_name。user_name 是用户名，host_name 是主机名，即用户连接 MySQL 时所在的主机。主机名可以是具体的 IP 地址，如果是在本机登录，可以用“localhost”。如果创建账户时，没有指定主机名，则主机名默认为“%”，意味着该账号在网络中的任意地方都可以访问 MySQL 服务器。

② IDENTIFIED BY：指定用户账号对应的口令，若不设置口令，该子句可以省略。

③ PASSWORD：可选项，以散列值格式给出口令，某明文对应的散列值可通过函数 PASSWORD( )计算得出。若直接使用明文设置口令，该选项可以省略。

④ password：指定账号的口令，在 IDENTIFIED BY 或 PASSWORD 之后。给定的口令可以是明文，也可以是明文对应的散列值。

⑤ IDENTIFIED WITH：用于指定验证用户账号的认证插件。

⑥ auth_plugin：指定认证插件的名称。

⑦ auth_string：是可选的字符串参数，该参数将传递给身份证插件，由该插件解释该参数的意义。

【例 12-1】创建两个用户，其用户名分别是 user1、user2，登录的主机名都是 localhost，user1 的口令设置为明文“123456”，user2 的口令设置为明文“123456”对应的散列值。

首先输入命令：

```
SELECT PASSWORD('123456');
```

求出明文“123456”对应的散列值：

```
*6BB4837EB74329105EE4568DDA7DC67ED2CA2AD9
```

再输入如下命令：

```
CREATE USER 'user1'@'localhost' IDENTIFIED BY '123456',
            'user2'@'localhost' IDENTIFIED BY PASSWORD
            '*6BB4837EB74329105EE4568DDA7DC67ED2CA2AD9';
```

即创建了用户 user1 和 user2，他们的登录密码都是“123456”。

使用 CREATE USER 语句创建用户，需要注意以下几点：

① 必须具有 mysql 数据库的 INSERT 权限或全局 CREATE USER 权限。

② 创建一个新账号后，系统会在 mysql 数据库的 user 表中增加一条新记录。如果创建的用户已经存在，则语句会出现错误。

③ 如果两个用户具有相同的用户名和不同的主机名，MySQL 会将它们视为不同的用户，并允许为这两个用户分配不同的权限集合。

④ 如果没有为用户指定口令，则该用户登录时不使用口令。

⑤ 新创建的用户拥有的权限很少。他们可以登录到 MySQL 服务器，只允许进行不需要权限的操作，如使用 SHOW 语句查询存储引擎和字符集列表等。

12.2.2 删除用户账号

删除用户账号的语法是：

```
DROP USER user1[,user2,…];
```

语法说明如下：

① DROP USER 可以用于删除一个或多个用户账号。

② 要使用 DROP USER 语句,用户必须具有数据库的 DELETE 权限或全局 CREATE USER 权限。

③ 如果删除的用户账号没有给出主机名，则默认主机名是“%”。

④ 删除了某个用户账号，不能删除他们创建的数据库对象，因为 MySQL 没有记录是哪个用户创建了这些数据库对象。

【例 12-2】删除用户账号 user1。

输入如下命令：

```
DROP USER user1;
```

屏幕会出现：ERROR 1396 (HY000): Operation DROP USER failed for 'user1'@'%'提示信息，原因是删除用户时，没有指明主机名，系统默认用户登录主机是“%”，但创建 user1 用户时指明的登录主机名是 localhost，所以系统当中没有 user1@%这个用户，出现提示错误信息。

输入如下命令：

```
DROP USER user1@localhost;
```

则系统会提示类似信息：Query OK, 0 rows affected (0.02 sec)，表明删除用户命令执行成功。

12.2.3 更名用户账号

更名用户账号的语法是：

```
RENAME USER old_user TO new_user[,old_user TO new_user, …];
```

语法说明如下：

① 要使用 RENAME USER 语句，用户必须具有数据库的 DELETE 权限或全局 CREATE USER 权限。

② 如果系统中旧账号不存在或者新账号已经存在，则语句执行会出现错误。

【例 12-3】将用户账号 user2 改名为 user_zhang。

输入如下命令：

```
RENAME USER user2@localhost TO user_zhang@localhost;
```

系统提示类似信息：Query OK, 0 rows affected (0.00 sec)，表明该更名用户账号命令执行成功。

12.2.4 修改用户账号口令

修改用户账号口令的语法是：

```
SET PASSWORD [FOR user]= { PASSWORD('new_password')|'encrypted password'};
```

语法说明如下：

① FOR user：指定要修改口令的用户账号，如果省略，则修改当前用户账号的口令。user 的格式必须以'username@hostname'的格式给出。

② PASSWORD('new_password')：表示使用函数 PASSWORD( )设置新口令 new_password，使新口令 new_password 通过函数 PASSWORD( )加密。

③ encrypted password：表示已被函数 PASSWORD()加密的口令值。

【例 12-4】将用户账号 user_zhang 的口令改为“654321”。

输入如下命令：

```
SET PASSWORD FOR user_zhang@localhost=PASSWORD('654321');
```

系统提示类似信息：Query OK, 0 rows affected (0.00 sec)，表明该修改用户账号口令命令执行成功。

此时，可输入命令：

```
SELECT user,password,host FROM mysql.user;
```

查看系统中已经创建的用户账号情况，如图 12-2 所示。

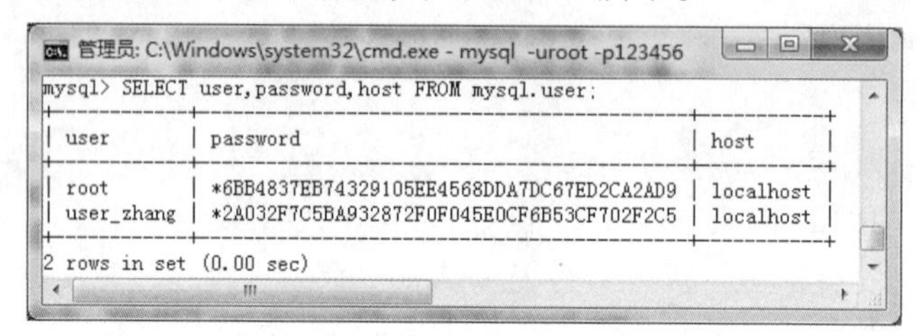

图 12-2　MySQL 数据库中的账号、口令及登录主机情况

12.3　用户账号权限管理

新创建的用户账号没有访问数据库的权限，只能登录 MySQL，不能执行任何数据库操作。使用 SHOW GRANTS FOR 语句可以查看前面创建的用户 user_zhang 的授权情况。输入如下命令：

```
SHOW GRANTS FOR user_zhang@localhost;
```

命令执行结果如图 12-3 所示。

```
管理员: C:\Windows\system32\cmd.exe - mysql -uroot -p123456
mysql> SHOW GRANTS FOR user_zhang@localhost;
+-------------------------------------------------------------------------------------------------------+
| Grants for user_zhang@localhost                                                                         |
+-------------------------------------------------------------------------------------------------------+
| GRANT USAGE ON *.* TO 'user_zhang'@'localhost' IDENTIFIED BY PASSWORD '*2A032F7C5BA932872F0F045E0CF6B53CF702F2C5' |
+-------------------------------------------------------------------------------------------------------+
1 row in set (0.00 sec)
```

图 12-3　用户 user_zhang 的权限情况

从图 12-3 可以看出，用户 user_zhang 只有权限 USAGE ON *.*，表示该用户对任何数据库和任何表都没有权限。

12.3.1　授予用户权限

使用如下语句授予用户权限：

```
GRANT
    priv_type [(column_list)] [, priv_type [(column_list)]] ...
    ON [object_type] priv_level
    TO user_specification [, user_specification] ...
    [REQUIRE {NONE | ssl_option [[AND] ssl_option] ...}]
    [WITH with_option ...]
```

其中，object_type 的格式为：

```
TABLE | FUNCTION | PROCEDURE
```

priv_level 的格式为：

```
    * | *.* | db_name.* | db_name.tbl_name | tbl_name | db_name.routine_ name
```

user_specification 的格式为:

```
user
[ IDENTIFIED BY [PASSWORD] 'password' |
 IDENTIFIED WITH auth_plugin [AS 'auth_string'] ]
```

ssl_option 的格式为:

```
SSL| X509 | CIPHER 'cipher' | ISSUER 'issuer' | SUBJECT 'subject'
```

with_option 的格式为:

```
  GRANT OPTION
| MAX_QUERIES_PER_HOUR count
| MAX_UPDATES_PER_HOUR count
| MAX_CONNECTIONS_PER_HOUR count
| MAX_USER_CONNECTIONS count
```

语法说明如下：

① priv_type：指定权限的名称，如 SELECT、UPDATE、DELETE 等数据库操作。

② column_list：可选项，用于指定权限要授予表中的哪些列。省略该选项，表示权限授予表中所有列。

③ ON 子句：用于指定权限授予的对象和级别。

④ object_type：可选项，用于指定权限授予的对象类型，包括表、函数和存储过程。

⑤ priv_level：用于指定权限的级别，有如下几类格式：

- *：表示当前数据库中的所有表。
- *.*：表示所有数据库中的所有表。
- db_name.*：表示某个数据库中的所有表。
- db_name.tbl_name：表示某个数据库中的某个表或视图。
- tbl_name：表示当前数据库中的某个表或视图。
- db_name.routine_name：表示某个数据库中的某个存储过程或函数。

⑥ TO 子句：用来设定用户账号的口令或创建用户账号。如果在 TO 子句中给系统中存在的用户指定口令，则新密码会将原密码覆盖；如果权限被授予给一个不存在的用户，MySQL 会先执行一条 CREATE USER 语句来创建这个用户账号，并必须为这个用户账号指定口令。可见，GRANT 语句亦可以用于创建用户账号。

⑦ user_specification：TO 子句中的具体用户账号和口令设定部分，与 CREATE USER 中的 user_specification 一样。

⑧ REQUIRE 子句：可选子句，是否使用安全协议连接数据库服务器。

⑨ ssl_option：安全传输协议的类型，有 SSL、X509、CIPHER 'cipher'、ISSUER 'issuer' 和 SUBJECT 'subject'。

⑩ WITH 子句：可选项，用于用户账号连接数据库服务器的限制。

【例 12-5】授予用户账号 user_zhang 具有查询数据库 jxgl 中数据表 Student 中学号和姓名列的权限。

以管理员 root 登录 MySQL 服务器，输入如下命令：

```
GRANT SELECT(Sno,Sname) ON jxgl.Student TO user_zhang@localhost;
```

即可完成对用户账号 user_zhang 授予查询数据库 jxgl 中数据表 Student 中学号和姓名列的

权限。输入命令：SHOW GRANTS FOR user_zhang@localhost;可以查看用户 user_zhang 的权限情况，如图 12-4 所示。

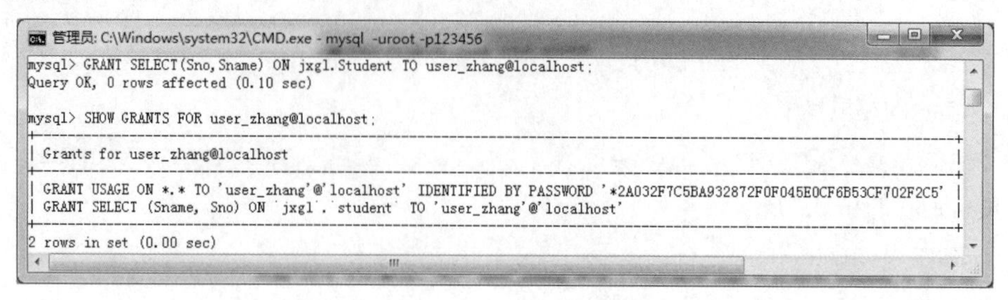

```
管理员: C:\Windows\system32\CMD.exe - mysql -uroot -p123456
mysql> GRANT SELECT(Sno,Sname) ON jxgl.Student TO user_zhang@localhost;
Query OK, 0 rows affected (0.10 sec)

mysql> SHOW GRANTS FOR user_zhang@localhost;
+--------------------------------------------------------------------------------------------------------------+
| Grants for user_zhang@localhost                                                                              |
+--------------------------------------------------------------------------------------------------------------+
| GRANT USAGE ON *.* TO 'user_zhang'@'localhost' IDENTIFIED BY PASSWORD '*2A032F7C5BA932872F0F045E0CF6B53CF702F2C5' |
| GRANT SELECT (Sname, Sno) ON `jxgl`.`student` TO 'user_zhang'@'localhost'                                    |
+--------------------------------------------------------------------------------------------------------------+
2 rows in set (0.00 sec)
```

图 12-4　用户 user_zhang 的权限情况

从图 12-4 可以看出，用户 user_zhang 具有了对数据库 jxgl 中数据表 Student 中学号和姓名列的查询权限。

【例 12-6】系统没有用户账号 lihua 和 zhaolong，创建这两个用户，并设置这两个用户拥有数据库 jxgl 中数据表 Student 的 SELECT 和 UPDATE 权限。

输入如下命令，可以创建要求的两个用户，并授予要求的权限。

```
GRANT SELECT,UPDATE ON jxgl.Student TO lihua@localhost IDENTIFIED BY '123456',
zhaolong@localhost IDENTIFIED BY '123456';
```

以上面创建的用户，如 lihua 登录系统，验证用户具有的权限，如图 12-5 所示，用户 lihua 利用 SELECT 命令查询数据库 Student 数据表的情况。

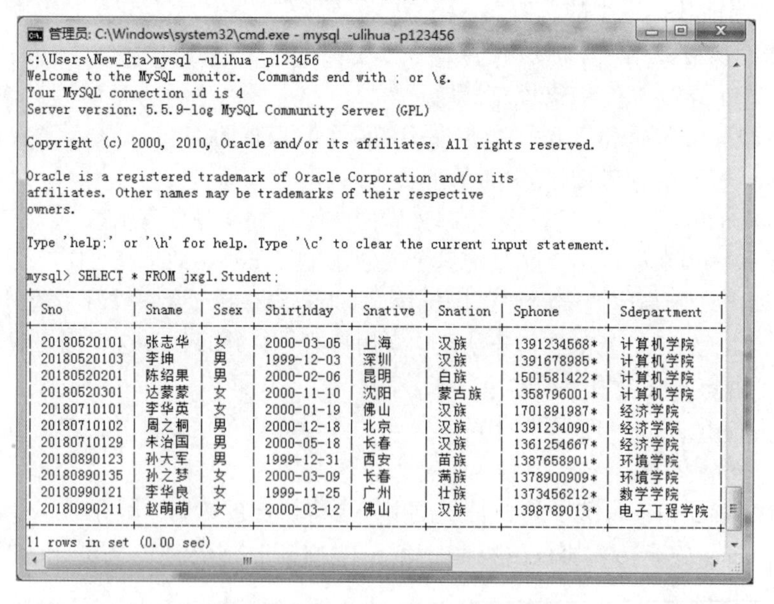

```
管理员: C:\Windows\system32\cmd.exe - mysql -ulihua -p123456
C:\Users\New_Era>mysql -ulihua -p123456
Welcome to the MySQL monitor.  Commands end with ; or \g.
Your MySQL connection id is 4
Server version: 5.5.9-log MySQL Community Server (GPL)

Copyright (c) 2000, 2010, Oracle and/or its affiliates. All rights reserved.

Oracle is a registered trademark of Oracle Corporation and/or its
affiliates. Other names may be trademarks of their respective
owners.

Type 'help;' or '\h' for help. Type '\c' to clear the current input statement.

mysql> SELECT * FROM jxgl.Student;
```

Sno	Sname	Ssex	Sbirthday	Snative	Snation	Sphone	Sdepartment
20180520101	张志华	女	2000-03-05	上海	汉族	1391234568*	计算机学院
20180520103	李坤	男	1999-12-03	深圳	汉族	1391678985*	计算机学院
20180520201	陈绍果	男	2000-02-06	昆明	白族	1501581422*	计算机学院
20180520301	达蒙蒙	女	2000-11-10	沈阳	蒙古族	1358796001*	计算机学院
20180710101	李华英	女	2000-01-19	佛山	汉族	1701891987*	经济学院
20180710102	周之桐	男	2000-12-18	北京	汉族	1391234090*	经济学院
20180710129	朱治国	男	2000-05-18	长春	汉族	1361254667*	经济学院
20180890123	孙大军	男	1999-12-31	西安	苗族	1387658901*	环境学院
20180890135	孙之梦	女	2000-03-09	长春	满族	1378900909*	环境学院
20180990121	李华良	女	1999-11-25	广州	壮族	1373456212*	数学学院
20180990211	赵萌萌	女	2000-03-12	佛山	汉族	1398789013*	电子工程学院

```
11 rows in set (0.00 sec)
```

图 12-5　用户 lihua 的 SELECT 权限

输入命令：

```
UPDATE jxgl.Student SET Snative='广州' WHERE Sno='20180520101';
```

则会将学号为 20180520101 学生的籍贯由“上海”修改为“广州”，如图 12-6 所示的第一条记录。

如果输入命令：DELETE FROM jxgl.Student;，则屏幕上会出现提示信息：ERROR 1142

(42000): DELETE command denied to user 'lihua'@'localhost' for table 'student'，表明系统拒绝用户 lihua 发出的 DELETE 命令，因为用户 lihua 不具有 DELETE 权限。

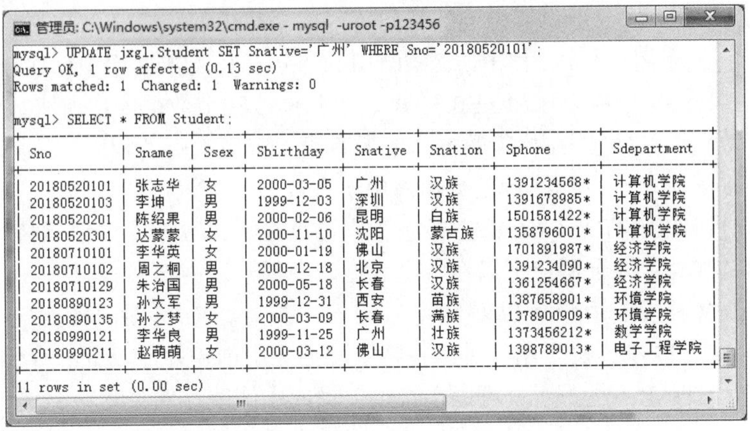

```
管理员: C:\Windows\system32\cmd.exe - mysql -uroot -p123456
mysql> UPDATE jxgl.Student SET Snative='广州' WHERE Sno='20180520101';
Query OK, 1 row affected (0.13 sec)
Rows matched: 1  Changed: 1  Warnings: 0

mysql> SELECT * FROM Student;
+-------------+--------+------+------------+---------+--------+-------------+--------------+
| Sno         | Sname  | Ssex | Sbirthday  | Snative | Snation| Sphone      | Sdepartment  |
+-------------+--------+------+------------+---------+--------+-------------+--------------+
| 20180520101 | 张志华 | 女   | 2000-03-05 | 广州    | 汉族   | 1391234568* | 计算机学院   |
| 20180520103 | 李坤   | 男   | 1999-12-03 | 深圳    | 汉族   | 1391678985* | 计算机学院   |
| 20180520201 | 陈绍果 | 男   | 2000-02-06 | 昆明    | 白族   | 1501581422* | 计算机学院   |
| 20180520301 | 达蒙蒙 | 女   | 2000-11-10 | 沈阳    | 蒙古族 | 1358796001* | 计算机学院   |
| 20180710101 | 李华英 | 女   | 2000-01-19 | 佛山    | 汉族   | 1701891987* | 经济学院     |
| 20180710102 | 周之桐 | 男   | 2000-12-18 | 北京    | 汉族   | 1391234090* | 经济学院     |
| 20180710129 | 朱治国 | 男   | 2000-05-18 | 长春    | 汉族   | 1361254667* | 经济学院     |
| 20180890123 | 孙大军 | 男   | 1999-12-31 | 西安    | 苗族   | 1387658901* | 环境学院     |
| 20180890135 | 孙之梦 | 女   | 2000-03-09 | 长春    | 满族   | 1378900909* | 环境学院     |
| 20180990121 | 李华良 | 男   | 1999-11-25 | 广州    | 壮族   | 1373456212* | 数学学院     |
| 20180990211 | 赵萌萌 | 女   | 2000-03-12 | 佛山    | 汉族   | 1398789013* | 电子工程学院 |
+-------------+--------+------+------------+---------+--------+-------------+--------------+
11 rows in set (0.00 sec)
```

图 12-6　用户 lihua 的 UPDATE 权限

【例 12-7】授予用户账号 lihua 拥有数据库 jxgl 中执行所有操作的权限。

首先，要以系统管理员 root 登录，然后输入如下命令：

```
GRANT ALL ON jxgl.* TO lihua@localhost;
```

即可完成将数据库 jxgl 中执行所有操作的权限授予给用户 lihua。

【例 12-8】授予用户账号 lihua 拥有创建用户的权限。

输入如下命令：

```
GRANT CREATE USER ON *.* TO lihua@localhost;
```

即可完成将创建用户的权限授予给用户 lihua。

在 GRANT 语句中，priv_type 的使用说明如下：

① 授予表权限时，priv_type 可以指定为以下值：

- SELECT：授予用户可以使用 SELECT 语句查询特定数据表的权限。
- INSERT：授予用户可以使用 INSERT 语句向一个特定数据表插入数据的权限。
- UPDATE：授予用户可以使用 UPDATE 语句更新特定数据表中值的权限。
- DELETE：授予用户可以使用 DELETE 语句删除特定数据表中数据行的权限。
- REFERENCES：授予用户可以创建外键来参照特定数据表的权限。
- CREATE：授予用户可以用 CREATE TABLE 语句创建数据表的权限。
- ALTER：授予用户可以用 ALTER TABLE 语句修改数据表的权限。
- INDEX：授予用户可以在表上定义索引的权限。
- DROP：授予用户可以删除数据表的权限。
- ALL 或 ALL PRIVILEGES：表示授予用户以上所有权限。

② 授予列权限时，priv_type 的值只能是 SELECT、UPDATE 和 DELETE，同时权限的后面要加上列名列表 column_list。

③ 授予数据库权限时，priv_type 可以指定为以下值：

- SELECT：授予用户可以使用 SELECT 语句查询特定数据库中所有表和视图的权限。
- INSERT：授予用户可以使用 INSERT 语句向特定数据库所有表插入数据的权限。

- UPDATE：授予用户可以使用 UPDATE 语句更新特定数据库中所有数据表中值的权限。
- DELETE：授予用户可以使用 DELETE 语句删除特定数据库中所有表中数据行的权限。
- REFERENCES：授予用户可以创建指向特定数据库中的表外键的权限。
- CREATE：授予用户可以用 CREATE TABLE 语句在特定数据库中创建新表的权限。
- ALTER：授予用户可以用 ALTER TABLE 语句修改特定数据库中所有数据表的权限。
- INDEX：授予用户可以在特定数据库的所有表上定义索引的权限。
- DROP：授予用户可以删除特定数据库中所有数据表和视图的权限。
- CREATE TEMPORARY TABLES：授予用户可以在特定数据库中创建临时表的权限。
- CREATE VIEW：授予用户可以在特定数据库中创建新视图的权限。
- SHOW VIEW：授予用户可以在特定数据库中查看已有视图的视图定义的权限。
- CREATE ROUTINE：授予用户可以在特定数据库中创建存储过程和存储函数的权限。
- ALTER ROUTINE：授予用户可以在特定数据库中修改存储过程和存储函数的权限。
- EXECUTE ROUTINE：授予用户可以在特定数据库中调用存储过程和存储函数的权限。
- LOCK TABLES: 授予用户可以在特定数据库中锁定已有数据表的权限。
- ALL 或 ALL PRIVILEGES：表示授予用户以上所有权限。

④ 授予用户权限时，priv_type 除了可以指定授予数据库权限时的所有权限外，还可以是下面的值：

- CREATE USER：授予用户可以创建和删除新用户的权限。
- SHOW DATABASES：授予用户可以查看所有数据库定义的权限。

12.3.2 用户权限的传递与限制

1. 用户权限的传递

如果给用户授权时带了 with grant option 子句，则表示 TO 子句中所指定的所有用户都具有把自己所拥有的权限授予其他用户的权利。

【例 12-9】授予当前系统中一个不存在的用户 zhao 在数据库 jxgl 中数据表 Student 上拥有 SELECT 和 UDATE 权限，并具有将权限授予给其他用户的权利。

首先，要使用管理员 root 登录 MySQL 服务器，然后输入如下命令：

```
GRANT SELECT,UPDATE ON jxgl.Student
 TO zhao@localhost IDENTIFIED BY '123456'
 WITH GRANT OPTION;
```

该语句即创建了用户 zhao 并授予其在数据库 jxgl 中数据表 Student 上拥有 SELECT 和 UDATE 的权限，并具有将权限授予给其他用户的权利。

2. 用户权限的限制

如果 WITH 子句后面跟的是 MAX_QUERIES_PER_HOUR count、MAX_UPDATES_PER_HOUR count、MAX_CONNECTIONS_PER_HOUR count、MAX_USER_CONNECTIONS count 中的某一项，则该语句可用于限制权限。其中：

- MAX_QUERIES_PER_HOUR count：表示每小时可以查询数据库的次数。
- MAX_UPDATES_PER_HOUR count：表示每小时可以修改数据库的次数。
- MAX_CONNECTIONS_PER_HOUR count：表示每小时可以连接数据库的次数。

- MAX_USER_CONNECTIONS count：表示同时连接 MySQL 的最大用户数。

这里，count 用于指定一个数值，对于前三个指定，count 如果为 0 则表示不起限制作用。

【例 12-10】 授予用户 zhao 在数据库 jxgl 中数据表 Student 上具有删除记录的权限，但每小时只能查询数据库 10 次。

输入如下命令：

```
GRANT DELETE ON jxgl.Student TO zhao@localhost IDENTIFIED BY '123456'
WITH MAX_QUERIES_PER_HOUR 10;
```

即可完成该例题的操作要求。

12.3.3 查看用户的权限

查看用户权限的语句是：

```
SHOW GRANTS FOR 用户;
```

例如，SHOW GRANTS FOR zhao@localhost; 命令能够查看用户 zhao@localhost 的权限。

12.3.4 撤销用户的权限

撤销用户权限的语句是：

```
REVOKE priv_type [(column_list)][, priv_type [(column_list)]] ...
    ON [object_type] priv_level
    FROM user1 [, user2] ...
```

或者：

```
REVOKE ALL PRIVILEGES, GRANT OPTION
    FROM user1 [, user2] ...
```

语法说明如下：

① 第一种语法用于收回某个或某些用户的特定权限。

② 第二种语法用于收回某个或某些用户的所有权限。

③ 要使用 REVOKE 语句，必须拥有 mysql 数据库的全局 CREATE USER 权限或 UPDATE 权限。

④ 删除了某个用户，则该用户所有权限一并撤销。

【例 12-11】 撤销用户 zhao 在数据库 jxgl 中数据表 Student 上的 SELECT 的权限。

输入如下命令：

```
REVOKE SELECT ON jxgl.Student FROM zhao@localhost;
```

即可完成该例题。

实训内容与要求

对数据库 Sspj 中数据表 S、J、P、SPJ，完成下列用户的创建、修改、删除以及权限操作。

1. 在数据库 Sspj 中创建 6 个用户：user_a、user_b、user_c、user_d、user_e、user_f，登录密码都是'654321'。

2. 使用 SELECT user,password,host FROM mysql.user;命令查看用户创建的情况，并填写 user_a 的 password 值是：＿＿＿＿＿＿＿＿。

3. 删除用户 user_f。

4. 授予用户 user_a、user_b 具有对数据库 Sspj 中数据表 S 的 SELECT、DELETE 权限。

5. 授予用户 user_c 具有对数据库 Sspj 中所有数据表进行操作的权限。

6. 授予用户 user_d 具有对所有数据库进行操作的权限。

7. 授予用户 user_e 具有对数据库 Sspj 中数据表 P 的 UPDATE 权限，并具有权限传递。

8. 授予系统中一个不存在的用户 user_g 具有对数据库 Sspj 中数据表 J 的 UPDATE 权限，并设置每小时可以修改数据库的次数为 20。

9. 将用户 user_d 的所有权限收回。

实训 13

数据库备份与恢复 «

实训目的

掌握在 MySQL 中进行各种备份和恢复的基本方式和方法。

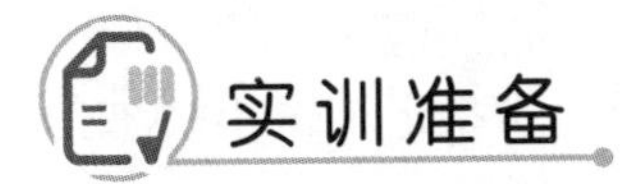

实训准备

本次实验使用 jxgl 数据库中的学生表 Student、课程表 Course、选课表 SC，用户要熟悉这些表的结构和其中的数据。

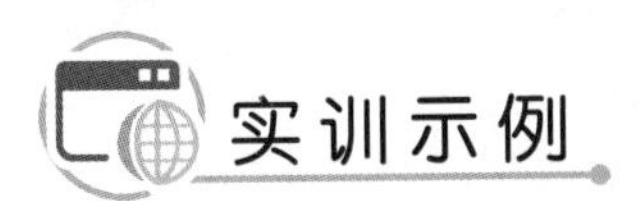

实训示例

13.1 MySQL 数据库备份和恢复的方法

在计算机使用过程中，由于计算机硬件故障、软件故障、计算机病毒、人为失误操作、自然灾害、黑客攻击等原因，有可能对数据库中的数据产生损坏，导致数据库数据不一致和不正确。面对这些因素可能会造成数据丢失或被破坏的风险，数据库系统提供了备份和恢复策略来保证数据库中数据的可靠性和完整性。

13.1.1 使用 SQL 语句备份和恢复表数据

在 MySQL 5.5 中，可以使用 SELECT INTO…OUTFILE 语句把表数据导出到一个文本文件中进行备份，使用 LOAD DATA…INFILE 语句恢复先前备份的数据。

1. SELECT INTO…OUTFILE 语句

该语句的语法格式是：

```
SELECT * FROM tb_name INTO OUTFILE 'file_name' [CHARACTER SET charset_name]
export_options
         |INTO DUMPFILE 'file_name'
```

其中，export_options 的格式为：

```
[FIELDS [TERMINATED BY 'string'][[OPTIONALLY]ENCLOSED BY 'char']
```

```
        [ESCAPED BY 'char'] ]
    [LINES TERMINATED BY 'string']
```

语法说明如下：

① 该语句的作用是将表中 SELECT 选择的所有数据行写入一个文件中，file_name 指定备份文件的名称。备份文件默认保存在服务器主机上 MySQL 服务器指定的“data”文件夹中，如果需要将备份文件保存在指定位置，需要在文件名前指定路径。在文件中，导出的数据行会以一定的格式存放，其中空值用“\N”表示。

② 语句使用关键字 OUTFILE 时，可以在 export_options 中加入以下两子句，以决定数据行在备份文件中存放的格式。

FIELDS 子句：FIELDS 子句中有三个亚子句，分别是 TERMINATED BY、[OPTIONALLY] ENCLOSED BY 和 ESCAPED BY。其中，TERMINATED BY 用来指定字段值之间的符号，例如，TERMINATED BY ',' 指定逗号作为两个字段值之间的分隔符号；ENCLOSED BY 子句用来指定包裹字符值的符号，例如，ENCLOSED BY '"'表示将文件中的字符值放在双引号之间，如果加上 OPTIONALLY 关键字，则表示所有值都放在双引号之间；ESCAPED BY 子句用来指定转义符，例如，ESCAPED BY '*'将星号“*”作为转义字符，取代“\”，如空值表示为“*N”。

如果 SELECT INTO…OUTFILE 语句指定了 FIELDS 子句，则必须至少指定 TERMINATED BY、[OPTIONALLY]ENCLOSED BY 和 ESCAPED BY 中的一个亚子句。

LINES 子句：LINES TERMINATED BY 'string'指定一个数据行结束的标志，例如，LINES TERMINATED BY '?'就指定一个数据行以“?”作为结束标志。

如果 SELECT INTO…OUTFILE 语句没有指定 FIELDS 子句和 LINES 子句，则默认是下面的子句：

```
FIELDS TERMINATED BY '\t' ENCLOSED BY '' ESCAPED BY '\\'
LINES TERMINATED BY '\n'
```

字段之间以“制表位”为分隔符号，以“空字符”作为字符型数据的包裹符号，以反斜线“\”作为转义字符，以“回车”作为数据行的结束标志。

③ 如果使用了关键字 DUMPFILE，而没有使用关键字 OUTFILE 时，创建的备份文件中的所有数据行都会彼此挨着放置，值和行之间没有任何标志。

【例 13-1】 备份数据库 jxgl 中数据表 Student 的全部数据到 C 盘的 BACKUP 目录下一个名为 backup_Student.txt 文件中。

输入如下语句：

```
SELECT * FROM jxgl.Student INTO OUTFILE 'C:\\BACKUP\\backup_Student.txt';
```

即将数据库 jxgl 中数据表 Student 的全部数据备份到 C 盘的 BACKUP 目录下一个名为 backup_Student.txt 文件中。这里需要注意，由于在路径中需要用反斜线“\”作为文件夹的分隔符号，而在 MySQL 中，默认情况下，反斜线“\”是作为转义字符的，所以这里的路径 'C:\\BACKUP\\backup_Student.txt'中盘符“C:”与文件夹“BACKUP”之间用了两个反斜线“\\”，第一个反斜线是转义字符，第二个反斜线才是真正输入的反斜线符号；文件夹“BACKUP”与文件“backup_Student.txt”之间的两个反斜线也是这个意思。同时，存放文件的文件夹要预先创建好，如果指定盘符下不存在指定的文件夹，会出现不能创建文件的提示信息。

备份文件 backup_Student.txt 的内容如图 13-1 所示。

由图 13-1 可以看出，字段之间以“制表位”为分隔符号，以“空字符”作为字符型数据的包裹符号，以“回车”作为数据行的结束标志。实际上，例 13-1 的命令执行后，在文本文件中是以一行的形式来显示所有备份数据的，需要执行文本文件菜单“格式”下的“自动换行”命令，才能以图 13-1 的格式显示数据。如果想执行完命令直接以图 13-1 的格式显示备份数据，则需要加上子句 LINES TERMINATED BY '\r\n'，子句中的'\r\n'参数直接将文本文件每一行设置为回车换行。例 13-1 的命令改成如下格式即可。

backup_Student.txt - 记事本

文件(F) 编辑(E) 格式(O) 查看(V) 帮助(H)

20180520101	张志华	女	2000-03-05	广州	汉族	1391234568*	计算机学院
20180520103	李坤	男	1999-12-03	深圳	汉族	1391678985*	计算机学院
20180520201	陈绍果	男	2000-02-06	昆明	白族	1501581422*	计算机学院
20180520301	达蒙蒙	女	2000-11-10	沈阳	蒙古族	1358796001*	计算机学院
20180710101	李华英	女	2000-01-19	佛山	汉族	1701891987*	经济学院
20180710102	周之桐	男	2000-12-18	北京	汉族	1391234090*	经济学院
20180710129	朱治国	男	2000-05-18	长春	汉族	1361254667*	经济学院
20180890123	孙大军	男	1999-12-31	西安	苗族	1387658901*	环境学院
20180890135	孙之梦	女	2000-03-09	长春	满族	1378900909*	环境学院
20180990121	李华良	女	1999-11-25	广州	壮族	1373456212*	数学学院
20180990211	赵萌萌	女	2000-03-12	佛山	汉族	1398789013*	电子工程学院

图 13-1　备份文件 backup_Student.txt 的内容

```
SELECT * FROM jxgl.Student INTO OUTFILE 'C:\\BACKUP\\backup_Student. txt'LINES
TERMINATED BY '\r\n';
```

【例 13-2】备份数据库 jxgl 中数据表 Student 的全部数据到 C 盘的 BACKUP 目录下一个名为 backup_Student1.txt 文件中。要求字段之间以逗号“,”为分隔符号，以双引号“"”作为字符型数据的包裹符号，以问号“?”作为数据行的结束标志。

输入如下语句：

```
SELECT * FROM jxgl.Student INTO OUTFILE 'C:\\BACKUP\\backup_Student1. txt'
FIELDS TERMINATED BY ',' OPTIONALLY ENCLOSED BY '"'
LINES TERMINATED BY '?';
```

则完成例 13-2 的要求，新备份的文件 backup_Student1.txt 的内容如图 13-2 所示。

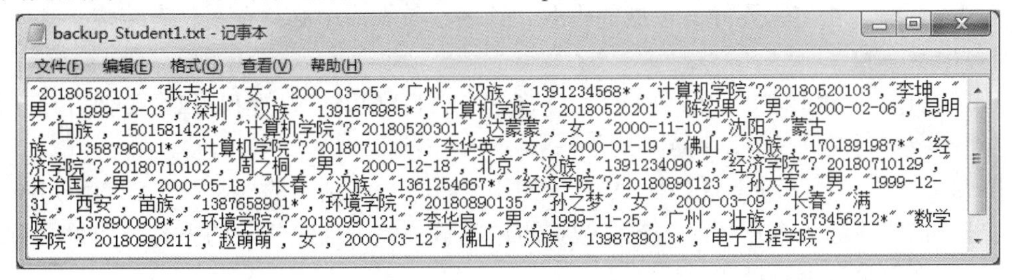

backup_Student1.txt - 记事本

文件(F) 编辑(E) 格式(O) 查看(V) 帮助(H)

"20180520101","张志华","女","2000-03-05","广州","汉族","1391234568*","计算机学院"?"20180520103","李坤","男","1999-12-03","深圳","汉族","1391678985*","计算机学院"?"20180520201","陈绍果","男","2000-02-06","昆明","白族","1501581422*","计算机学院"?"20180520301","达蒙蒙","女","2000-11-10","沈阳","蒙古族","1358796001*","计算机学院"?"20180710101","李华英","女","2000-01-19","佛山","汉族","1701891987*","经济学院"?"20180710102","周之桐","男","2000-12-18","北京","汉族","1391234090*","经济学院"?"20180710129","朱治国","男","2000-05-18","长春","汉族","1361254667*","经济学院"?"20180890123","孙大军","男","1999-12-31","西安","苗族","1387658901*","环境学院"?"20180890135","孙之梦","女","2000-03-09","长春","满族","1378900909*","环境学院"?"20180990121","李华良","男","1999-11-25","广州","壮族","1373456212*","数学学院"?"20180990211","赵萌萌","女","2000-03-12","佛山","汉族","1398789013*","电子工程学院"?

图 13-2　备份文件 backup_Student1.txt 的内容

由图 13-2 可以看出，备份文件 backup_Student1.txt 文件中，字段之间以逗号“,”为分隔符号，以双引号“"”作为字符型数据的包裹符号，以问号“?”作为数据行的结束标志。值得注意的是，在例 13-2 中，文本文件也是以一行的形式来显示所有备份数据的，需要执行文本文件菜单“格式”下的“自动换行”命令，才能以图 13-2 的格式显示数据。

2. LOAD DATA…INFILE 语句

用于将备份的文本文件装入数据表中。该语句的语法格式为：

```
LOAD DATA [LOW_PRIORITY | CONCURRENT] [LOCAL] INFILE 'file_name'
```

```
    [REPLACE | IGNORE]
    INTO TABLE tbl_name
    [CHARACTER SET charset_name]
    [{FIELDS | COLUMNS}
        [TERMINATED BY 'string']
        [[OPTIONALLY] ENCLOSED BY 'char']
        [ESCAPED BY 'char']
    ]
    [LINES
        [STARTING BY 'string']
        [TERMINATED BY 'string']
    ]
    [IGNORE number LINES]
    [(col_name_or_user_var,...)]
    [SET col_name = expr,...]
```

语法说明如下：

① LOW_PRIORITY | CONCURRENT：如果指定 LOW_PRIORITY，当有其他线程使用数据表时，则延迟 LOAD DATA 语句的执行；如果指定 CONCURRENT，则当 LOAD DATA 语句正在执行时其他线程可以同时使用该表的数据。

② LOCAL：如果指定了 LOCAL，则文件会被客户主机上的客户端读取，并被发送到服务器，需要给文件一个完整的路径名，以指定文件的确切位置。如果没有指定 LOCAL，则文件必须位于服务器上，并且被服务器直接读取。与服务器直接读取文件相比，使用 LOCAL 的速度会慢些，这是由于文件的内容必须通过客户端发送到服务器上。

③ file_name：待导入的数据库备份文件，需要指定文件所在的路径。

④ REPLACE | IGNORE：如果指定 REPLACE，则当导入文件中出现与数据库中原有行相同的唯一关键字时，则输入行会替换原有行；如果指定 IGNORE，则把与原有行有相同的唯一关键字值的输入行跳过。

⑤ tbl_name：指定需要导入数据的表名，该表在数据库中必须存在，表结构必须与导入文件的数据行一致。

⑥ FIELDS | COLUMNS：与 SELECT INTO…OUTFILE 语句中的 FIELDS 类似，用于判断字段之间和数据行之间的分隔符号。

⑦ LINES 子句：TERMINATED BY 亚子句用来指定一行结束的标志；STARTING BY 亚子句指定一个前缀，导入数据行时，忽略数据行中的该前缀和前缀之前的内容。如果某行不包括该前缀，则整个数据行被跳过。

⑧ IGNORE number LINES：用于忽略导入文件的前几行，例如，IGNORE 5 LINES 可以跳过导入文件的前 5 行。

⑨ col_name_or_user_var：用于导入表的部分列时指定的列名（字段名）清单。

⑩ SET col_name = expr：可以在导入数据时修改表中列的值。

【例 13-3】将例 13-2 备份的 backup_Student1.txt 文件导入数据库 jxgl 中与 Student 结构一样的数据表 Student_copy 中。

首先，创建一个与数据库 jxgl 中的 Student 结构一样的数据表 Student_copy。输入如下命令：

```
CREATE TABLE jxgl.Student_copy LIKE jxgl.Student;
```

然后，输入如下导入数据命令：

```
LOAD DATA INFILE 'C:\\BACKUP\\backup_Student1.txt'
INTO TABLE jxgl.Student_copy
FIELDS TERMINATED BY ',' OPTIONALLY ENCLOSED BY '"'
LINES TERMINATED BY '?';
```

再输入命令：

```
SELECT * FROM jxgl.Student_copy;
```

上述命令执行结果如图 13-3 所示，可以看出，数据表 jxgl.Student_copy 中的数据与数据表 jxgl.Student 中的数据一样。

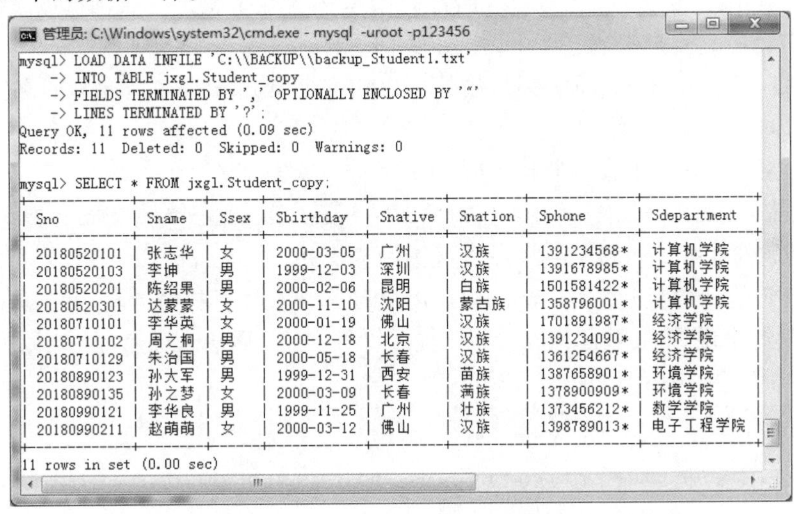

Sno	Sname	Ssex	Sbirthday	Snative	Snation	Sphone	Sdepartment
20180520101	张志华	女	2000-03-05	广州	汉族	1391234568*	计算机学院
20180520103	李坤	男	1999-12-03	深圳	汉族	1391678985*	计算机学院
20180520201	陈绍果	男	2000-02-06	昆明	白族	1501581422*	计算机学院
20180520301	达蒙蒙	女	2000-11-10	沈阳	蒙古族	1358796001*	计算机学院
20180710101	李华英	女	2000-01-19	佛山	汉族	1701891987*	经济学院
20180710102	周之桐	男	2000-12-18	北京	汉族	1391234090*	经济学院
20180710129	朱治国	男	2000-05-18	长春	汉族	1361254667*	经济学院
20180890123	孙大军	男	1999-12-31	西安	苗族	1387658901*	环境学院
20180890135	孙之梦	女	2000-03-09	长春	满族	1378900909*	环境学院
20180990121	李华良	男	1999-11-25	广州	壮族	1373456212*	数学学院
20180990211	赵萌萌	女	2000-03-12	佛山	汉族	1398789013*	电子工程学院

图 13-3　例 13-3 命令执行及导入数据表的数据

在数据库备份的过程中，需要注意，在多个用户同时使用 MySQL 数据库的情况下，为了得到一个一致的数据库备份，需要在指定的表上使用 LOCK TABLES table_name READ 做一个读锁定，以防止在备份过程中表被其他用户更新；当恢复数据时，需要使用 LOCK TABLES table_name WRITE 语句做一个写锁定，以避免发生数据冲突。在数据库备份或恢复之后用 UNLOCK TABLES 语句对数据表进行解锁。

13.1.2　使用客户端实用程序备份和恢复数据

MySQL 提供了一些客户端实用程序用于数据库的备份与恢复。mysqldump 程序和 mysqlimport 程序就是两个常用的用于实现数据库备份和恢复的实用工具。这些实用程序放在 MySQL 安装目录下的 bin 子目录中，使用 mysqldump 和 mysqlimport 程序时，需要将 bin 目录切换为当前目录；或将 bin 目录添加到 Windows PATH（一般情况下，在安装 MySQL 时就已经将 bin 目录添加到 Windows PATH 中）中后，直接在客户端上使用，不用再将 bin 目录切换为当前目录。

1. 使用 mysqldump 程序备份数据

该命令可以备份数据表结构及数据表数据，还可以备份一个数据库，甚至整个数据库系统。

（1）备份数据表

语法格式是：

```
mysqldump [OPTIONS] database [tables]>filename
```

语法说明如下：

① OPTIONS：mysqldump 命令支持的选项，可以通过 mysqldump --help 得到更多详细信息。

② database：指定要备份的数据库的名称，其后面可加上数据表的名称，备份该数据库中指定的数据表；如果省略数据表的名称，就备份整个数据库。

③ filename：指定备份文件的名称，如果指定了多个需要备份的数据表，这些数据表都会保存在这个文件中。需要指定备份文件的路径。

④ 使用该命令时，需要指定用户账号。具体格式是：-h[hostname] -u[username] -p[password]。其中，-h 选项后面是主机名，如果是本地服务器，该选项可以省略；-u 后面是用户名；-p 后面是用户密码，-p 和密码之间不能有空格。

【例 13-4】使用 mysqldump 命令备份数据库 jxgl 中的数据表 Student，备份文件名为 Student.sql，保存在 C 盘 backup 文件夹下。

在命令行窗口输入如下命令并按【Enter】键：

```
mysqldump -h localhost -u root -p123456 jxgl Student >c:\backup\Student.sql
```

完成该例题的任务，如图 13-4 所示。在图 13-4 中。“C:\Users\New_Era>”为系统提示符号，与每个读者的计算机建立的 Windows 用户有关，本计算机登录的 Windows 用户名为“New_Era”，因此出现“C:\Users\New_Era>”提示符号，在其后输入命令即可。以下提到的“命令行窗口”界面特指图 13-4 的情况。

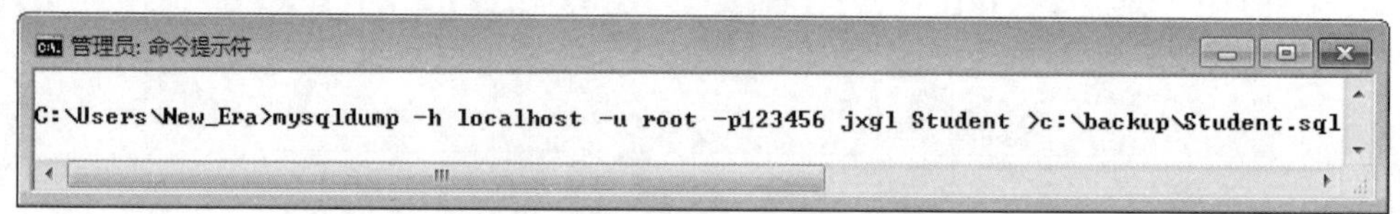

图 13-4　例 13-4 命令执行的界面

执行命令后，在 C 盘 backup 文件夹下会产生文件 Student.sql。读者可以在记事本中打开 Student.sql 文件，会发现里面保存有创建数据表 Student 的命令以及插入数据的命令，以该文件恢复数据表时，其实是执行该文件中的这些命令。

（2）备份数据库

语法格式是：

```
mysqldump [OPTIONS] --databases [OPTIONS] DB1 [DB2 DB3...] >filename
```

【例 13-5】使用 mysqldump 命令备份数据库 jxgl，备份文件名为 jxgl.sql，保存在 C 盘 backup 文件夹下。

在命令行窗口输入如下命令并按【Enter】键：

```
mysqldump -u root -p123456 --database jxgl >c:\backup\jxgl.sql
```

执行该命令后，在 C 盘 backup 文件夹下会产生文件 jxgl.sql。读者可以在记事本中打开 jxgl.sql 文件，会发现其中保存有创建数据库 jxgl、创建学生表 Student、课程表 Course、选课表 SC 的命令以及对各个数据表的插入数据的命令，同时包括创建的索引、存储过程、存储函数、事件等命令。以该文件恢复数据库时，其实是执行该文件中的这些命令。

如果发现文件 jxgl.sql 中的中文显示乱码，可以加入字符集子句，如下命令所示：

```
mysqldump -u root -p123456 --default-character-set=gbk --database jxgl >c:\backup\jxgl.sql
```

（3）备份整个数据库系统

语法格式是：

```
mysqldump [OPTIONS] --all-databases [OPTIONS]>filename
```

【例 13-6】使用 mysqldump 命令备份 MySQL 服务器上的所有数据库，备份文件名为 alldata.sql，保存在 C 盘 backup 文件夹下。

在命令行窗口输入如下命令并按【Enter】键：

```
mysqldump -u root -p123456 --all-database>c:\backup\alldata.sql
```

如果出现中文乱码，则输入如下命令：

```
mysqldump -u root -p123456 --default-character-set=gbk --all-database>c:\backup\alldata.sql
```

尽管使用 mysqldump 程序可以有效地导出表的结构，但在恢复数据的时候，如果数据量很大，备份文件中大量的 SQL 语句会使恢复的效率很低。恢复命令中的“--tab”选项会分开创建数据表结构和表记录的 SQL 语句。

【例 13-7】使用 mysqldump 命令将数据库 jxgl 中表的结构和数据分别备份到 C 盘 backup 文件夹下。

在命令行窗口输入如下命令并按【Enter】键：

```
mysqldump -u root -p123456 jxgl --tab=c:\backup\
```

执行上述命令后，在 C 盘的 backup 文件夹下会有数据库 jxgl 中所有数据表的结构和对应数据表记录数据的文件，如 Student.sql 包含 jxgl 数据库中数据表 Student 结构的创建语句，Student.txt 中包含 jxgl 数据库中数据表 Student 的记录数据。

可以使用命令：mysqldump --help 查询 mysqldump 命令的详细信息。

2. 使用 mysql 命令恢复数据

可以通过 mysql 命令将 mysqldump 程序备份的文件中的 SQL 语句还原到 MySQL 服务器中，从而恢复损坏的数据库。mysql 命令的语法格式是：

```
mysql [OPTIONS] [database]
```

语法说明如下：

① OPTIONS：mysql 命令支持的可选项，可以使用命令：mysql --help 查询 mysql 命令的详细信息。

② database：要恢复的数据库名称。

③ 需要提供-h、-u、-p 信息来连接 MySQL 服务器。

【例 13-8】假设数据库 jxgl 已经损坏，使用 mysql 命令将数据库备份文件 jxgl.sql 恢复到 MySQL 服务器中。

在命令行窗口输入如下命令并按【Enter】键：

```
mysql -u root -p123456 jxgl< c:\backup\jxgl.sql
```

即将路径“c:\backup\jxgl.sql”指定的文件 jxgl.sql 恢复到 MySQL 服务器中。

【例 13-9】假设数据库 jxgl 中数据表 Student 的结构已经损坏，使用 mysql 命令将数据表 Student 的结构备份文件 Student.sql 恢复到 MySQL 服务器中。

在命令行窗口输入如下命令并按【Enter】键：

```
mysql -u root -p123456 jxgl< c:\backup\Student.sql
```

即可将 Student 结构重新恢复。

3. 使用 mysqlimport 命令恢复数据

mysqlimport 命令提供了 LOAD DATA…INFILE 语句的一个命令行接口，它发送一个 LOAD DATA…INFILE 命令到服务器运行。mysqlimport 命令的语法格式是：

```
mysqlimport [OPTIONS] database textfile …
```

语法说明如下：

① OPTIONS：mysqlimport 命令支持的可选项，可以使用 mysqlimport --help 命令查看选项的详细信息。常用的选项有：

- -d，--delete：在导入文本文件之前清空表中所有的数据行。
- -l，--lock-tables：在处理任何文本文件之前锁定所有表，以保证所有表在服务器上同步，但对于 InnoDB 类型的表则不必锁定。
- --low-priority、--local、--replace、--ignore：分别对应 LOAD DATA…INFILE 语句中的 LOW_PRIORITY、LOCAL、REPLACE 和 IGNORE 关键字。

② database：要恢复的数据库名称。

③ textfile：备份数据的文本文件名。

④ 需要提供-h、-u、-p 信息来连接 MySQL 服务器。

【例 13-10】使用 mysqlimport 命令将数据表的数据备份文件 Student.txt 恢复到数据库 jxgl 中的 Student 数据表中。

在命令行窗口输入如下命令并按【Enter】键：

```
mysqlimport -u root -p123456 jxgl c:\backup\Student.txt
```

即可完成例 13-10 的要求。

如果要清空数据表中原有的数据记录，只把备份数据文件中的数据作为恢复数据表中的记录数据，可以输入如下命令并按【Enter】键：

```
mysqlimport -u root -p123456 --replace jxgl c:\backup\Student.txt
```

13.2 利用二进制日志恢复数据

在恢复数据库数据时，只能恢复已经备份的文件，而在备份文件之后更新的数据就无法恢复了。遇到这种情况时，可以使用更新日志，更新日志实时记录了数据库中数据插入、修改和删除的 SQL 语句。

在 MySQL 5.5 中，更新日志被二进制日志取代。由于二进制日志中包含了数据备份之后的所有更新，因此可以利用二进制日志进行数据恢复。

13.2.1 开启日志文件

MySQL 如果启用日志文件，会使系统性能降低，所以，默认情况下，MySQL 不开启日志文件。开启日志文件，需要手工开启。手工开启日志文件，需要打开 MySQL 安装目录中的 my.ini 文件。例如本机的安装目录为“C:\Program Files\MySQL\MySQL Server 5.5”，将当前目录切换到该目录，即可看到my.ini文件，在记事本中打开my.ini文件。

在my.ini文件的[mysqld]标签下，添加一行语句：

```
log-bin=C:/backup/log/bin_log
```

这里，是将日志文件保存在C盘backup文件夹下的log文件中，日志文件名是bin_log。读者可以根据实际情况确定日志文件保存的目录。

保存修改后，重新启动MySQL服务器。在C盘backup文件夹下的log文件夹中可以看到bin_log.000001和bin_log.index两个文件，它们是服务器自动创建的文件。bin_log.000001是二进制日志文件，用于保存数据库更新信息，当这个日志文件的大小达到最大时，MySQL会自动创建一个新的二进制文件。bin_log.index是二进制索引文件，包含所使用的二进制日志文件的文件名。

每次重新启动MySQL服务器，都会自动创建一个新的二进制日志文件，文件名为bin_log.数字编号，数字编号依次为000001、000002等。

13.2.2 使用mysqlbinlog工具处理日志

1. 查看二进制日志文件

查看二进制日志文件的命令格式是：

```
mysqlbinlog [options] log_files
```

可以运行命令：mysqlbinlog --help查看mysqlbinlog的详细信息。

【例13-11】查看二进制日志文件bin_log.000001的内容。

在命令行窗口输入如下命令并按【Enter】键：

```
mysqlbinlog C:/backup/log/bin_log.000001
```

执行该条命令可以查看二进制日志文件bin_log.000001的内容。

也可以将二进制日志文件保存到一个文本文件中，例如命令：

```
mysqlbinlog C:/backup/log/bin_log.000001 > C:/backup/log/bin_log000001. txt
```

就将二进制文件bin_log.000001保存到了文本文件bin_log000001.txt中。

2. 使用二进制日志文件恢复数据

使用mysqlbinlog恢复数据的语句格式是：

```
mysqlbinlog [options] log_files…| mysql [options]
```

【例13-12】假设系统管理员在星期日24点之前使用mysqldump工具进行了数据库jxgl的完全备份，备份文件为jxgl.sql。从星期一零点开始启用日志，从星期一零点到星期三下午5点的所有更改信息保存在日志文件bin_log.000001中，从星期三下午5点开始到星期四下午3点的内容都保存在日志文件bin_log.000002中，星期四下午3点数据库出现故障。现要求将数据库恢复到星期四下午3点的状态。

恢复过程需要三个步骤：

① 使用mysql命令将数据库恢复到星期日24点的状态。

在命令行窗口输入如下命令并按【Enter】键：

```
mysql -u root -p123456 jxgl<jxgl.sql
```

② 使用mysqlbinlog工具将数据库恢复到星期三下午5点时的状态。

在命令行窗口输入如下命令并按【Enter】键：

```
mysqlbinlog bin_log.000001 | mysql -u root -p123456
```

③ 使用 mysqlbinlog 工具将数据库恢复到星期四下午 3 点时的状态。

在命令行窗口输入如下命令并按【Enter】键：

```
mysqlbinlog bin_log.000002 | mysql -u root -p123456
```

至此，就完成了整个数据库的恢复过程。

由于二进日志文件会占用较大的硬盘空间，所以应及时清除无用的二进制日志文件。登录 MySQL 服务器后，可用下面三条命令之一删除二进制日志文件。

① RESET MASTER;

该语句删除所有日志文件。

② PURGE {MASTER|BINARY} LOGS TO 'log_name';

该语句删除指定文件名的日志文件。log_name 为日志文件名。

③ PURGE {MASTER|BINARY} LOGS BEFORE 'date';

该语句用于删除指定时间 date 之前的所有日志文件。

实训内容与要求

对数据库 Sspj 中数据表 S、J、P、SPJ，完成下列要求的数据库备份与恢复操作。

1. 使用 SELECT INTO…OUTFILE 语句将数据表 S 的数据备份到 D 盘的 backup 文件夹下，备份文件名为 backup_S.sql。

2. 使用 mysqldump 语句将数据表 J 的数据备份到 D 盘 backup 文件夹下，备份文件名为 backup_J.sql。

3. 用记事本分别打开 backup_S.sql 文件和 backup_J.sql 文件，分析它们之间的不同之处。

4. 使用 mysqldump 语句将数据库 Sspj 备份到 D 盘 backup 文件夹下，备份文件名为 backup_Sspj.sql。

5. 将数据表 J 的所有数据删除，然后使用 mysql 命令将备份文件 backup_J.sql 进行恢复操作。

6. 制定 Sspj 数据库差异备份和恢复策略。星期一下午 5 点制作了完全备份，启用日志文件，星期三下午 5 点重启 MySQL 服务器，星期五上午 10 点数据库服务器出现故障。给出该数据库差异备份和恢复策略的步骤及命令。

实训 14

使用 MySQL Workbench 操作数据库 ‹‹‹

实训目的

熟悉可视化工具 MySQL Workbench 的功能，掌握利用该工具进行数据库操作。

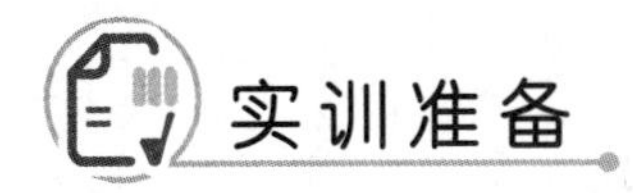

实训准备

本次实训使用 jxgl 数据库中的学生表 Student、课程表 Course、选课表 SC，用户要熟悉这些表的结构和其中的数据，熟悉前面学习的利用 SQL 语句操作数据库的过程。本次实训创建数据库 jxgl1，数据表结构和内容仍然是学生表 Student、课程表 Course、选课表 SC。

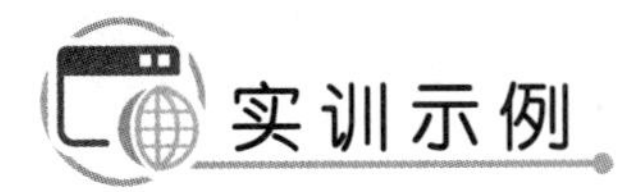

实训示例

14.1 MySQL Workbench 主界面

打开 MySQL Workbench，其主界面如图 14-1 所示。

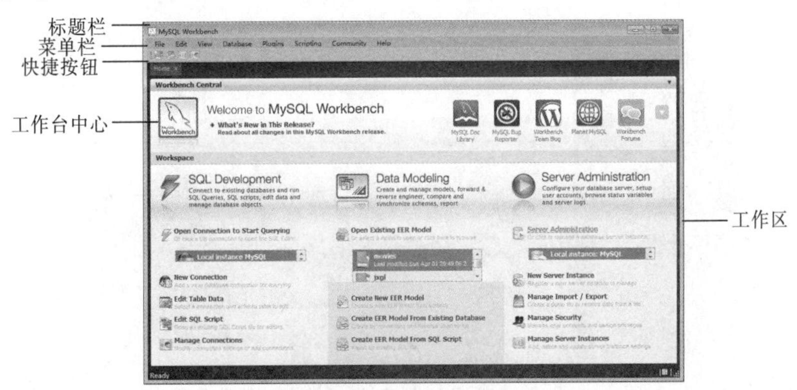

图 14-1　MySQL Workbench 主界面

MySQL Workbench 主界面有两个主要部分：工作台中心和工作区。在工作台中心，可以获得 MySQL Workbench 的新闻、活动和资源。在工作区，分为三个主要区域：SQL 开发、数据建模、服务器管理。

14.2 服务器管理

在 MySQL Workbench 主界面服务器管理区域，包含服务器管理、新服务器实例、管理数据导入/导出、管理安全、管理服务器实例。

14.2.1 创建服务器实例

单击图 14-1 中的 New Server Instance 按钮，打开创建服务器实例向导，如图 14-2 所示。

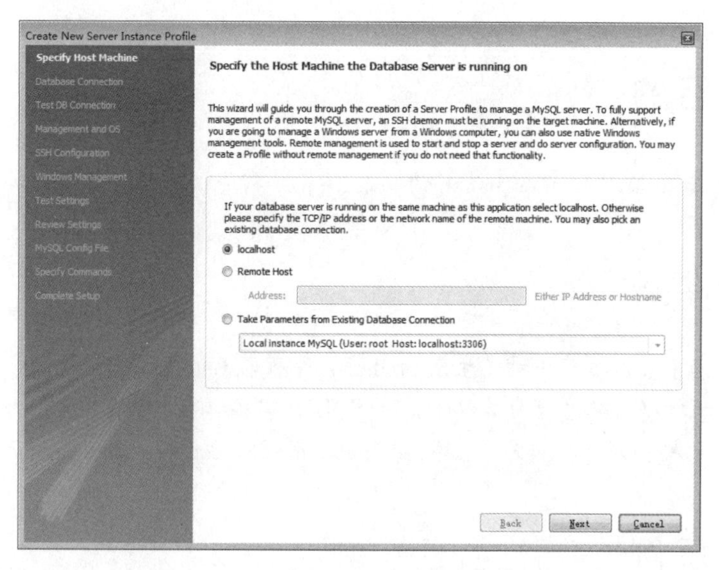

图 14-2 创建新服务器实例—选择主机

在图 14-2 中，如果 MySQL 运行在本台机器，选择 localhost，如果运行在其他计算机上，则选择 Remote Host，并在 Address 文本框中输入远程计算机的 IP 地址。在本书中，MySQL 运行在本台机器，所以选择 localhost，并单击 Next 按钮，打开数据库连接设置，如图 14-3 所示。

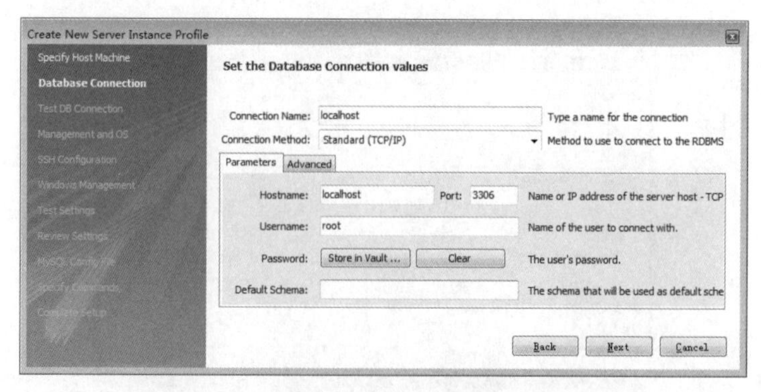

图 14-3 创建新服务器实例—数据库连接设置

在图 14-3 中，在 Username 文本框中输入登录服务器的用户名，默认为 root，单击 Store in Vault 按钮录入 root 的密码，从而允许每次连接 MySQL 时不用输入密码；也可以不设置，在每次连接 MySQL 服务器时再输入。也可以输入其他用户名和密码。本书使用 root 用户来连接服务器，也不设置存储 root 密码。

图 14-4　输入用户 root 的密码

设置完成后，单击 Next 按钮，弹出输入密码对话框，如图 14-4 所示。在图 14-4 输入密码后，单击 OK 按钮，进入图 14-5 所示数据库连接测试结果界面。

在图 14-5 中，MySQL 服务器版本是 5.5.9，安装在 Windows 操作系统上。单击 Next 按钮，进入为本机设置 Windows 配置参数界面，如图 14-6 所示。

在图 14-6 中，选择服务 MySQL，并确定配置文件所在的路径，本书配置文件路径为：C:\Program Files\MySQL\MySQL Server 5.5\my.ini。单击 Next 按钮，进入测试主机设置界面，如图 14-7 所示。

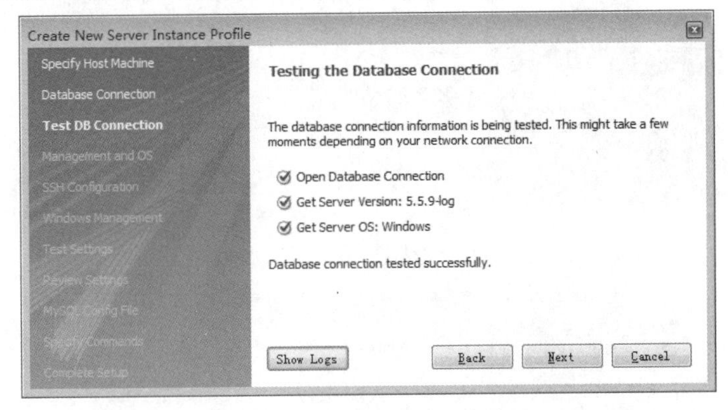

图 14-5　数据库连接测试结果

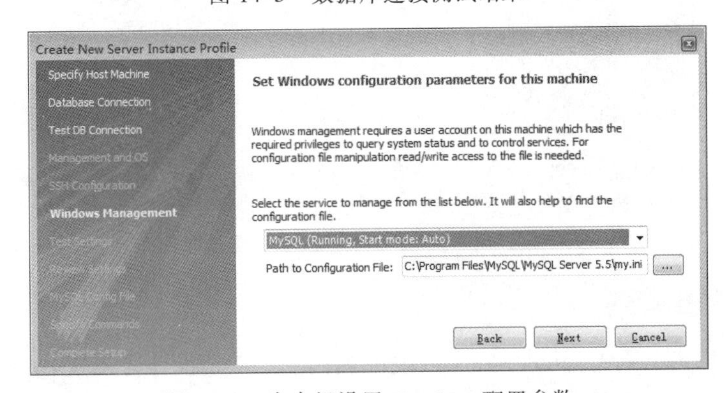

图 14-6　为本机设置 Windows 配置参数

在图 14-7 中，单击 Next 按钮，进入评估服务器实例设置界面，如图 14-8 所示。在图 14-8 中，直接单击 Next 按钮，进入图 14-9 所示的创建服务器实例文件界面。

在图 14-9 中的 Server Instance Name 文本框中输入服务器实例名称，如 Mysql1，单击 Finish 按钮完成服务器实例的创建。

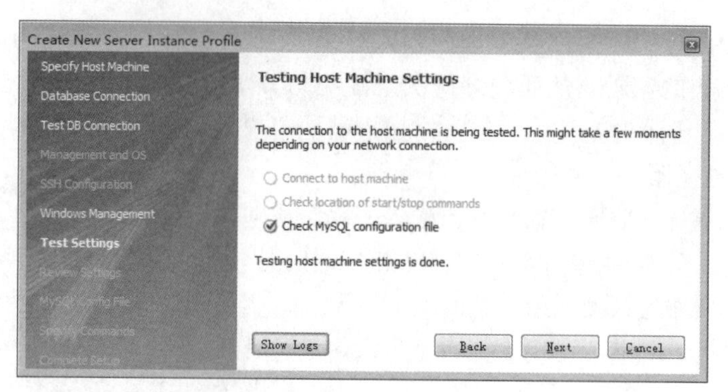

图 14-7 测试主机设置界面

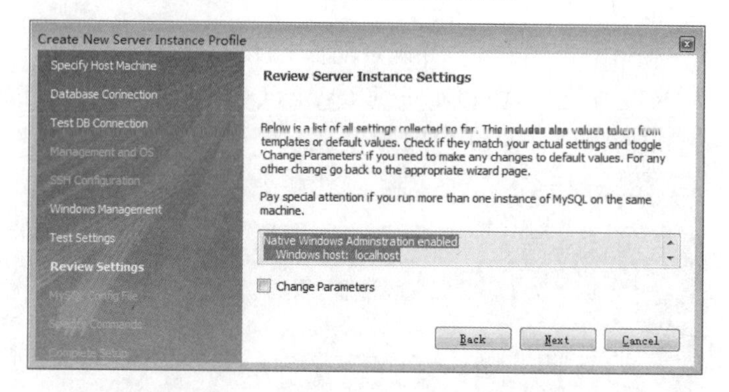

图 14-8 评估服务器实例设置界面

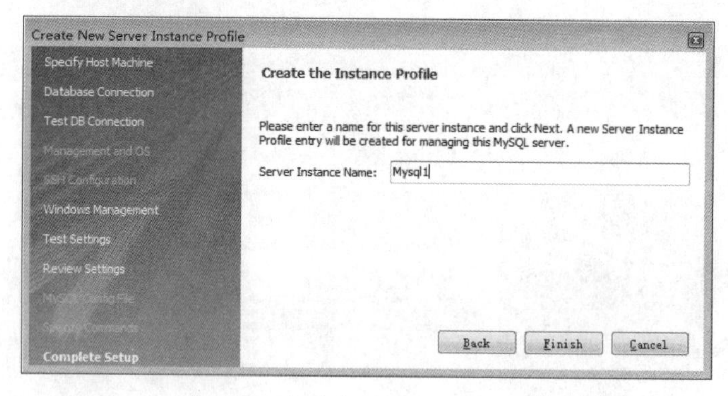

图 14-9 创建服务器实例配置文件界面

14.2.2 管理服务器实例

在服务器管理 Server Administration 列表中找到上文注册的服务器实例 Mysql1，双击后打开管理界面，如图 14-10 所示。该界面分为上半部服务器状态信息和下半部服务器配置。

1. 服务器状态信息

在图 14-10 中，上半部为服务器状态信息，包括注册服务器实例名称、主机名、MySQL 服务器版本、系统状态，CPU 使用比例，内存使用比例，系统健康情况（包括连接数量、速度、查询缓冲区使用率和键使用率）。

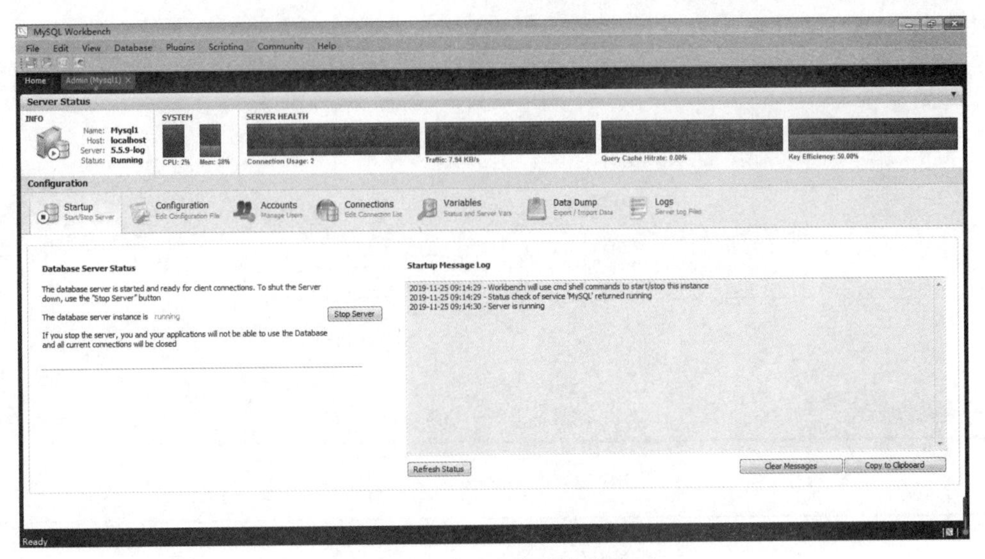

图 14-10 管理服务器实例界面

2. 服务器配置

该部分界面包括 Startup、Configuration、Accounts、Connections、Variables、Data Dump 和 Logs 选项卡。

① Startup：该选项卡包括数据库服务器运行状态、开启服务器和关闭服务器。如图 14-10 所示。

② Configuration：配置选项卡，如图 14-11 所示。该选项卡又分为 General、Advanced、MyISAM Parameters、Performance、Log Files、Security、InnoDB Parameters、NDB Parameters、Transactions、Networking、Replication 和 Misc 子选项卡，用于设置 my.ini 中各种系统变量。

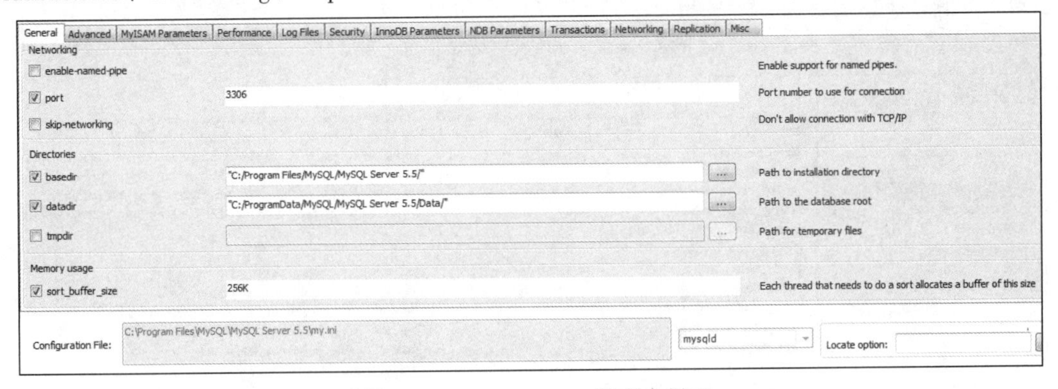

图 14-11 Configuration 选项卡界面

③ Accounts：账户选项卡，如图 14-12 所示。该选项卡包括 Server Access Management 和 Schema Privileges 两个子选项卡。Server Access Management 子选项卡具有列举已有用户、添加用户、删除用户、设置登录服务器密码、管理员角色、账户连接限制等功能，Schema Privileges 子选项卡用于设置用户数据库权限。

④ Connections：该选项卡列举了所有当前连接，如图 14-13 所示。

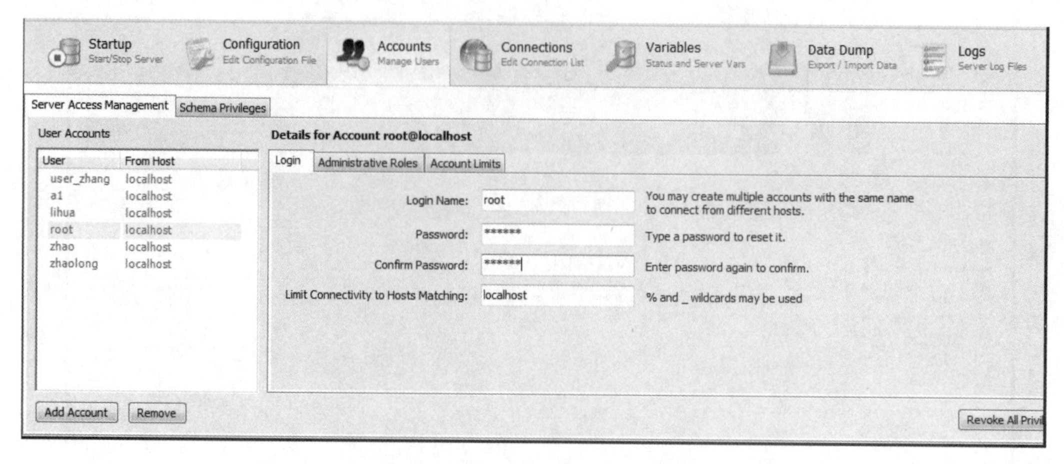

图 14-12　Accounts 选项卡界面

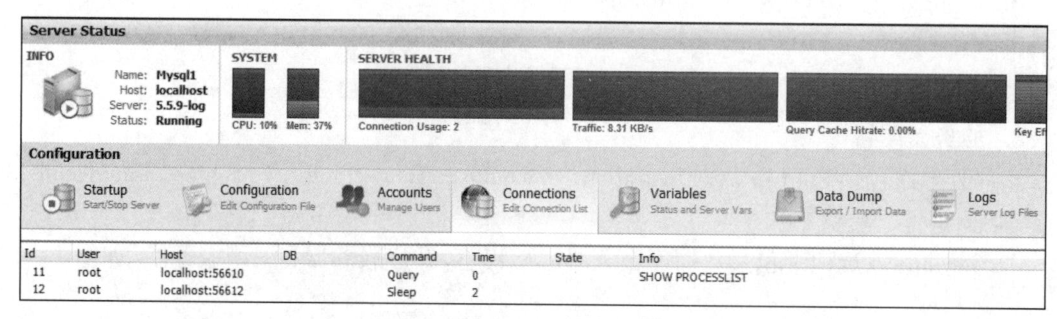

图 14-13　Connections 选项卡界面

⑤ Variables：该选项卡列举了所有系统变量，如图 14-14 所示。

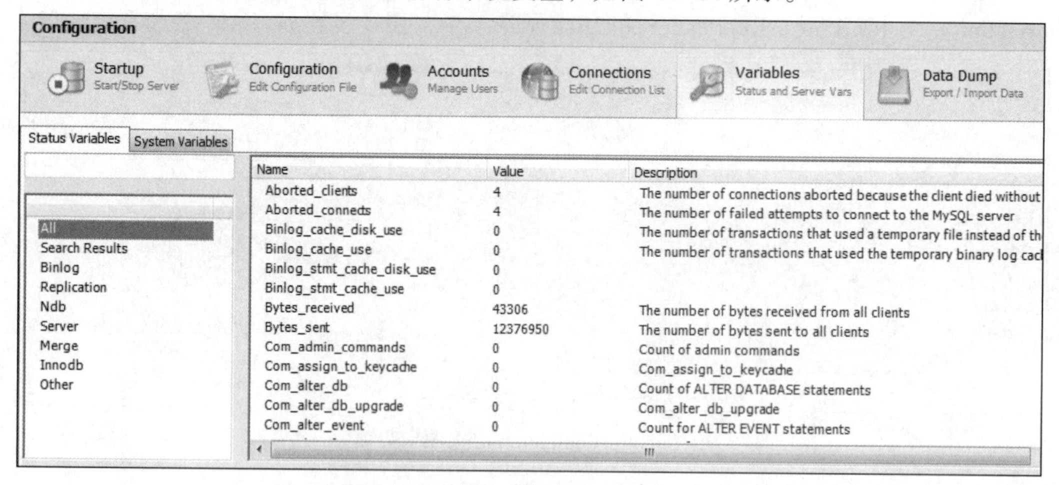

图 14-14　Variables 选项卡界面

⑥ Data Dump：该选项卡主要用于数据库备份和恢复。分为将数据库导出到磁盘、从磁盘导入数据库、高级导出参数设置，如图 14-15 所示。

⑦ Logs：该选项卡对服务器日志进行了说明。

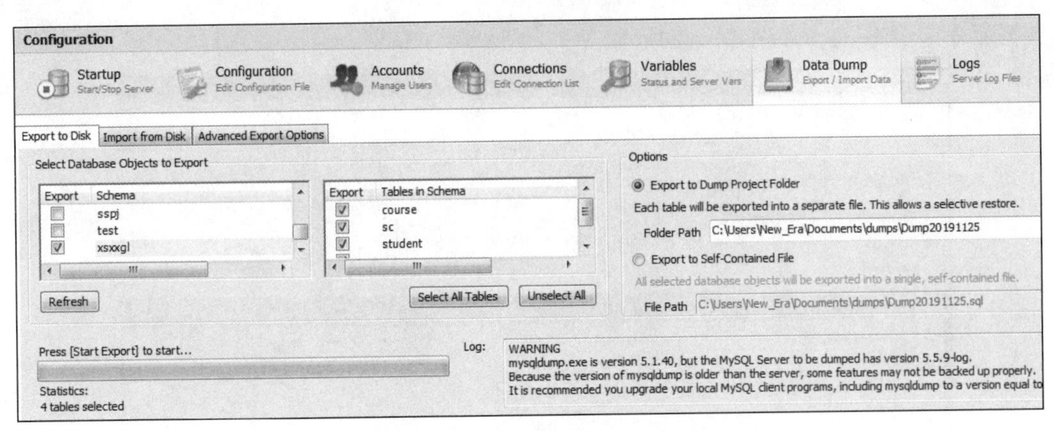

图 14-15　Data Dump 选项卡界面

14.3　数 据 建 模

本节介绍如何创建数据库模型、创建表、从模型中生成 EER 图、从模型中正向生成数据库，从数据库逆向生成模型。

14.3.1　数据库建模

打开 MySQL Workbench，在其主界面中单击 Create New EER Model，出现 MySQL Model 设计界面，如图 14-16 所示。

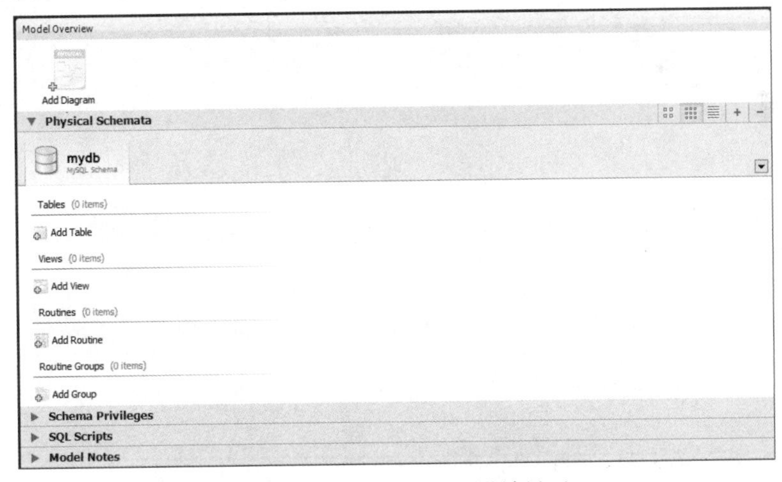

图 14-16　MySQL Model 设计界面

图 14-16 中的 MySQL Model 设计界面包括：

① Model Overview：使用 Add Diagram 按钮创建 EER 图。

② Physical Schemata：创建数据库以及数据库中的表、视图、存储过程。

③ Schema Privileges：创建用户及其权限设置。

④ SQL Scripts：用该平台装载和修改 SQL 脚本。

⑤ Model Notes：用平台编写项目日记。

在 Physical Schemata 右侧工具栏中单击“+”按钮添加新模式，即创建一个新数据库，将新数据库命名为 jxgl1，如图 14-17 所示。

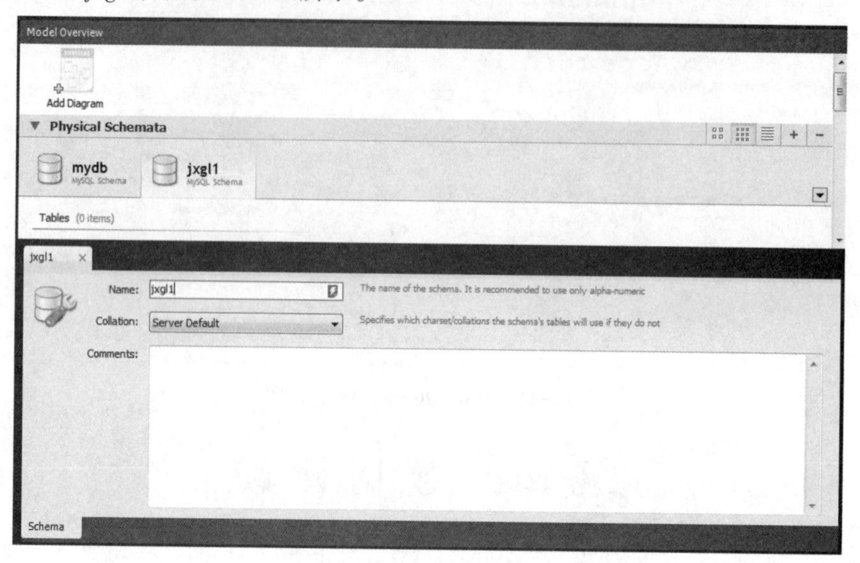

图 14-17　新建数据库 jxgl1

双击 Model Overview 下的“Add Diagram”按钮，新建一个 EER 图，并将其命名为 jxgl1，双击 jxgl1 图标进入 EER 图编辑器，如图 14-18 所示。

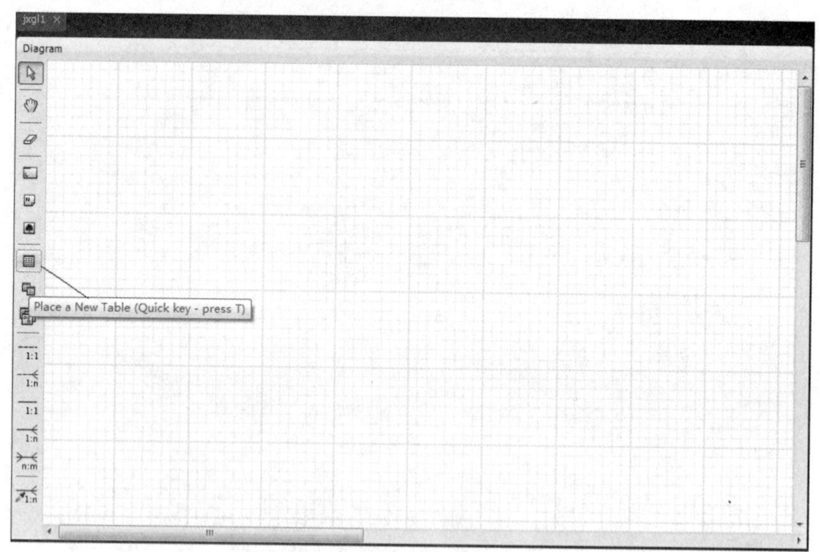

图 14-18　EER 图编辑器

双击图 14-18 中的“Place a new table”按钮，在工作平台上添加一个新表，双击该表，在表设计器中将该表命名为 Student，如图 14-19 所示。

在图 14-19 中，单击“Columns”选项卡标签名称，进入表设计器的 Columns 选项卡界面，在该界面设计数据表 Student 的各列，如图 14-20 所示。

在图 14-20 的 Diagram 部分得到 Student 的 EER 图。

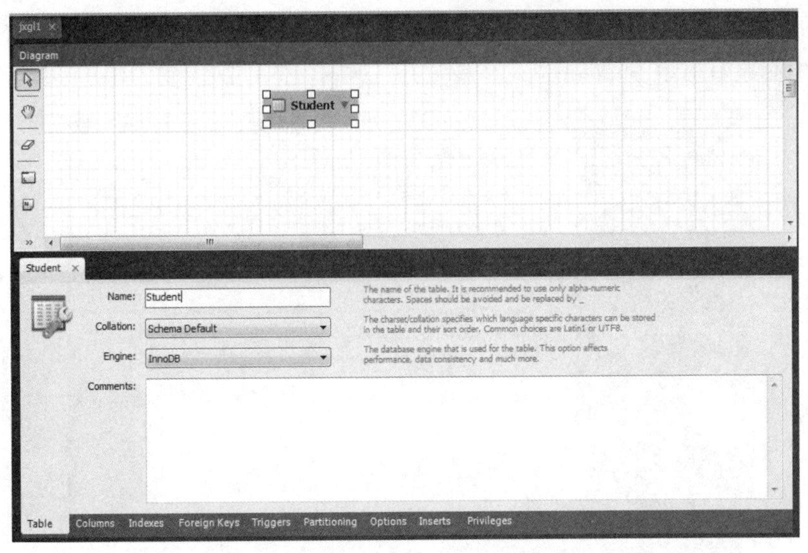

图 14-19　表设计器的 Table 选项卡

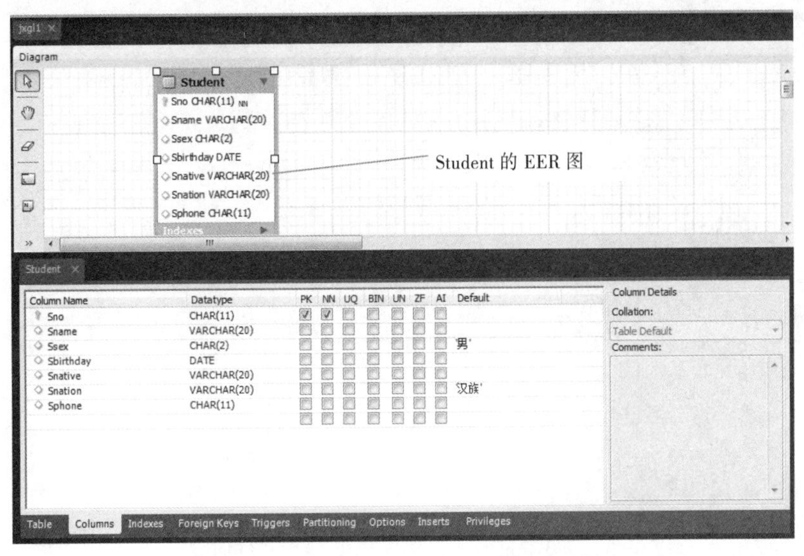

图 14-20　表设计器的 Columns 选项卡

14.3.2　正向工程

正向工程可以从 EER 图生成数据库，也可以生成 SQL 脚本文件。

单击图 14-21 所示的菜单栏 Database→Forward Engineer to Database 命令，打开正向工程生成数据库向导，如图 14-22 所示。按向导操作，即可在服务器中生成数据库 jxgl1，并在其中已经创建好一个数据表 Student。

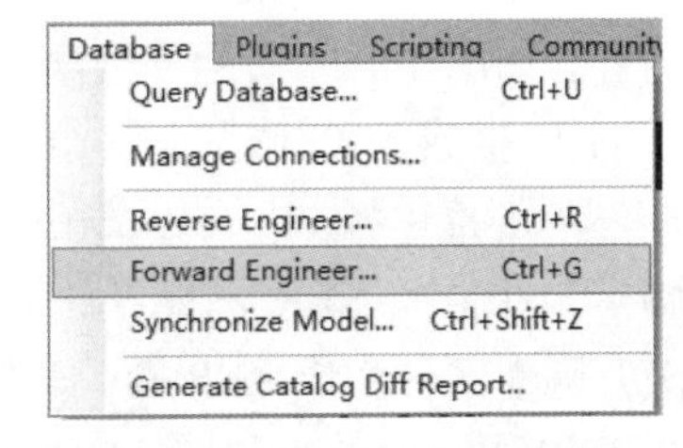

图 14-21　启动正向工程命令

单击菜单栏 File→Export→Forward Engineer SQL Create Script 命令，打开正向工程生成 SQL 脚本文件向导，如图 14-23 所示，按该向导操作，在指定磁盘文件夹得到创建数据库 jxgl1 和创建数据表 Student 的 SQL 脚本文件，如本书将生成的脚本文件命名为：Student.sql，保存在 D 盘 mysql-data 文件夹中。在服务器上执行该脚本文件，也可以得到 jxgl1 数据库，并在 jxgl1 数据库中创建数据表 Student。

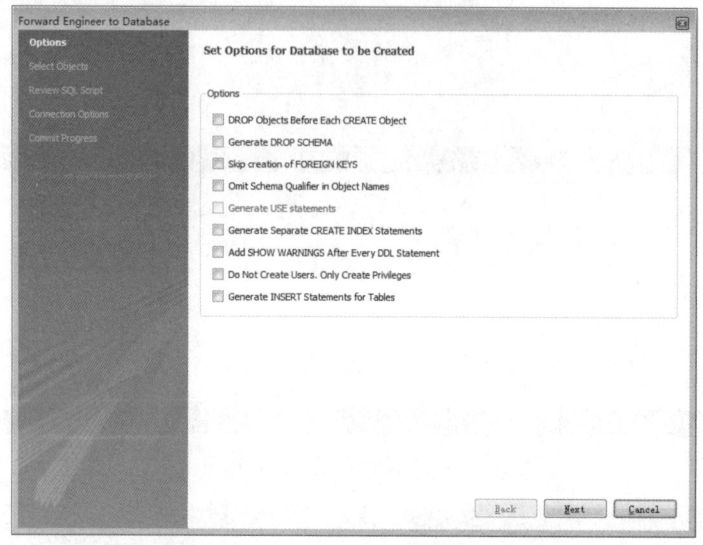

图 14-22　正向工程生成数据库向导

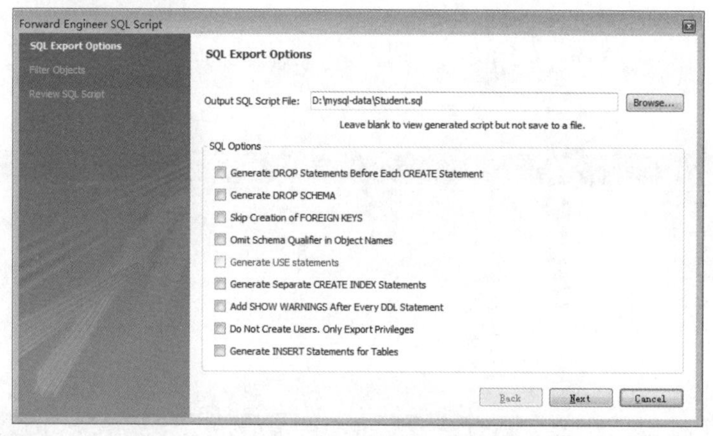

图 14-23　正向工程生成 SQL 脚本文件向导

14.3.3　逆向工程

MySQL 支持根据数据库生成 EER 图或者根据 SQL 脚本文件生成 EER 图。

单击菜单栏 Database→Reverse Engineer Database 命令，打开逆向工程数据库生成 EER 图向导，如图 14-24 所示。按向导操作，即可得到数据库对应的 EER 图，如本书即可得到数据库 jxgl1 生成的 EER 图，其结果与图 14-20 所示一样。

单击菜单栏 File→Import→Reverse Engineer MySQL Create Script 命令，打开逆向工程 SQL 脚本文件生成 EER 图向导，如图 14-25 所示，按该向导操作，可以将指定磁盘文件夹中的 SQL 脚本文件生成 EER 图，如本书将保存在 D 盘的 mysql-data 文件夹中的 Student.sql 文件生成 EER 图，其结果与图 14-20 所示一样。

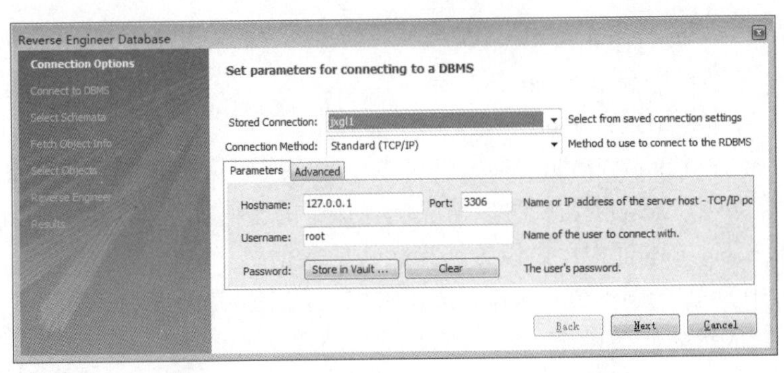

图 14-24　逆向工程数据库生成 EER 图向导

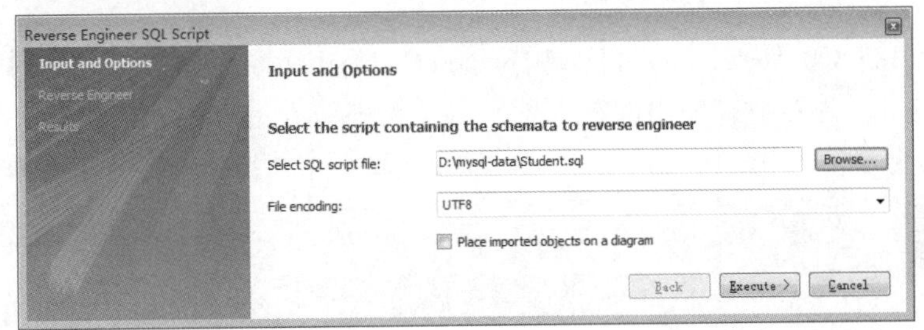

图 14-25　逆向工程 SQL 脚本生成 EER 图向导

14.4　SQL 开发

利用 SQL Development 可以进行数据库、数据表、视图、存储过程等操作。

14.4.1　新建服务器连接

单击 SQL Development 中的 New Connection，打开 Setup New Connection 对话框，如图 14-26 所示。

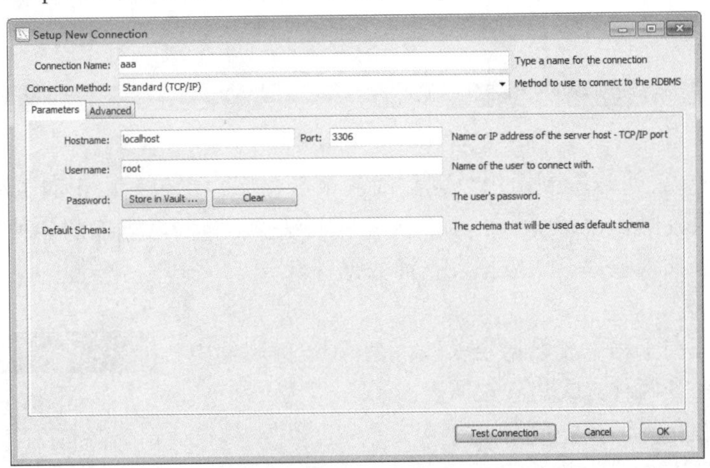

图 14-26　Setup New Connection 对话框

在图 14-26 中，可以进行连接参数设置。

① Connection Name：设置数据库连接的名称，如本书输入连接名：aaa。

② Connection Method：设置网络传输协议，包括 Standard TCP/IP、Local Socket/Pipe 和 Standard

TCP/IP Over SSH。本书选择 Standard TCP/IP。

在 Hostname 文本框中输入 Localhost。

在 Username 文本框中输入 root。

单击 Password 右边 Store inVault 按钮，可以设置将密码保存起来，以便以后连接时省去输入密码的麻烦。单击 Clear 按钮，可以清除已经保存的密码。

在 Default Schema 文本框中可以设置连接默认的数据库。

在图 14-26 中，单击 Test Connection 按钮可以测试连接是否成功，本书测试是成功的。单击 OK 按钮，完成新建连接操作。

14.4.2 在 Workbench 中进行数据库操作

在图 14-1 中的 SQL Development 区域的 Open Connection to Start Querying 列表中选择一个连接，如本书的 aaa 连接，在弹出的输入密码对话框中输入用户 root 的密码，即可进入 SQL Editor（SQL 编辑器），如图 14-27 所示。在 SQL 编辑器中可以进行各种数据库操作。

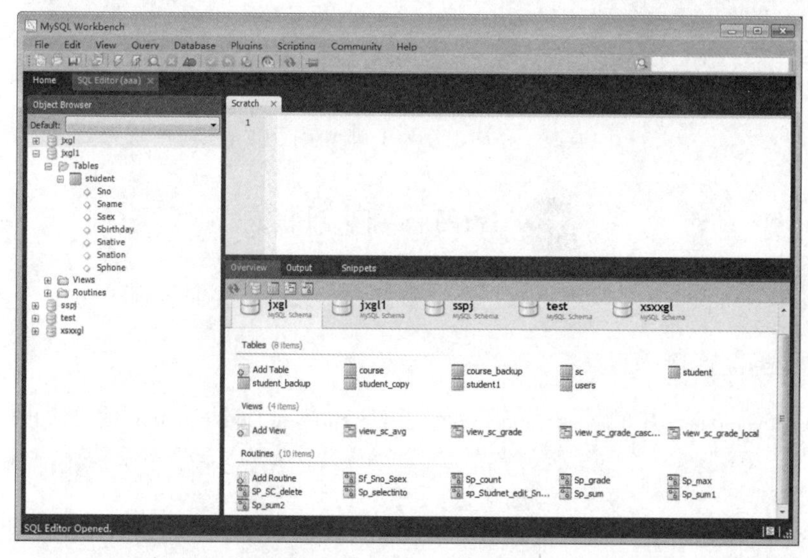

图 14-27 SQL 编辑器界面

在图 14-27 中，可以看到由用户创建的各个数据库，也包括由正向工程生成的数据库 jxgl1，以及其中的数据表 Student。下面，利用 SQL 编辑器进行数据库的各种操作，包括建立数据表、向数据表插入数据、从数据表查询数据等。

1. 建立数据表

除可以利用正向工程生成数据表以外，在 SQL 编辑器中可以通过界面和命令两种方式建立数据表。

（1）通过可视化界面建立数据表

下面利用 SQL 编辑器可视化界面建立 Course 表。

在图 14-27 中，用鼠标指向 jxgl1 中的 Tables，然后右击，在弹出的快捷菜单中选择 Create Table …命令，如图 14-28 所示。

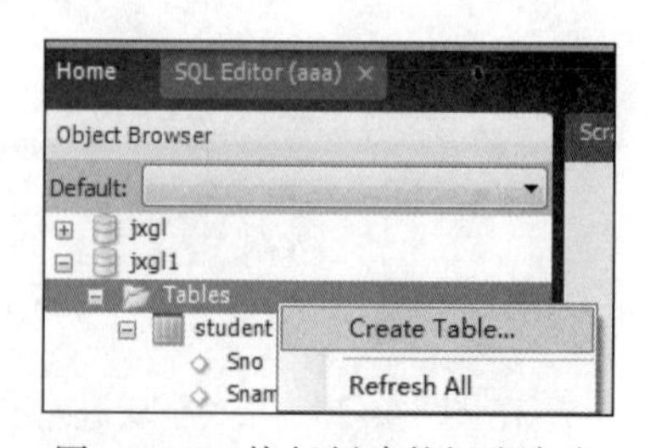

图 14-28 执行创建数据表命令

随后出现表设计器，如图 14-29 所示。在图 14-29 的 Table 选项卡的 Name 文本框中输入新数据表的名称，这里输入 Course。单击图 14-29 下面的 Columns 选项卡，进入数据表列设计界面，输入各个列的定义，这里输入了 Course 表中各个列的定义，结果如图 14-30 所示。

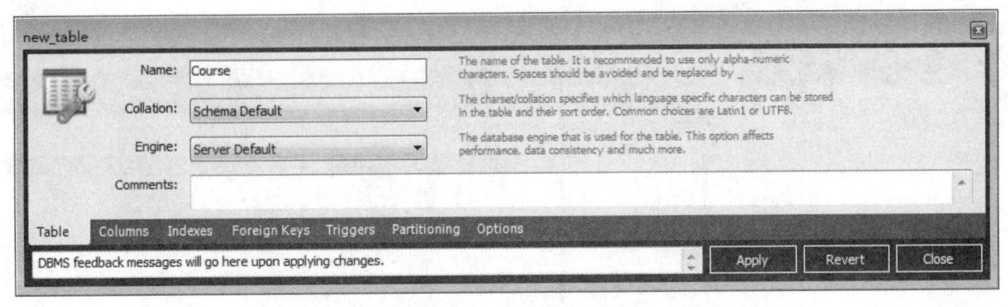

图 14-29　SQL 表设计器的 Table 选项卡

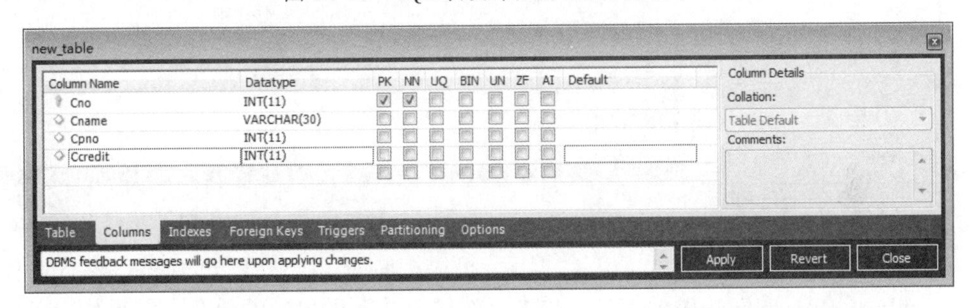

图 14-30　SQL 表设计器的 Columns 选项卡

在图 14-30 中，设计完数据表各个列定义以后，单击 Apply 按钮可以将设计好的数据表保存起来。

利用表设计器，还可以进行建立索引、建立外键、建立触发器等操作，在这里不一一列举，请用户自己尝试。

（2）通过输入命令建立数据表

在图 14-27 中的 Scratch 区域输入创建数据表的命令，这里输入创建选课表 SC 的命令，然后单击工具栏 Execute SQL Script in Connected Server 按钮，可以执行输入的 SQL 命令，如图 14-31 所示。这里执行命令后，即可创建选课表 SC。

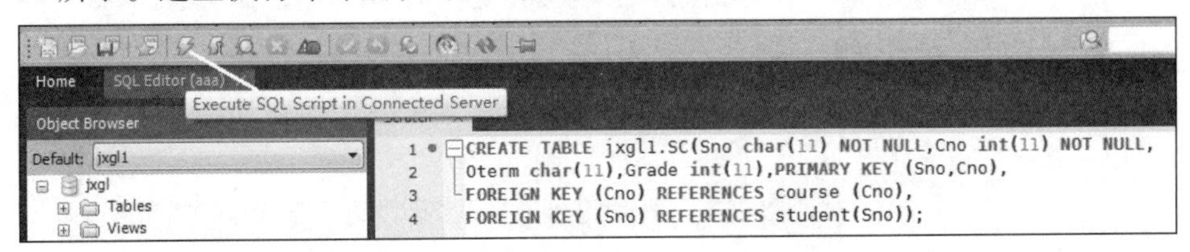

图 14-31　通过命令建立数据表

在图 14-27 左侧的 Object Browser（对象浏览器）空白位置右击，在弹出的快捷菜单中选择 Refesh All 命令，再单击数据库 jxgl1 下的 Tables 按钮，即可看到已经创建好的 Student、Course、SC 三个数据表，如图 14-32 所示。

2．向数据表中插入记录

在 SQL 编辑器中可以通过界面和命令两种方式向数据表中插入数据。

（1）通过可视化界面向数据表中插入记录

将鼠标指向图 14-32 中数据库 jxgl1 下的 Student 数据表并右击，在弹出的快捷菜单中选择 Edit Table Data 命令，弹出表记录输入界面，在该界面中可以输入 Student 数据表中的数据，如图 14-33 所示。

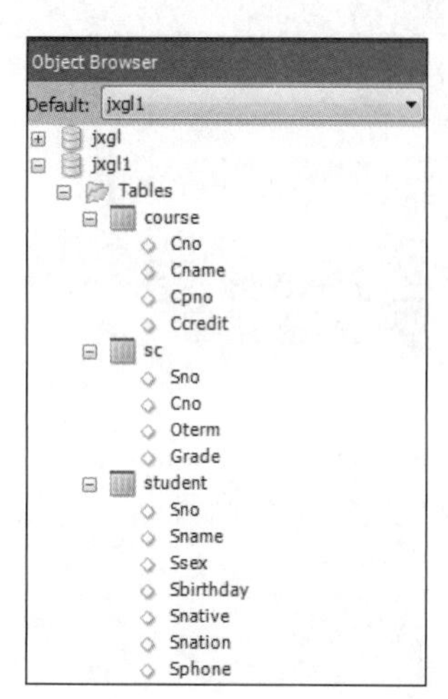

图 14-32　创建好的三个数据表

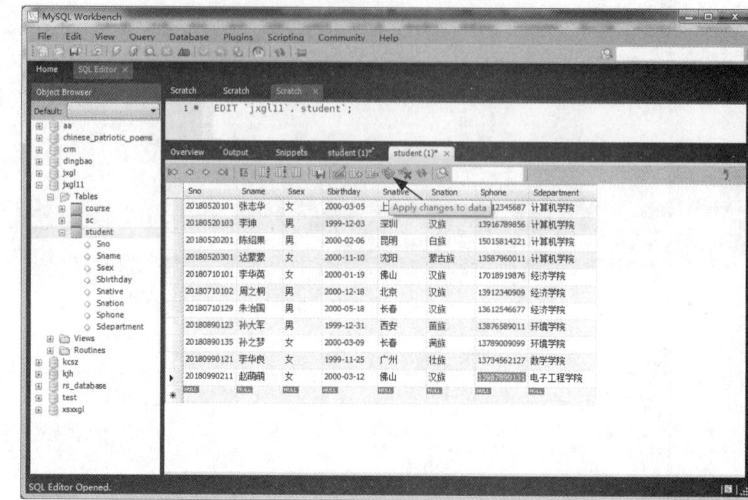

图 14-33　表记录输入界面

输入完成 Student 数据表中的所有数据后，可以指向图 14-33 中部的按钮，此时鼠标尾部出现 Apply changes to data 提示信息，单击该按钮，按随后出现的保存向导操作，可以将数据保存起来。

任何一个数据表都可以按照此方法进行数据录入操作。

（2）通过命令向数据表中插入数据

在图 14-27 中的 Scratch 区域输入插入数据表记录的命令，这里输入插入课程表 Course 数据的命令，然后单击工具栏中的 Execute SQL Script in Connected Server 按钮，可以执行输入的 SQL 命令，这里执行命令后，即可插入课程表 Course 的数据，如图 14-34 所示。

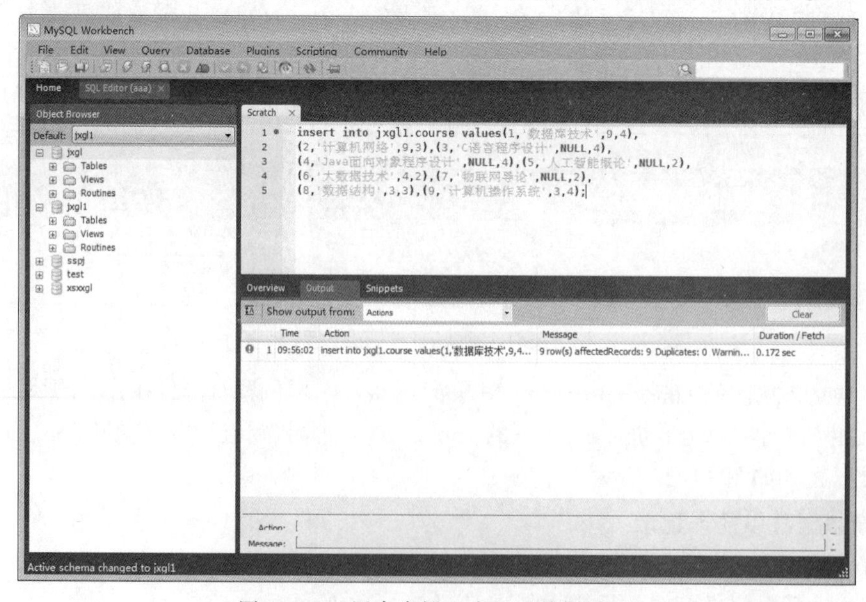

图 14-34　用命令插入表记录数据界面

用同样的办法将选课表 SC 的数据插入，本书不再赘述。

3. 查询数据

在图 14-27 中的 Scratch 区域输入查询命令，然后单击工具栏中的 Execute SQL Script in Connected Server 按钮，可以执行 SQL 查询命令，如输入如下命令：

```
select * from jxgl1.course;
```

命令执行效果如图 14-35 所示。

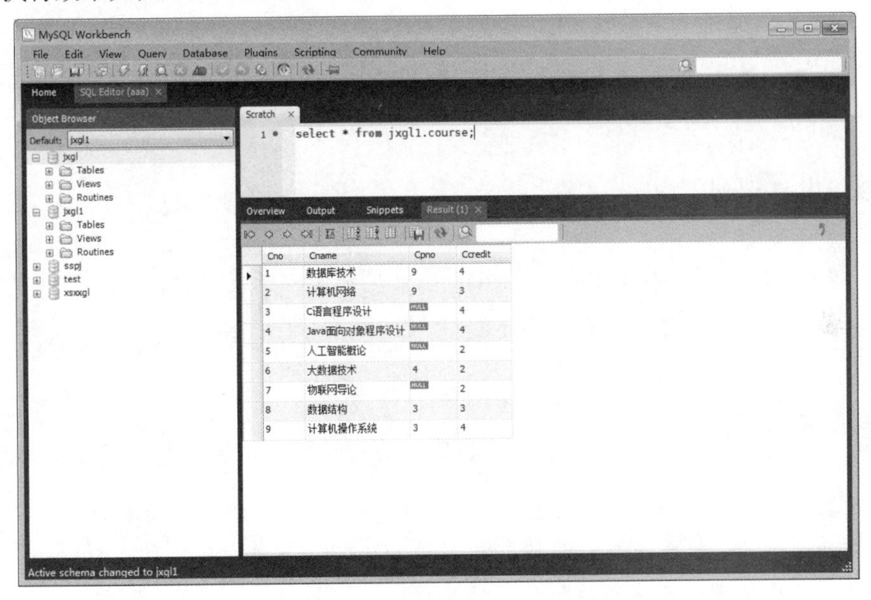

图 14-35 查询数据表记录数据界面

前面各个实训中运用的 SQL 命令都可以在图 14-27 中的 Scratch 区域输入并执行，请用户自己尝试，本书不再赘述。

实训内容与要求

根据数据库 Sspj 以及其中的数据表 S、J、P、SPJ，建立数据库 Sspj1，Sspj1 中有数据表 S、J、P、SPJ。在 MySQL Workbench 中进行如下操作：

1. 运用正向工程方法创建数据库 Sspj1 和数据表 S;
2. 运用表设计器方法创建数据表 J;
3. 运用表设计器或者输入表命令方法创建数据表 P、SPJ;
4. 运用数据表输入界面方法输入数据表 S 的数据记录;
5. 运用插入命令方法输入数据表 J、P、SPJ 的数据记录;
6. 输入查询命令查询数据表 SPJ 中所有数据。

实训 15

嵌入式 SQL 编程 «

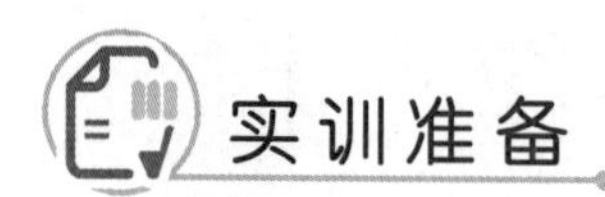

实训目的

掌握一种高级语言如 C 语言中嵌入 SQL 的数据库操作方法，掌握嵌入了 SQL 语句的 C 语言程序的编辑、编译、连接、调试与运行。

实训准备

本次实验使用 jxgl 数据库中的学生表 Student、课程表 Course、选课表 SC，用户要熟悉这些表的结构和其中的数据，熟悉前面学习的利用 SQL 语句操作数据库的过程，熟悉 C 语言编写程序、编译程序、调试程序与运行程序的步骤。

同时，用户要对 MySQL 提供的 C API 函数有所了解，这些函数与 MySQL 服务器进行通信并访问数据库、操作数据库。C API 数据库操作方面的函数有 mysql_close( )、mysql_connect( )、mysql_query( )、mysql_store_result( )和 mysql_init( )等。

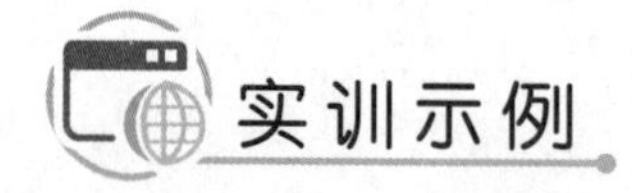

实训示例

15.1 本系统的开发及运行环境

本系统开发环境采用 MySQL 5.5.9 数据库管理系统，高级语言采用 C 语言，C 语言的编写、编译与连接工具采用 VC++ 6.0。运行环境采用 MS DOS 窗口。

15.2 系统的需求与功能

本系统假设学生学习管理涉及的信息只有学生、课程和学生选课方面的信息，因此本系统的需求分析简单明确。本系统的功能有：

① 创建数据表功能。

② 数据表数据添加的功能。

③ 数据表数据修改的功能。
④ 数据表数据删除的功能。
⑤ 数据表数据查询的功能。
⑥ 具有数据统计的功能。
⑦ 显示数据库数据表功能。
⑧ 用户管理功能。
本系统的总体功能如图 15-1 所示。

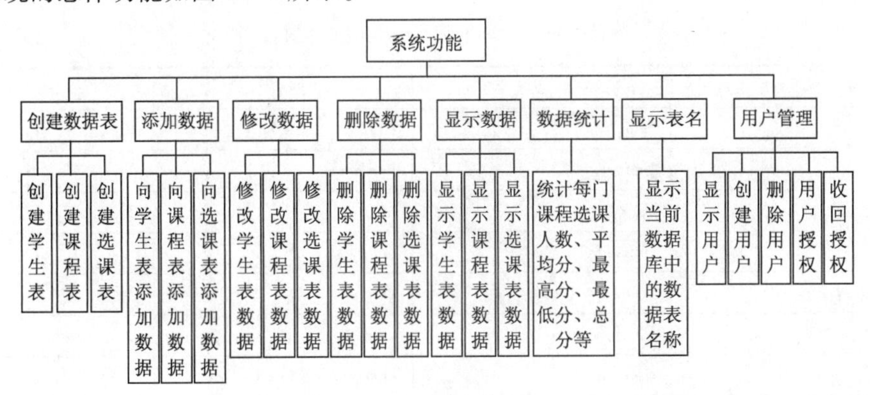

图 15-1　系统功能图

15.3　数据库设计与实现

15.3.1　数据库概念结构设计

本系统的 E-R 图如图 15-2 所示。

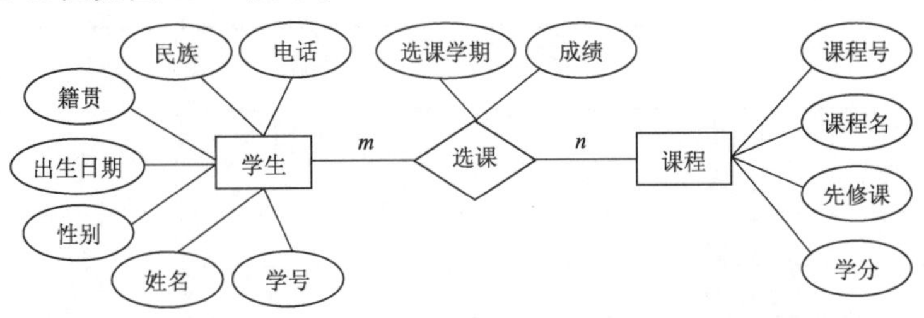

图 15-2　系统 E-R 模型图

15.3.2　数据库关系模式设计

按照实体转化为关系模式的规则，本系统的关系模式为：
① 学生(学号,姓名,性别,出生日期,籍贯,民族,电话)
② 课程(课程号,课程名,先修课,学分)
③ 选课(学号,课程号,选课学期,成绩)
另外，需要辅助表用户表：
用户表(用户名,密码,权限)
表名与属性名由英文字母表示为：
① Student(Sno,Sname,Ssex,Sbirthday,Snative,Snation,Sphone)

② Course(Cno,Cname,Cpno,Ccredit)

③ SC(Sno,Cno,Oterm,Grade)

④ Susers(Uname,Upassword,Upriviliges)

15.3.3 数据库表结构设计与实现

1. 数据库表结构的设计

Student、Course、SC、Susers 4 个表的结构分别如表 15-1、表 15-2、表 15-3 和表 15-4 所示。

表 15-1 学生表 Student 的结构

含　义	字 段 名	数 据 类 型	宽　度
学号	Sno	char	11
姓名	Sname	varchar	20
性别	Ssex	char	2
出生日期	Sbirthday	date	
籍贯	Snative	varchar	20
民族	Snation	varchar	20
手机号	Sphone	char	11

表 15-2 课程表 Course 的结构

含　义	字 段 名	数 据 类 型	宽　度
课程号	Cno	int	
课程名	Cname	varchar	30
先修课	Cpno	int	
学分	Ccredit	int	

表 15-3 选课表 SC 的结构

含　义	字 段 名	数 据 类 型	宽　度
学号	Sno	char	11
课程号	Cno	int	
选课学期	Oterm	char	11
成绩	Grade	int	

表 15-4 用户表 Susers 的结构

含　义	字 段 名	数 据 类 型	宽　度
用户名	Uname	varchar	20
密码	Upassword	varchar	40
权限	Upriviliges	varchar	100

2. 数据库表结构的实现

在创建数据表结构之前，首先需要创建学生学习管理数据库，数据库名称为 xsxxgl。输入命令：

```
CREATE DATABASE xsxxgl;
```

然后，输入命令：

```
USE xsxxgl;
```

将当前数据库设置为xsxxgl。

然后，输入如下命令创建数据表结构。

（1）创建学生数据表Student的结构

```
CREATE TABLE Student(Sno char(11) PRIMARY KEY, Sname varchar(20),
Ssex char(2) DEFAULT '男',Sbirthday date,Snative varchar(20),
Snation varchar(20) DEFAULT '汉族',Sphone char(11));
```

这里，将“Sno”设置为主键，将“Ssex”的默认值设置为“男”，将“Snation”的默认值设置为“汉族”。

（2）创建课程数据表Course的结构

```
CREATE TABLE Course(Cno int PRIMARY KEY, Cname char(30), Cpno int, Ccredit int);
```

这里，将“Cno”设置为主键。

（3）创建选课数据表SC的结构

```
CREATE TABLE SC (Sno char(11),Cno int,Oterm char(11),Grade int,
PRIMARY KEY (Sno,Cno),
FOREIGN KEY (Cno) REFERENCES Course(Cno),
FOREIGN KEY (Sno) REFERENCES Student(Sno) );
```

这里，将“(Sno,Cno)”设置为主键，将“Cno”设置成外键与课程表Course进行参照完整性关联，将“Sno”设置成外键与学生表Student进行参照完整性关联。

（4）创建用户表Susers的结构

```
CREATE TABLE Susers (Uname varchar(20) PRIMARY KEY,Upasswrod varchar(40),
Uprivililiges varchar(100));
```

这里，将“Uname”设置为主键。

3. 插入数据表记录

分别将表15-5、表15-6、表15-7、表15-8的数据插入到表Student、Course、SC、Susers中。

表15-5 Student表基本数据

学号 Sno	姓名 Sname	性别 Ssex	出生日期 Sbirthday	籍贯 Snative	民族 Snation	手机号 Sphone
20180520101	张志华	女	2000-3-5	上海	汉族	1391234568*
20180520103	李坤	男	1999-12-3	深圳	汉族	1391678985*
20180520201	陈绍果	男	2000-2-6	昆明	白族	1501581522*
20180710101	李华英	女	2000-1-19	佛山	汉族	1701891987*
20180710102	周之桐	男	2000-12-18	北京	汉族	1391234090*
20180890123	孙大军	男	1999-12-31	西安	苗族	1387658901*
20180890135	孙之梦	女	2000-3-9	长春	满族	1378900909*
20180710129	朱治国	男	2000-5-18	长春	汉族	1361254667*
20180520301	达蒙蒙	女	2000-11-10	沈阳	蒙古族	1358796001*

表 15-6　Course 表基本数据

课程号 Cno	课程名 Cname	先修课 Cpno	学分 Ccredit
1	数据库技术	9	4
2	计算机网络	9	3
3	C 语言程序设计		4
4	Java 面向对象程序设计		4
5	人工智能概论		2
6	大数据技术	4	2
7	物联网导论		2
8	数据结构	3	3
9	计算机操作系统	3	4

表 15-7　SC 表基本数据

学号 Sno	课程号 Cno	开课学期 Oterm	成绩 Grade
20180520101	1	2019-2020-1	89
20180520101	2	2019-2020-1	90
20180520201	1	2019-2020-1	85
20180710101	3	2019-2020-1	80
20180710102	4	2019-2020-1	70
20180890123	5	2019-2020-1	58
20180890135	6	2019-2020-1	57
20180710129	7	2019-2020-1	95
20180520301	8	2019-2020-1	91
20180520103	9	2019-2020-1	69
20180520101	9	2018-2019-2	50
20180520101	3	2018-2019-1	53
20180890135	4	2018-2019-2	80
20180520301	3	2018-2019-1	75
20180520103	3	2018-2019-1	65
20180520201	9	2018-2019-2	90
20180520201	3	2018-2019-1	85
20180710101	5	2019-2020-1	70
20180710102	7	2019-2020-1	52

表 15-8　Susers 表基本数据

用户名 Uname	密码 Upassword	权限 Uprivilige
root	123456	all

(1) 插入记录到数据表 Student 中

输入如下命令：

```
INSERT INTO Student values
('20180520101','张志华','女','2000-3-5','上海','汉族','1391234568*'),
('20180520103','李坤','男','1999-12-3','深圳','汉族','1391678985*'),
('20180520201','陈绍果','男', '2000-2-6','昆明','白族','1501581522*'),
('20180710101','李华英','女','2000-1-19','佛山','汉族','1701891987*'),
('20180710102','周之桐','男','2000-12-18','北京','汉族','1391234090*'),
('20180890123','孙大军','男','1999-12-31','西安','苗族','1387658901*'),
('20180890135','孙之梦','女','2000-3-9','长春','满族','1378900909*'),
('20180710129','朱治国','男','2000-5-18','长春','汉族','1361254667*'),
('20180520301','达蒙蒙','女','2000-11-10','沈阳','蒙古族','1358796001*');
```

(2) 插入记录到数据表 Course 中

输入如下命令：

```
INSERT INTO Course values(1,'数据库技术',9,4),(2,'计算机网络',9,3),
(3,'C语言程序设计',NULL,4),(4,'Java面向对象程序设计',NULL,4),
(5,'人工智能概论',NULL,2),(6,'大数据技术',4,2),(7,'物联网导论',NULL,2),
(8,'数据结构',3,3),(9,'计算机操作系统',3,4);
```

(3) 插入记录到数据表 SC 中

输入如下命令：

```
INSERT INTO SC values('20180520101',1,'2019-2020-1',89),
('20180520101',2,'2019-2020-1',90),('20180520201',1,'2019-2020-1',85),
('20180710101',3,'2019-2020-1',80),('20180710102',4,'2019-2020-1',70),
('20180890123',5,'2019-2020-1',58),('20180890135',6,'2019-2020-1',57),
('20180710129',7,'2019-2020-1',95),('20180520301',8,'2019-2020-1',91),
('20180520103',9,'2019-2020-1',69),('20180520101',9,'2018-2019-2',50),
('20180520101',3,'2018-2019-1',53),('20180890135',4,'2018-2019-2',80),
('20180520301',3,'2018-2019-1',75),('20180520103',3,'2018-2019-1',65),
('20180520201',9,'2018-2019-2',90),('20180520201',3,'2018-2019-1',85),
('20180710101',5,'2019-2020-1',70),('20180710102',7,'2019-2020-1',52);
```

(4) 插入记录到数据表 Susers 中

```
INSERT INTO Susers values('root','123456','all');
```

15.4 系统的编程模块

15.4.1 数据库连接及总体功能模块

```
#include <stdio.h>
#include <stdlib.h>
#include <string.h>
#include <winsock.h>
#include <conio.h>
#include "mysql.h"
#pragma comment(lib,"libmysql.lib")
int create_table();
```

```
int create_student_table();
int create_course_table();
int create_sc_table();
int insert_data();
int insert_Student_table();
int insert_Course_table();
int insert_SC_table();
int update_dada();
int update_Student_table();
int update_Course_table();
int update_SC_table();
int delete_data();
int delete_Student_table();
int delete_Course_table();
int delete_SC_table();
int list_data();
int list_Student_table();
int list_Course_table();
int list_SC_table();
int list_Student_SC_Course();
int tongji_table_data();
int show_tables();
int user_management();
int list_Susers_table();
int create_users();
int delete_user();
int grant_user();
int revoke_user();
void pause();

MYSQL mysql;
MYSQL_RES *result;
MYSQL_ROW row;
int num_fields;

int main()
{
  system("color f0");  //设置 DOS 窗口白色背景，前景为黑色字体
  char u[50],p[50];
  int num=0,i,k;
  char fu[1];
  mysql_init(&mysql);
  printf("**************************************\n");
  printf(" 欢迎您来到学生管理系统,请先登录!\n");
  printf("**************************************\n");
  for(i=0;i<3;i++)
  {
```

```
    printf("请输入用户名: \n");
    scanf("%s",u);
    printf("请输入系统密码: \n");
    for (k=0;k<100;k++)
    {
     p[k]=getch();
     printf("*");
     if(p[k]=='\r')
     {
        p[k]='\0';
        break;
     }
    }
   printf("\n");
   if(mysql_real_connect(&mysql,"localhost",u,p,"xsxxgl",3306,0,0)!=0)
//连接数据库: xsxxgl
    {
       printf("您已成功登录到学生学习管理系统!\n");
       mysql_query(&mysql,"set character_set_connection=gbk");
       mysql_query(&mysql,"set character_set_results=gbk");
       mysql_query(&mysql,"set character_set_client=gbk");
       for(;;)
       {
          printf("\n");
          printf("******************************************\n");
          printf("  1--创建数据表     2--添加数据   3--修改数据\n");
          printf("  4--删除数据       5--显示数据   6--数据统计\n");
          printf("  7--显示数据表     8--用户管理   9--退出系统\n");
          printf("******************************************\n");
          printf("请选择一个功能选项, 然后回车:");
          fu[0]='1';
          scanf("%s",&fu);
          if (fu[0]=='1') create_table();
          if (fu[0]=='2') insert_data();
          if (fu[0]=='3') update_dada();
          if (fu[0]=='4') delete_data();
          if (fu[0]=='5') list_data();
          if (fu[0]=='6') tongji_table_data();
          if (fu[0]=='7') show_tables();
          if (fu[0]=='8') user_management();
          if (fu[0]=='9') exit(0);
          pause();
       }
    }
    else
    {
       system("cls");
```

```
        printf("用户名或密码错误,请重新输入用户名和密码!\n");
        mysql_init(&mysql);}
    }
    if(i>=2)
    {
        printf("您已输错 3 次用户名或密码, 按任意键系统退出!\n");
        pause();
        system("cls");
        exit(0);
    }
    mysql_close(&mysql);
    return 0;
}
```

上述代码运行的主界面如图 15-3 所示。

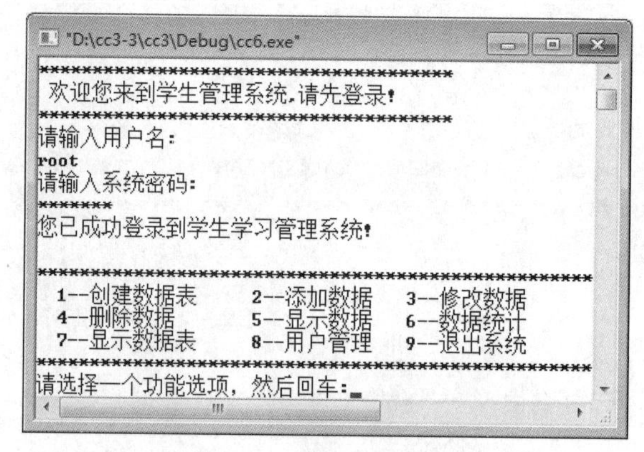

图 15-3　系统运行主界面

15.4.2　创建数据表模块

在图 15-3 中输入“1”进入创建数据表模块。创建数据表模块代码如下：

```
int create_table()
{
    char fu[1];
    for(;;)
    {
      printf("\n");
      printf("################################################\n");
      printf("  1--创建学生表   2--创建课程表   3--创建选课表   4--返回\n");
      printf("################################################\n");
      printf("请选择一个功能选项, 然后回车:");
      fu[0]='1';
      scanf("%s",&fu);
      if (fu[0]=='1') create_student_table();
      if (fu[0]=='2') create_course_table();
      if (fu[0]=='3') create_sc_table();
      if (fu[0]=='4') return (0);
```

```
    }
}
```

上述代码运行的界面如图 15-4 所示。

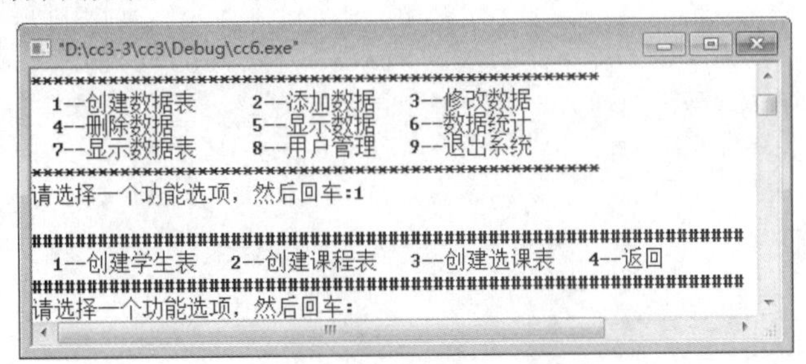

图 15-4　创建数据表界面

在图 15-4 中输入“1”，可以运行“创建学生表”代码模块，自动创建学生表的结构并插入初始数据。该模块代码如下：

```
int create_student_table()
{
 char yn[1];
 if(mysql_list_tables(&mysql,"student"))//删除表 student
 {
   printf("The student table already exists,Do you want to delete it?\n");
   printf("Delete the table?(y--yes,n--no):");
   scanf("%s",&yn);
   if (yn[0]=='y' || yn[0]=='Y')
   {
      if(mysql_query(&mysql,"drop table student;")==0)
      {
         printf("删除学生表 student 成功!\n");
      }
      else
      {
         printf("删除学生表 student 失败!\n");
      }
   }
 }
 //创建表 student
 //插入数据
 if(mysql_query(&mysql,"CREATE TABLE student(Sno char(11) PRIMARY KEY, Sname varchar(20),Ssex char(2) DEFAULT '男',Sbirthday date,Snative varchar(20),Snation varchar(20) DEFAULT '汉族',Sphone char(11)) engine=innodb;")==0)
 {
    printf("创建学生数据表 Student 成功!\n");
 }
 else
 {
    printf("创建学生数据表 Student 失败!\n");
```

```
    }
     if(mysql_query(&mysql,"INSERT INTO student values('20180520101','张志华',
'女','2000-3-5','上海','汉族','1391234568*'),('20180520103','李坤','男',
'1999-12-3','深圳','汉族','1391678985*'),('20180520201','陈绍果','男',
'2000-2-6','昆明','白族','1501581522*'),('20180710101','李华英','女',
'2000-1-19','佛山','汉族','1701891987*'),('20180710102','周之桐','男',
'2000-12-18','北京','汉族','1391234090*'),('20180890123','孙大军','男',
'1999-12-31','西安','苗族','1387658901*'),('20180890135','孙之梦','女',
'2000-3-9','长春','满族','1378900909*'),('20180710129','朱治国','男',
'2000-5-18','长春','汉族','1361254667*'),('20180520301','达蒙蒙','女',
'2000-11-10','沈阳','蒙古族','1358796001*');")==0)
    {
     printf("向数据表 Student 插入数据成功!\n");
    }
    else
    {
     printf("向数据表 Student 插入数据失败!\n");
    }
    return(0);
   }
```

关于“创建课程表”和“创建选课表”的代码与“创建学生表”的代码相似，请读者自己尝试完成。

15.4.3 添加数据模块

在图 15-3 中输入“2”进入添加数据模块。添加数据模块代码如下：

```
int insert_data()
{
    char fu[1];
    for(;;)
    {
        printf("\n");
        printf("################################################\n");
        printf("  1--向学生表插入数据       2--向课程表插入数据\n");
        printf("  3--向选课表插入数据       4--返回\n");
        printf("################################################\n");
        printf("请选择一个功能选项，然后回车:\n");
        fu[0]='1';
        scanf("%s",&fu);
        if (fu[0]=='1') insert_Student_table();
        if (fu[0]=='2') insert_Course_table();
        if (fu[0]=='3') insert_SC_table();
        if (fu[0]=='4') return(0);
    }
}
```

上述代码运行的界面如图 15-5 所示。

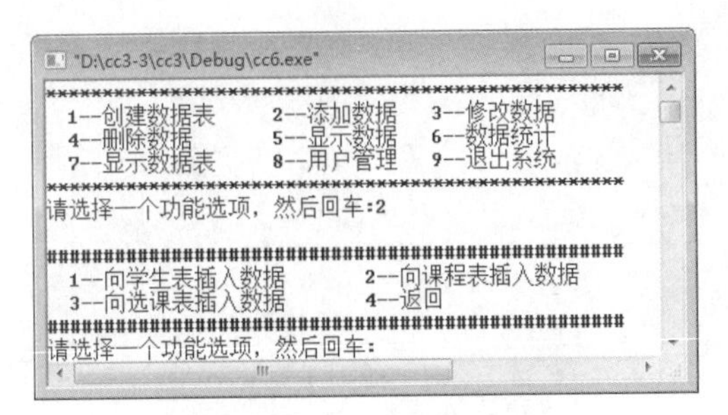

图 15-5 添加数据界面

在图 15-5 中输入“1”，可以运行“向学生表插入数据”代码模块，该模块代码如下：

```
int insert_Student_table()
{
    char issex[] = "男";
    char isno[] = "20180210901";
    char isname[] = "xxxxxx";
    char isbirthday[]="2001-5-18";
    char isnative[] = "深圳";
    char isnation[] = "汉族";
    char isphone[]="13999998888";
    char strquery[200]="insert into student(Sno,Sname,Ssex,Sbirthday, Snative,
Snation,Sphone) values('";
    char strquery1[200]="insert into student(Sno,Sname,Ssex,Sbirthday,Snative,
Snation,Sphone) values('";
    char yn[2];
    while(1)
    {
        printf("请输入学号(例如:20180210901):");
        scanf("%s",isno);
        strcat(strquery,isno);
        strcat(strquery,"','");
        printf("请输入姓名(例如:张军):");
        scanf("%s",isname);
        strcat(strquery,isname);
        strcat(strquery,"','");
        printf("请输入性别(例如:男):");
        scanf("%s",issex);
        strcat(strquery,issex);
        strcat(strquery,"','");
        printf("请输入出生日期(例如:2001-5-18):");
        scanf("%s",isbirthday);
        strcat(strquery,isbirthday);
        strcat(strquery,"','");
        printf("请输入籍贯(例如: 深圳):");
        scanf("%s",isnative);
        strcat(strquery,isnative);
        strcat(strquery,"','");
        printf("请输入民族(例如: 汉族):");
```

```
        scanf("%s",isnation);
        strcat(strquery,isnation);
        strcat(strquery,"','");
        printf("请输入手机号码(例如: 1399999888*):");
        scanf("%s",isphone);
        strcat(strquery,isphone);
        strcat(strquery,"');");
        if(mysql_query(&mysql,strquery)==0)
        {
           printf("插入记录成功!\n");
        }
        else
        {
           printf("命令执行错误。%d\n");
        }
        printf("继续插入记录?(y--yes,n--no):");
        scanf("%s",&yn);
        if (yn[0]=='y' ||yn[0]=='Y')
        {
           strcpy(strquery,strquery1);
           continue;
        }
        else break;
    }
    return (0);
}
```

关于“向课程表插入数据”和“向选课表插入数据”的代码与“向学生表插入数据”的代码相似，请读者自己尝试完成。

15.4.4 修改数据模块

在图 15-3 中输入“3”进入修改数据模块。修改数据模块代码如下：

```
int update_dada()
{
   char fu[1];
   for(;;)
   {
      printf("\n");
      printf("##############################################\n");
      printf("  1--修改学生表数据        2--修改课程表数据\n");
      printf("  3--修改选课表数据        4--返回\n");
      printf("##############################################\n");
      printf("请选择一个功能选项, 然后回车:\n");
      fu[0]='1';
      scanf("%s",&fu);
      if (fu[0]=='1') update_Student_table();
      if (fu[0]=='2') update_Course_table();
      if (fu[0]=='3') update_SC_table();
```

```
        if (fu[0]=='4') return(0);
    }
}
```

上述代码运行的界面如图 15-6 所示。

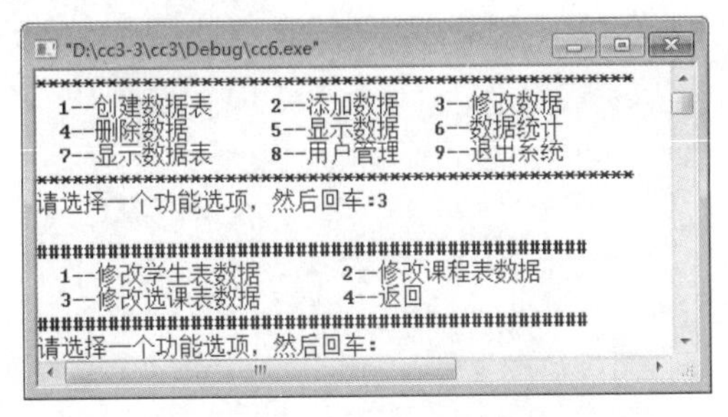

图 15-6　修改数据界面

在图 15-6 中输入“1”，可以运行“修改学生表数据”代码模块，该模块代码如下：

```
int update_Student_table()
{
    char yn[2];
    char hhsno[12];
    char hsno[12];
    char hsname[10];
    char hssex[3];
    char hsbirthday[11];
    char hsnative[10];
    char hsnation[10];
    char hsphone[11];
    int i;
    char isname[10];
    char issex[3];
    char isbirthday[11];
    char isnative[10];
    char isnation[10];
    char isphone[11];
    char strquery[100]="select sno,sname,ssex,sbirthday,snative,snation, sphone
from student";
    printf("请输入要修改记录的学号(如: 20180210901):\n");
    scanf("%s",hhsno);
    if (strcmp(hhsno,"*")!=0||strcmp(hhsno,"**")!=0)
    {
        strcat(strquery," where sno like '");
        strcat(strquery,hhsno);
        strcat(strquery,"%'");
    }
    mysql_query(&mysql,strquery);
    result=mysql_store_result(&mysql);
    printf( "%s\n", "   学号    姓名   性别   出生日期    籍贯  民族  电话号码  ");
    num_fields=mysql_field_count(&mysql);
    while((row=mysql_fetch_row(result))!=NULL)
```

```
    {
        for(i=0;i<num_fields;i++)
        {
            switch (i)
            {
                case 0:{strcpy(hsno,row[i]);break;}
                case 1:{strcpy(hsname,row[i]);break;}
                case 2:{strcpy(hssex,row[i]);break;}
                case 3:{strcpy(hsbirthday,row[i]);break;}
                case 4:{strcpy(hsnative,row[i]);break;}
                case 5:{strcpy(hsnation,row[i]);break;}
                case 6:{strcpy(hsphone,row[i]);break;}
            }
        }
        printf("%s",hsno);
        printf("    %s",hsname);
        printf("    %s",hssex);
        printf("    %s",hsbirthday);
        printf("    %s",hsnative);
        printf("    %s",hsnation);
        printf("    %s\n",hsphone);
        printf("修改该记录吗?(y/n/0,y--yes,n--no,0--exit)");
        scanf("%s",&yn);
        if (yn[0]=='y' ||yn[0]=='Y')
        {
            char strupdate[100]="update student set sname='";
            printf("输入该同学的新姓名(如:张军):");
            scanf("%s",isname);
            strcat(strupdate,isname);
            strcat(strupdate,"',ssex='");
            printf("输入该同学的性别(如:男):");
            scanf("%s",issex);
            strcat(strupdate,issex);
            strcat(strupdate,"',sbirthday='");
            printf("输入该同学的出生日期(如:2000-2-16):");
            scanf("%s",isbirthday);
            strcat(strupdate,isbirthday);
            strcat(strupdate,"',snative='");
            printf("请输入该同学的籍贯(如:深圳):");
            scanf("%s",isnative);
            strcat(strupdate,isnative);
            strcat(strupdate,"',snation='");
            printf("请输入该同学的民族(如:汉族):");
            scanf("%s",isnation);
            strcat(strupdate,isnation);
            strcat(strupdate,"',sphone='");
            printf("请输入该同学的电话号码(如:1379999888*):");
            scanf("%s",isphone);
            strcat(strupdate,isphone);
```

```
            strcat(strupdate,"' where sno='");
            strcat(strupdate,hsno);
            strcat(strupdate,"'");
            if(mysql_query(&mysql,strupdate)==0)
               printf("修改记录数据成功!\n");
            else
               printf("修改数据失败!\n");

        }
        if (yn[0]=='0') break;
    }
    return (0);
}
```

关于“修改课程表数据”和“修改选课表数据”的代码与“修改学生表数据”的代码相似，请读者自己尝试完成。

15.4.5 删除数据模块

在图15-3中输入“4”进入删除数据模块。删除数据模块代码如下：

```
int delete_data()
{
    char fu[1];
    for(;;)
    {
        printf("\n");
        printf("################################################\n");
        printf("  1--删除学生表数据        2--删除课程表数据\n");
        printf("  3--删除选课表数据        4--返回\n");
        printf("################################################\n");
        printf("请选择一个功能选项，然后回车:");
        fu[0]='1';
        scanf("%s",&fu);
        if (fu[0]=='1') delete_Student_table();
        if (fu[0]=='2') delete_Course_table();
        if (fu[0]=='3') delete_SC_table();
        if (fu[0]=='4') return(0);
    }
}
```

上述代码运行的界面如图15-7所示。

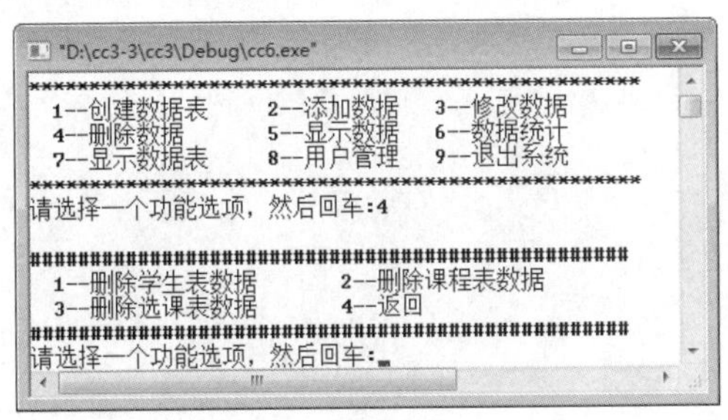

图15-7　删除数据界面

在图 15-7 中输入“1”，可以运行“删除学生表数据”代码模块，该模块代码如下：

```
int delete_Student_table()
{
    char yn[2];
    char hhsno[12];
    char hsno[12];
    char hsname[10];
    char hssex[3];
    char hsbirthday[11];
    char hsnative[10];
    char hsnation[10];
    char hsphone[11];
    int i;
    char strquery[200]="select sno,sname,ssex,sbirthday,snative,snation, sphone
from student";
    printf("请输入要删除记录的学号(如: 20180210901):");
    scanf("%s",hhsno);
    printf("\n");
    if (strcmp(hhsno,"*")!=0||strcmp(hhsno,"**")!=0)
    {
        strcat(strquery," where sno like '");
        strcat(strquery,hhsno);
        strcat(strquery,"%'");
    }
    mysql_query(&mysql,strquery);
    result=mysql_store_result(&mysql);
    num_fields=mysql_field_count(&mysql);
    while((row=mysql_fetch_row(result))!=NULL)
    {
        printf( "%s\n", " 学号   姓名  性别  出生日期 籍贯  民族   电话号码   ");
        for(i=0;i<num_fields;i++)
        {
            switch (i)
            {
                case 0:{strcpy(hsno,row[i]);break;}
                case 1:{strcpy(hsname,row[i]);break;}
                case 2:{strcpy(hssex,row[i]);break;}
                case 3:{strcpy(hsbirthday,row[i]);break;}
                case 4:{strcpy(hsnative,row[i]);break;}
                case 5:{strcpy(hsnation,row[i]);break;}
                case 6:{strcpy(hsphone,row[i]);break;}
            }
        }
        printf(" %s",hsno);
        for(i=0;i<5-strlen(hsname)/2;i++)
            printf(" ");
        printf("%s",hsname);
        for(i=0;i<8-strlen(hsname)/2;i++)
```

```
        printf(" ");
    printf("%s",hssex);
    printf("    %s",hsbirthday);
    printf("    %s",hsnative);
    printf("    %s",hsnation);
    printf("    %s\n",hsphone);
    printf("\n");
    printf("删除该记录吗?(y/n/0,y--yes,n--no,0--exit)");
    scanf("%s",&yn);
    if (yn[0]=='y' ||yn[0]=='Y')
    {
        char strdelete[100]="delete from student where sno ='";
        strcat(strdelete,hsno);
        strcat(strdelete,"'");
        if(mysql_query(&mysql,strdelete)==0)
            printf("删除数据成功!\n");
        else
            printf("删除数据错误!\n");

    }
    if (yn[0]=='0') break;
  }
  return (0);
}
```

关于“删除课程表数据”和“删除选课表数据”的代码与“删除学生表数据”的代码相似，请读者自己尝试完成。

15.4.6 显示数据模块

在图15-3中输入“5”进入显示数据模块。显示数据模块代码如下：

```
int list_data()
{
  char fu[1];
  for(;;)
  {
    printf("################################################\n");
    printf("  1--显示学生表数据        2--显示课程表数据\n");
    printf("  3--显示选课表数据        4--返回\n");
    printf("################################################\n");
    printf("请选择一个功能选项，然后回车:");
    fu[0]='1';
    scanf("%s",&fu);
    if (fu[0]=='1') list_Student_table();
    if (fu[0]=='2') list_Course_table();
    if (fu[0]=='3') list_SC_table();
    if (fu[0]=='4') return(0);
  }
}
```

上述代码运行的界面如图 15-8 所示。

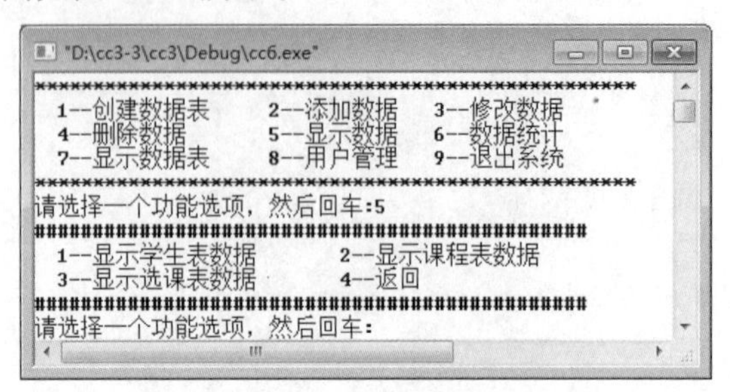

图 15-8 显示数据界面

在图 15-8 中输入“1”，可以运行“显示学生表数据”代码模块，该模块代码如下：

```
int list_Student_table()
{
    char hsno[12];
    char hsname[10];
    char hssex[3];
    char hsbirthday[11];
    char hsnative[10];
    char hsnation[10];
    char hsphone[11];
    int i;
    char strquery[100]="select sno,sname,ssex,sbirthday,snative,snation, sphone
from student";
    mysql_query(&mysql,strquery);
    result=mysql_store_result(&mysql);
    printf( "%s\n", "  学号    姓名    性别    出生日期   籍贯    民族     电话号码   ");
    num_fields=mysql_field_count(&mysql);
    while((row=mysql_fetch_row(result))!=NULL)
    {
        for(i=0;i<num_fields;i++)
        {
            switch (i)
            {
                case 0:{strcpy(hsno,row[i]);break;}
                case 1:{strcpy(hsname,row[i]);break;}
                case 2:{strcpy(hssex,row[i]);break;}
                case 3:{strcpy(hsbirthday,row[i]);break;}
                case 4:{strcpy(hsnative,row[i]);break;}
                case 5:{strcpy(hsnation,row[i]);break;}
                case 6:{strcpy(hsphone,row[i]);break;}
            }
        }
        printf("%s",hsno);
        if (strlen(hsname)==4) printf("   %s  ",hsname);
        else printf("   %s",hsname);
        printf("    %s",hssex);
        printf("    %s",hsbirthday);
```

```
        printf("    %s",hsnative);
        printf("    %s",hsnation);
        printf("    %s\n",hsphone);
    }
    return (0);
}
```

关于“显示课程表数据”和“显示选课表数据”的代码与“显示学生表数据”的代码相似，请读者自己尝试完成。

15.4.7 数据统计模块

在图15-3中输入“6”进入数据统计模块。数据统计模块代码如下：

```
int tongji_table_data()
{
    double isum = 18;
    int icnt = 18;
    double iavg = 18;
    double imin = 18;
    double imax = 18;
    char icno[]="1";
    char icname[] = "xxxxxxxxxx";
    int i;
    char strquery[200]="select course.cno,cname,count(grade),sum(grade), avg(grade),
min(grade), max(grade)
        from course,sc where course.cno=sc.cno group by course.cno, cname";
    mysql_query(&mysql,strquery);
    result=mysql_store_result(&mysql);
    printf(" 课程号    课程名    选课人数    课程总分    平均分    最低分    最高分\n");
    num_fields=mysql_field_count(&mysql);
    while((row=mysql_fetch_row(result))!=NULL)
    {
        for(i=0;i<num_fields;i++)
        {
            switch (i)
            {
                case 0:{strcpy(icno,row[i]);printf("    %s",icno);break;}
                case 1:{
                        strcpy(icname,row[i]);
                        for(int j=0;j<13-strlen(icname)/2;j++)
                            printf(" "); printf("%s",icname);
                        break;
                    }
                case 2:{
                        icnt=atof(row[i]);
                        for(int j=0;j<17-strlen(icname)/2;j++)
                            printf(" ");printf("%d",icnt);
                        break;
                    }
```

```
                case 3:{isum=atof(row[i]);break;}
                case 4:{iavg=atof(row[i]);break;}
                case 5:{imin=atof(row[i]);break;}
                case 6:{imax=atof(row[i]);break;}
            }
        }
        printf("    %3.0f",isum);
        printf("    %3.0f",iavg);
        printf("    %3.0f",imin);
        printf("    %3.0f\n",imax);
    }
    return (0);
}
```

上述代码运行的界面如图 15-9 所示。

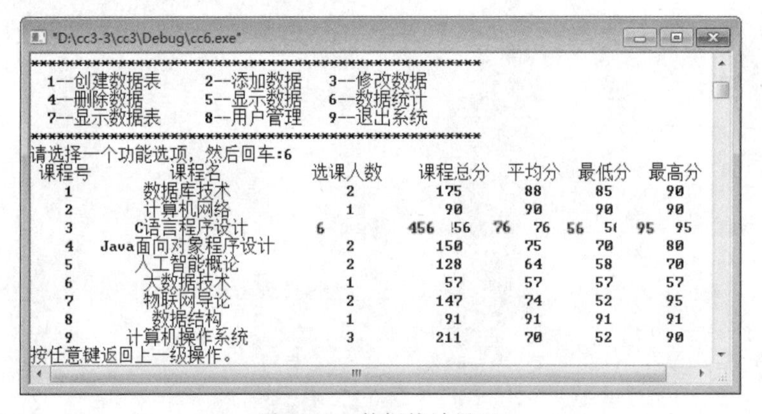

图 15-9　数据统计界面

这里，数据统计只对每门课程的选课人数、课程总分、平均分、最低分、最高分作了统计，读者可以根据自己的需要设计其他统计模块。

15.4.8　显示数据表模块

在图 15-3 中输入“7”进入显示数据表模块。显示数据表模块代码如下：

```
int show_tables()
{
    result=mysql_list_tables(&mysql,"%");
    printf("该数据库有如下数据表: \n");
    while((row=mysql_fetch_row(result))!=NULL)
    {
        printf("%s \n",row[0]);
    }
    return (0);
}
```

上述代码运行的界面如图 15-10 所示。

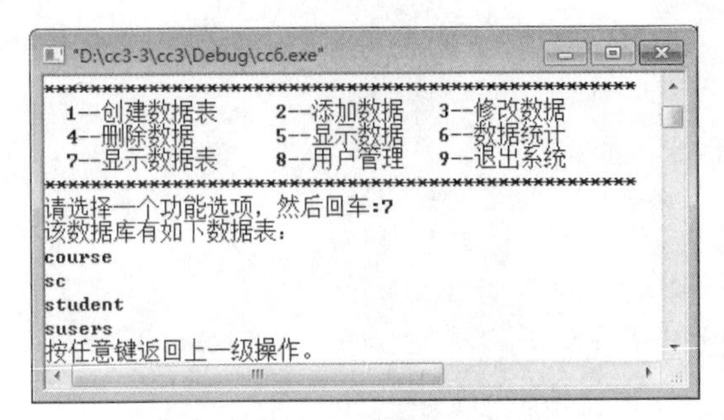

图 15-10　显示数据表界面

15.4.9　用户管理模块

在图 15-3 中输入“8”进入用户管理模块。用户管理代码如下：

```
int user_management()
{
    char fu[1];
    for(;;)
    {
        printf("\n");
        printf("#########################################\n");
        printf("  1--显示用户数据          2--创建新用户\n");
        printf("  3--删除用户              4--用户授权\n");
        printf("  5--收回权限              6--返回\n");
        printf("#########################################\n");
        printf("请选择一个功能选项, 然后回车:");
        fu[0]='1';
        scanf("%s",&fu);
        if (fu[0]=='1') list_Susers_table();
        if (fu[0]=='2') create_users();
        if (fu[0]=='3') delete_user();
        if (fu[0]=='4') grant_user();
        if (fu[0]=='5') revoke_user();
        if (fu[0]=='6') return(0);
    }
}
```

上述代码运行的界面如图 15-11 所示。

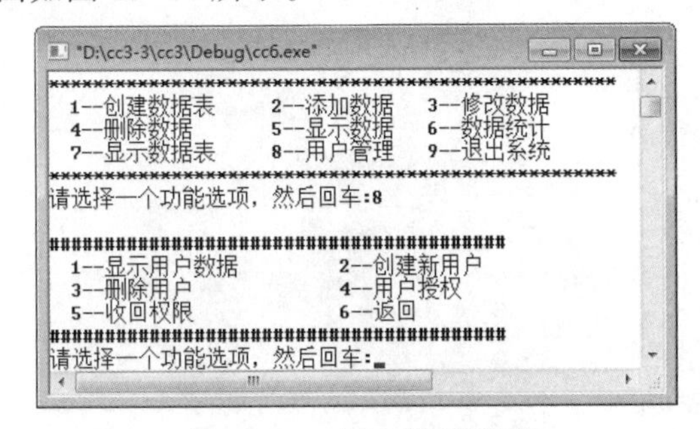

图 15-11　用户管理界面

在图 15-11 中输入“1”，可以运行“显示用户数据”代码模块，该模块代码如下：

```
int list_Susers_table()
{
    char huname[20];
    char hupassword[50];
    char huprivillges[50];
    char strquery[100]="select uname,upassword,uprivillges from susers";
    int i;
    mysql_query(&mysql,strquery);
    result=mysql_store_result(&mysql);
    num_fields=mysql_field_count(&mysql);
    printf("\n");
    printf( "%s\n", "用户名          密  码                         权限");
    while((row=mysql_fetch_row(result))!=NULL)
    {
        for(i=0;i<num_fields;i++)
        {
            switch (i)
            {
            case 0:{strcpy(huname,row[i]);break;}
            case 1:{strcpy(hupassword,row[i]);break;}
            case 2:{if (row[i]!=NULL) strcpy(huprivillges,row[i]); else strcpy
(huprivillges," ");break;}
            }
        }
        printf(" %s",huname);
        printf("        %s",hupassword);
        printf("        %s\n",huprivillges);
    }
    return (0);
}
```

MySQL 的用户保存在 mysql.user 数据表中，为了显示用户权限，构建了 susers 数据表，该数据表保存有 mysql.user 中的用户名、密码、用户权限信息，以便用户查看。

在图 15-11 中输入“2”，可以运行“创建新用户”代码模块，该模块代码如下：

```
int create_users()
{
    char iuser[30];
    char ihostname[20];
    char ipassword[50];
    char strquery[100]="create user ";
    char strquery1[100]="create user ";
    char insertquery[150]="insert into susers(uname,upassword) select user,
password from mysql.user where user='";
    char insertquery1[150]="insert into susers(uname,upassword) select user,
password from mysql.user where user='";
    char yn[2];
    while(1)
```

```
    {
      printf("请输入用户名:");
      scanf("%s",iuser);
      strcat(strquery,iuser);
      strcat(strquery,"@");
      printf("请输入登录主机名:");
      scanf("%s",ihostname);
      strcat(strquery,ihostname);
      strcat(strquery," identified by '");
      printf("请输入登录密码:");
      scanf("%s",ipassword);
      strcat(strquery,ipassword);
      strcat(strquery,"'");
      strcat(insertquery,iuser);
      strcat(insertquery,"'");
      if(mysql_query(&mysql,strquery)==0)
      {
         if(mysql_query(&mysql,insertquery)==0)
            printf("创建用户成功!\n");
         else
            printf("创建用户不成功!\n");
      }
      else
      {
         printf("命令执行错误!\n");
      }
      printf("继续创建用户?(y--yes,n--no):");
      scanf("%s",&yn);
      if (yn[0]=='y' ||yn[0]=='Y')
      {
         strcpy(strquery,strquery1);
         strcpy(insertquery,insertquery1);
         continue;
      }
      else break;
    }
    return (0);
}
```

在图15-11中输入“4”，可以运行“用户授权”代码模块，该模块代码如下：

```
int grant_user()
{
   char iuser[30];
   char igrant[50];
   char ihostname[50];
   char iobject[50];
   char strquery[100]="grant ";
   char strquery1[100]="grant ";
   char updatequery[150]="update susers set uprivillges='";
```

```
    char updatequery1[150]="update susers set uprivillges='";
    char yn[2];
    while(1)
    {
        printf("请输入要授权用户名:");
        scanf("%s",iuser);
        printf("请输入用户的登录主机名:");
        scanf("%s",ihostname);
        printf("请输入用户操作的数据库对象:");
        scanf("%s",iobject);
        printf("请输入用户的权限:");
        scanf("%s",igrant);
        strcat(strquery,igrant);
        strcat(strquery," on ");
        strcat(strquery,iobject);
        strcat(strquery," to ");
        strcat(strquery,iuser);
        strcat(strquery,"@");
        strcat(strquery,ihostname);
        strcat(updatequery,igrant);
        strcat(updatequery,"' where uname='");
        strcat(updatequery,iuser);
        strcat(updatequery,"'");
        if(mysql_query(&mysql,strquery)==0)
        {
            if(mysql_query(&mysql,updatequery)==0)
                printf("用户授权成功!\n");
            else
                printf("用户授权不成功!\n");
        }
        else
        {
            printf("命令执行错误!\n");
        }
        printf("继续给用户授权?(y--yes,n--no):");
        scanf("%s",&yn);
        if (yn[0]=='y' ||yn[0]=='Y')
        {
            strcpy(strquery,strquery1);
            strcpy(updatequery,updatequery1);
            continue;
        }
        else break;
    }
    return 0;
}
```

关于“删除用户”和“收回授权”模块的代码，请读者自己尝试完成。

15.4.10 暂停模块

```
void pause()
{
    char a,b;
    printf("按任意键返回上一级操作。\n");
    a=getchar();
    b=getchar();
    system("cls");
}
```

15.5 系统的运行环境配置

本系统在 VC++ 6.0 集成环境中进行编辑、调试和运行。为保证程序正确运行，需要对 VC++ 6.0 进行配置工作。配置步骤如下：

① 打开 VC++ 6.0。

② 在 VC++ 6 .0 中新建一个工程项目（Win32 Console Application），如 qrs_c（实际上创建了文件夹 qrs_c）。

③ 把本系统程序代码包含进上述步骤②创建的工程项目中，或者在工程中创建一个 C++ Source File 文件（如 qrs_cc），把代码复制到 qrs_cc 中。

④ 选择“工具”→“选项”命令，打开“选项”对话框，选择“目录”选项卡，在“目录”下拉列表中选择 Include files 选项，新增 MySQL/include 目录。本书 MySQL 的 include 的路径为 C:\Program Files\MySQL\MySQL Server 5.5\include，如图 15-12 所示。

⑤ 在“目录”下拉列表中选择 Library files 选项，新增 MySQL/lib/debug 目录。本书 MySQL 的 debug 的路径为 C:\Program Files\MySQL\MySQL Server 5.5\lib\debug，如图 15-13 所示。

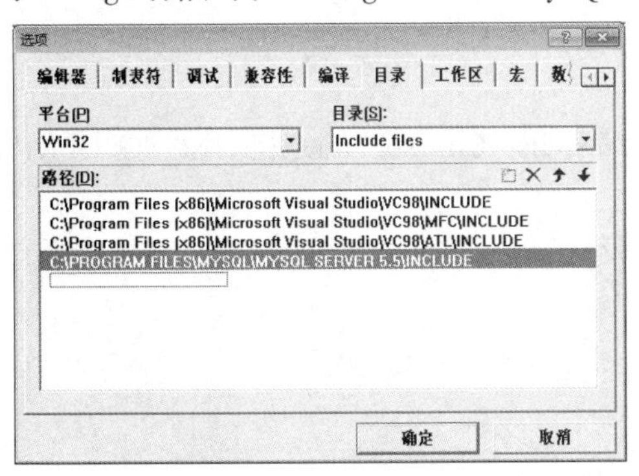

图 15-12 Include 配置路径

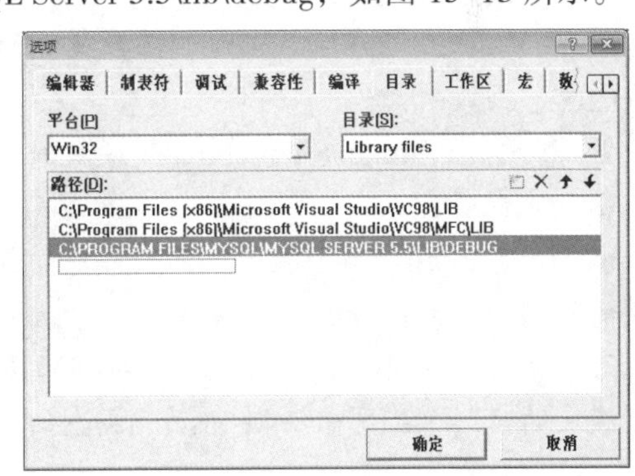

图 15-13 配置 debug 路径

⑥ 选择菜单“工程”→“设置”命令，打开 Project Settings 对话框，选择“连接”选项卡。在“对象/库模块”文本框中已有文件的右边输入：odbc32.lib odbccp32.lib，如图 15-14 所示。

⑦ 在 C:\Program Files\MySQL\MySQL Server 5.5\lib 中找到 libmysql.lib 和 libmysql.dll 文件，将 libmysql.lib 和 libmysql.dll 复制到项目文件夹（如本例 qrs_c 文件夹）和本例 qrs_c 文件夹下的 Debug 文件夹中。

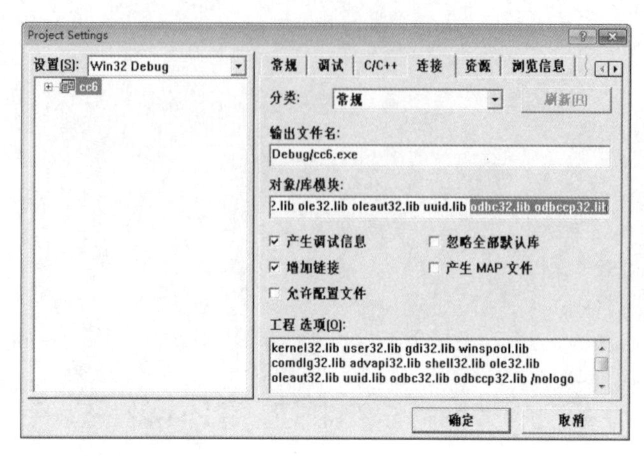

图 15-14　配置 ODBC 接口文件

⑧ 编译项目，即可运行。

实训内容与要求

参阅示例程序，完成如下模块程序编写：

1. 参考 create_Student_table( )函数模块的代码，编写 create_Course_table( )和 create_SC_table( )两个函数的代码。

2. 参考 insert_Student_table( )函数模块的代码，编写 insert_Course_table( )和 insert_SC_table( )两个函数的代码。

3. 参考 update_Student_table( )函数模块的代码，编写 update_Course_table( )和 update_SC_table( )两个函数的代码。

4. 参考 delete_Student_table( )函数模块的代码，编写 delete_Course_table( )和 delete_SC_table( )两个函数的代码。

5. 参考 list_Student_table( )函数模块的代码，编写 list_Course_table( )和 list_SC_table( )两个函数的代码。

6. 参考 tongji_table_data( )函数模块的代码，设计一个其他统计函数模块。如统计每个学生的平均分、最高分、最低分等。

7. 参考 create_users( )函数模块的代码，编写 delete_user( )函数的代码；参考 grant_user( )函数模块的代码，编写 revoke_user( )函数的代码。

实训16

基于Java的数据库应用系统设计与开发——Web活动管理系统的设计与开发

实训目的

掌握数据库设计的基本方法；了解 B/S 结构应用系统的特点与使用场合；了解常用 B/S 系统开发环境；运用所学数据库知识与技术开发小型数据库应用系统。

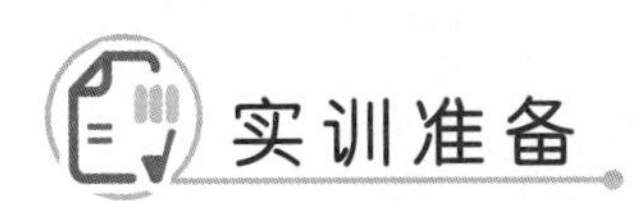

实训准备

掌握数据库设计基本理论；掌握数据库设计过程与方法，熟悉需求分析、概念结构设计、逻辑结构设计、物理结构设计、数据库实施、数据库系统运行与维护六个阶段的内涵与相关技术；具备与相关行业进行业务交流的能力；掌握面向对象语言 Java 编程技术；掌握 Windows 系统下开发环境的搭建。

实训示例

16.1 开发环境与开发工具

系统开发环境为个人计算机，操作系统为 Windows 7 旗舰版 64 位。本系统使用 Java 语言设计实现，JDK 版本使用 8u191、数据库使用 MySQL 数据库、IDE 使用 Eclipse IDE 2018-12、中间件使用 Tomcat 9.0.14、MySQL jdbc 包使用 mysql-connector-java-8.0.13。

16.2 系统需求分析

用户通过本系统实现账号注册、账号登录、账号管理、活动报名、活动管理；管理员可以对用户信息进行管理、对活动进行管理，具体功能如下：

① 系统登录。用户可在登录模块进行输入用户名和密码进行登录。

② 用户注册。普通用户填写个人信息（姓名、性别、出生日期、手机号码）后，等待系统管理员审核，即可进行活动报名。

③ 用户信息管理。系统管理员可对普通用户进行列表浏览，并可修改个人信息（包括姓名、性别、出生日期、手机号码），也可重置其密码。

④ 个人信息管理。普通用户可对个人信息进行修改，包括性别和出生日期，并可查看活动的报名情况。

⑤ 活动发布。系统管理员可发布活动信息，包括活动主题、主题图片、主办单位、协办单位、报名时间、活动时间、活动详细内容。

⑥ 活动列表。不需登录，即可看到所有活动的简介信息（活动主题、图片、报名截止时间、活动举办时间），活动信息按举办时间排序。

⑦ 活动管理。系统管理员可对活动信息进行维护。

⑧ 活动报名。普通用户可进行活动报名。

⑨ 活动报名统计。系统可对活动当前报名人数进行统计，统计人数在活动管理模块中呈现，并通过单击统计人数，可查看报名人员信息（姓名、手机号码、报名日期）。

16.3 功能需求分析

系统功能模块图如图 16-1 所示。

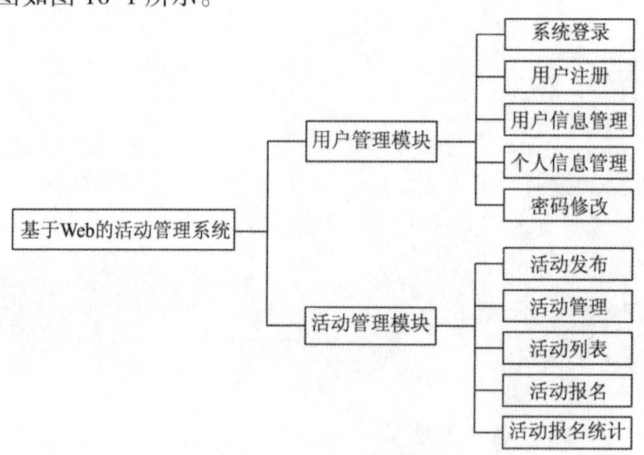

图 16-1 系统功能模块图

16.4 数据库设计

16.4.1 数据库概念结构设计

① 数据流图。本系统数据流图如图 16-2 ~ 图 16-11 所示。

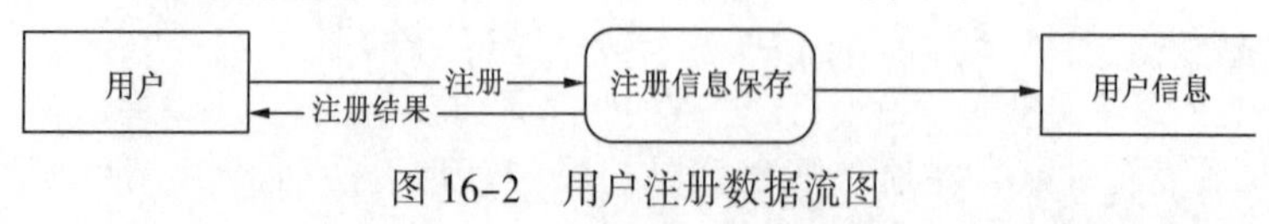

图 16-2 用户注册数据流图

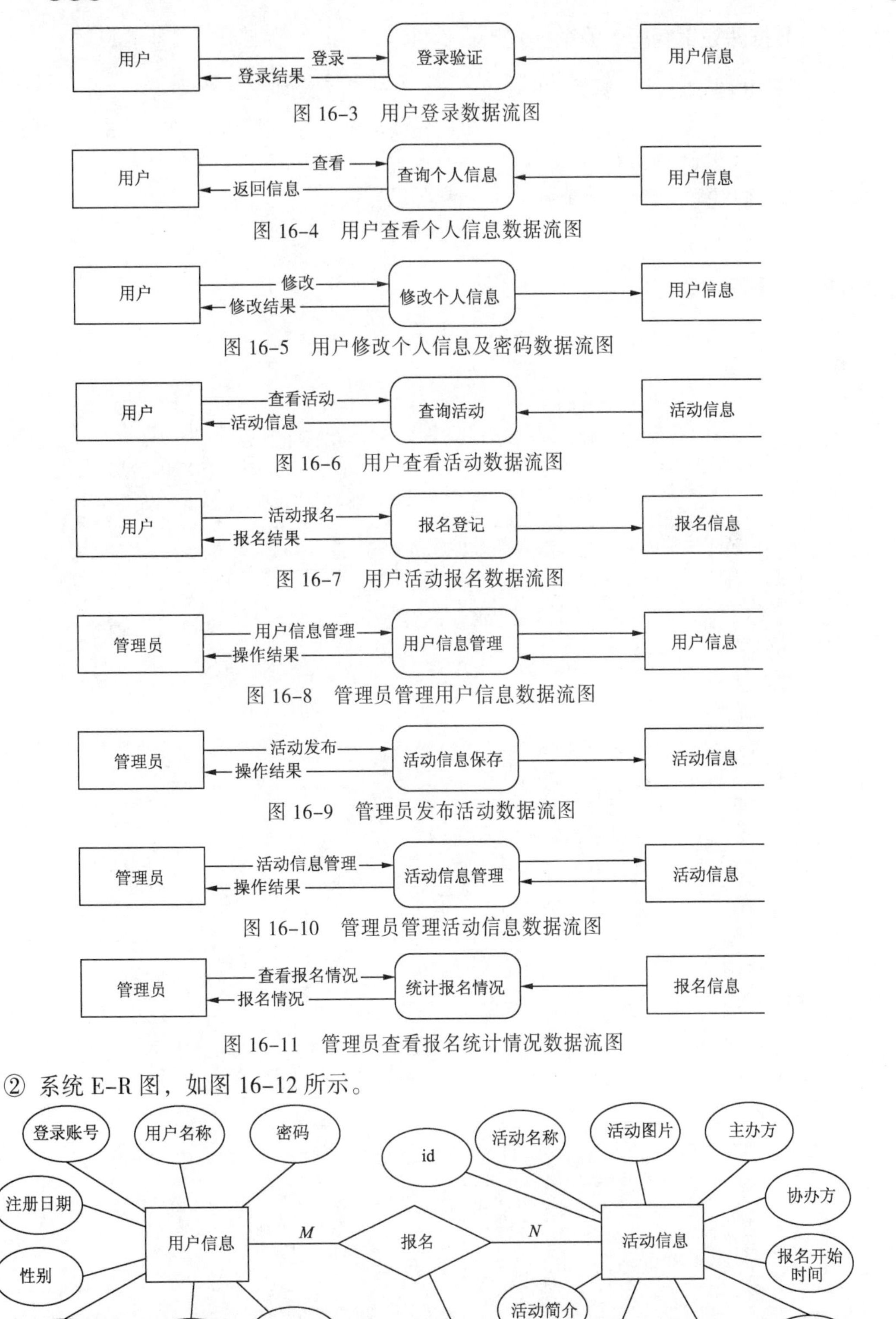

图 16-3 用户登录数据流图

图 16-4 用户查看个人信息数据流图

图 16-5 用户修改个人信息及密码数据流图

图 16-6 用户查看活动数据流图

图 16-7 用户活动报名数据流图

图 16-8 管理员管理用户信息数据流图

图 16-9 管理员发布活动数据流图

图 16-10 管理员管理活动信息数据流图

图 16-11 管理员查看报名统计情况数据流图

② 系统 E-R 图，如图 16-12 所示。

图 16-12 系统 E-R 图

16.4.2 数据库逻辑结构（关系模式）设计

按照 E-R 图到逻辑关系模式的转换规则，可得到系统如下 3 个关系。

① 用户信息（用户 id，登录账号，用户名称，密码，注册日期，性别，生日，联系电话）

② 活动信息（活动 id，活动名称，活动图片，主办方，协办方，报名开始时间，报名结束时间，活动开始时间，活动结束时间，活动简介）

③ 报名信息（用户 id，活动 id，报名时间）

16.4.3 数据库物理结构设计

本系统数据库表的物理结构设计通过创建表的 SQL 呈现。

（1）用户信息表

```
CREATE TABLE 'user' (
  'id' int(11) NOT NULL AUTO_INCREMENT,
  'user_name' varchar(255) COLLATE utf8_unicode_ci DEFAULT NULL,
  'nickname' varchar(255) COLLATE utf8_unicode_ci DEFAULT NULL,
  'password' varchar(255) COLLATE utf8_unicode_ci DEFAULT NULL,
  'register_date' datetime DEFAULT NULL,
  'sex' char(1) COLLATE utf8_unicode_ci DEFAULT NULL,
  'birthday' date DEFAULT NULL,
  'phone_num' varchar(255) COLLATE utf8_unicode_ci DEFAULT NULL,
  PRIMARY KEY ('id')
);
```

（2）活动信息表

```
CREATE TABLE 'activity' (
  'id' int(11) NOT NULL AUTO_INCREMENT,
  'act_name' varchar(255) COLLATE utf8_unicode_ci DEFAULT NULL,
  'act_picture' varchar(255) COLLATE utf8_unicode_ci DEFAULT NULL,
  'sponsor' varchar(255) COLLATE utf8_unicode_ci DEFAULT NULL,
  'co_organizer' varchar(255) COLLATE utf8_unicode_ci DEFAULT NULL,
  'sign_up_start_date' datetime DEFAULT NULL,
  'sign_up_end_date' datetime DEFAULT NULL,
  'act_start_date' datetime DEFAULT NULL,
  'act_end_date' datetime DEFAULT NULL,
  'act_content' text COLLATE utf8_unicode_ci,
  PRIMARY KEY ('id')
);
```

（3）报名信息表

```
CREATE TABLE 'activity_sign_up' (
  'user_id' int(11) NOT NULL DEFAULT '0',
  'activity_id' int(11) NOT NULL DEFAULT '0',
  'sign_up_time' datetime DEFAULT NULL,
  PRIMARY KEY ('user_id','activity_id'),
  KEY 'activity_id' ('activity_id'),
  CONSTRAINT 'activity_sign_up_ibfk_1' FOREIGN KEY ('user_id') REFERENCES
'user' ('id'),
  CONSTRAINT 'activity_sign_up_ibfk_2' FOREIGN KEY ('activity_id') REFERENCES
'activity' ('id')
);
```

16.5 系统功能的实现

使用 Eclipse 新建一个动态网页工程（Dynamic Web Project），引入 mysql-connector-java-8.0.13.jar 包。

16.5.1 数据库连接通用模块

文件路径：src/connection/DBConnection.java。

代码：

```
package connection;
import java.sql.Connection;
import java.sql.DriverManager;
import java.sql.SQLException;
public class DBConnection {
    //本教程 MySQL jdbc 包版本为 mysql-connector-java-8.0.13，注意引入
    private static String driver = "com.mysql.cj.jdbc.Driver";
    private static String url = "jdbc:mysql://localhost:3306/activity_
management_database?serverTimezone=GMT%2B8";
    private static String username = "root";
    private static String password = "123456";
    private static Connection conn = null;
    public static Connection getConnection() throws SQLException, ClassNot
FoundException {
        if(conn == null || conn.isClosed()) {
            Class.forName(driver);
            conn = DriverManager.getConnection(url, username, password);
        }
        return conn;
    }
}
```

16.5.2 系统登录模块编写

（1）用户实体类

文件路径：src/activityManagement/userModular/entity/User.java。

代码：

```
package activityManagement.userModular.entity;
import java.util.Date;
public class User {
    private Integer id;
    private String userName;
    private String nickname;
    private String password;
    private Date registerDate;
    private String sex;
    private Date birthday;
    private String phoneNum;

    public Integer getId() {
        return id;
```

```
    }

    public void setId(Integer id) {
        this.id = id;
    }

    public String getUserName() {
        return userName;
    }

    public void setUserName(String userName) {
        this.userName = userName;
    }

    public String getPassword() {
        return password;
    }

    public void setPassword(String password) {
        this.password = password;
    }

    public Date getRegisterDate() {
        return registerDate;
    }

    public void setRegisterDate(Date registerDate) {
        this.registerDate = registerDate;
    }

    public String getSex() {
        return sex;
    }

    public void setSex(String sex) {
        this.sex = sex;
    }

    public Date getBirthday() {
        return birthday;
    }

    public void setBirthday(Date birthday) {
        this.birthday = birthday;
    }

    public String getPhoneNum() {
        return phoneNum;
    }

    public void setPhoneNum(String phoneNum) {
        this.phoneNum = phoneNum;
    }

    public String getNickname() {
```

```
        return nickname;
    }

    public void setNickname(String nickname) {
        this.nickname = nickname;
    }
}
```

（2）用户 DAO

文件路径：src/activityManagement/userModular/dao/UserDao.java。

代码：

```
package activityManagement.userModular.dao;
import java.sql.Connection;
import java.sql.PreparedStatement;
import java.sql.ResultSet;
import java.sql.SQLException;
import java.sql.Timestamp;
import java.util.ArrayList;
import java.util.List;
import activityManagement.userModular.entity.User;
import connection.DBConnection;

public class UserDao {
    public User queryByUserId(Integer userId) {
        if(userId==null) {
            return null;
        }

        Connection conn = null;
        PreparedStatement ps = null;
        ResultSet rs = null;
        try {
            conn = DBConnection.getConnection();
            String sql = "select * from user where id = ?";
            ps = conn.prepareStatement(sql);
            ps.setInt(1, userId);
            rs = ps.executeQuery();
            if(rs.next()==false) {
                return null;
            }
            return resultSet2User(rs);

        } catch (ClassNotFoundException e) {
            e.printStackTrace();
        } catch (SQLException e) {
            e.printStackTrace();
        }finally {
            try {
                rs.close();
            } catch (SQLException e) {
                e.printStackTrace();
            }

            try {
                ps.close();
```

```
        } catch (SQLException e) {
            e.printStackTrace();
        }
    }
    return null;
}

public User queryByUserName(String userName) {
    if(userName==null) {
        return null;
    }
    Connection conn = null;
    PreparedStatement ps = null;
    ResultSet rs = null;
    try {
        conn = DBConnection.getConnection();
        String sql = "select * from user where user_name = ?";
        ps = conn.prepareStatement(sql);
        ps.setString(1, userName);
        rs = ps.executeQuery();
        if(rs.next()==false) {
            return null;
        }
        return resultSet2User(rs);
    } catch (ClassNotFoundException e) {
        e.printStackTrace();
    } catch (SQLException e) {
        e.printStackTrace();
    }finally {
        try {
            rs.close();
        } catch (SQLException e) {
            e.printStackTrace();
        }

        try {
            ps.close();
        } catch (SQLException e) {
            e.printStackTrace();
        }
    }
    return null;
}

private User resultSet2User(ResultSet rs) {
    User user = new User();
    try {
        user.setId(rs.getInt("id"));
        user.setUserName(rs.getString("user_name"));
        user.setPassword(rs.getString("password"));
        user.setNickname(rs.getString("nickname"));
        user.setRegisterDate(rs.getDate("register_date"));
        user.setSex(rs.getString("sex"));
        user.setBirthday(rs.getDate("birthday"));
        user.setPhoneNum(rs.getString("phone_num"));
```

```
            return user;
        } catch (SQLException e) {
            // TODO Auto-generated catch block
            e.printStackTrace();
        }
        return null;
    }

    public Boolean save(User user) {
        if(user == null) {
            return false;
        }

        Connection conn = null;
        PreparedStatement ps = null;
        try {
            conn = DBConnection.getConnection();
            String sql = "insert into user(user_name,nickname,password, register_
date,sex,birthday,phone_num) values(?,?,?,?,?,?,?)";
            ps = conn.prepareStatement(sql);
            ps.setString(1, user.getUserName());
            ps.setString(2, user.getNickname());
            ps.setString(3, user.getPassword());
            ps.setTimestamp(4, new Timestamp(user.getRegisterDate(). getTime()));
            ps.setString(5, user.getSex());
            if(user.getBirthday()==null) {
                ps.setTimestamp(6, null);
            }else {
                ps.setTimestamp(6, new Timestamp(user.getBirthday(). getTime()));
            }
            ps.setString(7, user.getPhoneNum());
            return ps.executeUpdate()>0;
        } catch (ClassNotFoundException e) {
            e.printStackTrace();
        } catch (SQLException e) {
            e.printStackTrace();
        }finally {
            try {
                ps.close();
            } catch (SQLException e) {
                e.printStackTrace();
            }
        }
        return false;
    }

    public List<User> queryAllList(){
        Connection conn = null;
        PreparedStatement ps = null;
        ResultSet rs = null;
        try {
            conn = DBConnection.getConnection();
            String sql = "select * from user";
            ps = conn.prepareStatement(sql);
            rs = ps.executeQuery();
```

```
            User userTemp = null;
            List<User> userList = new ArrayList<User>();
            while(rs.next()) {
                userTemp = resultSet2User(rs);
                userList.add(userTemp);
            }
            return userList;
        } catch (ClassNotFoundException e) {
            e.printStackTrace();
        }
        catch (SQLException e)
        {
            e.printStackTrace();
        }
        Finally
        {
            try {
                rs.close();
            }
            catch (SQLException e)
            {
                e.printStackTrace();
            }
            try {
                ps.close();
            }
            catch (SQLException e)
            {
                e.printStackTrace();
            }
        }
        return null;
    }
    public Boolean update(User user)
    {
        if(user == null)
        {
            return false;
        }
        Connection conn = null;
        PreparedStatement ps = null;
        try {
            conn = DBConnection.getConnection();
            String sql = "update user set user_name=?,nickname=?, password=?,
sex=?,birthday=?,phone_num=? where id=?";
            ps = conn.prepareStatement(sql);
            ps.setString(1, user.getUserName());
            ps.setString(2, user.getNickname());
            ps.setString(3, user.getPassword());
            ps.setString(4, user.getSex());
            if(user.getBirthday()==null) {
                ps.setTimestamp(5, null);
            }else {
                ps.setTimestamp(5, new Timestamp(user.getBirthday(). getTime()));
            }
```

```
            ps.setString(6, user.getPhoneNum());
            ps.setInt(7, user.getId());

            return ps.executeUpdate()>0;
        } catch (ClassNotFoundException e) {
            e.printStackTrace();
        } catch (SQLException e) {
            e.printStackTrace();
        }finally {
            try {
                ps.close();
            } catch (SQLException e) {
                e.printStackTrace();
            }
        }
        return false;
    }
}
```

（3）登录界面

文件路径：/WebContent/html/login.html。

代码：

```
<!DOCTYPE html>
<html style="height: 80%">
    <head>
        <meta charset="utf-8">
        <title></title>
    </head>
    <body style="height: 80%">
        <table width="100%" height="100%">
            <tr align="center" >
                <td valign="center">
                    <table>
                        <tr align="center">
                            <td>
                                <h1>用户登陆</h1>
                            </td>
                        </tr>
                        <form action="../loginCheck" method="post">
                            <tr>
                                <td>
                                    <input type="text" name="userName" id= "userName" 
placeholder="请输入用户名"/>
                                </td>
                            </tr>
                            <tr>
                                <td>
                                    <input type="password" name="password" id="password" 
placeholder="请输入密码">
                                </td>
                            </tr>
                            <tr>
                                <td align="center">
                                 <input type="submit" value="登  录" />
                                </td>
```

```
                        </tr>
                        <tr>
                            <td align="center">
                                <a href="../jsp/register.jsp">新用户注册</a>
                            </td>
                        </tr>
                    </form>
                </table>
            </td>
        </tr>
    </table>
</body>
</html>
```

（4）登录逻辑

文件路径：src/activityManagement/userModular/servlet/LoginServlet.java。

代码：

```
package activityManagement.userModular.servlet;
import java.io.IOException;
import javax.servlet.ServletException;
import javax.servlet.http.HttpServlet;
import javax.servlet.http.HttpServletRequest;
import javax.servlet.http.HttpServletResponse;
import activityManagement.userModular.dao.UserDao;
import activityManagement.userModular.entity.User;
public class LoginServlet extends HttpServlet {
    @Override
    protected void doGet(HttpServletRequest req, HttpServletResponse resp)
throws ServletException, IOException {
        doPost(req,resp);
    }
    @Override
    protected void doPost(HttpServletRequest req, HttpServletResponse resp)
throws ServletException, IOException {
        String contextPath = req.getContextPath();
        String userName = req.getParameter("userName");
        String password = req.getParameter("password");
        User user = checkLogin(userName, password);
        if(user!=null) {
            req.getSession().setAttribute("loginUser", user);
            if("admin".equals(user.getUserName())) {//用户名为 admin，默认为管理员
                resp.sendRedirect(contextPath+"/jsp/userManagement.jsp");
            } else {
                resp.sendRedirect(contextPath+"/jsp/index.jsp");
            }
        }else {
            resp.sendRedirect(contextPath+"/jsp/loginFail.jsp");
        }
    }

    private User checkLogin(String userName,String password) {
        if(userName==null || password==null) {
            return null;
        }
        UserDao userDao = new UserDao();
```

```
        User user = userDao.queryByUserName(userName);
        if(user==null) {
            return null;
        }
        String pw = user.getPassword();
        if(password.equals(pw)) {
            return user;
        }else {
            return null;
        }
    }
}
```

（5）登录失败提示页面

文件路径：/WebContent/jsp/loginFail.jsp。

代码：

```
<%@ page language="java" contentType="text/html; charset=UTF-8"
    pageEncoding="UTF-8"%>
<!DOCTYPE html>
<html>
<head>
<meta charset="UTF-8">
<title>登录失败</title>
</head>
<body>
账号或密码错误
<a onclick="javascript:history.go(-1)" href="#">返回</a>
</body>
</html>
```

（6）登出逻辑

文件路径：src/activityManagement/userModular/servlet/LogoutServlet.java。

代码：

```
package activityManagement.userModular.servlet;
import java.io.IOException;
import javax.servlet.ServletException;
import javax.servlet.http.HttpServlet;
import javax.servlet.http.HttpServletRequest;
import javax.servlet.http.HttpServletResponse;

public class LogoutServlet extends HttpServlet
{
    @Override
    protected void doGet(HttpServletRequest req, HttpServletResponse resp)
throws ServletException, IOException {
        doPost(req,resp);
    }
    @Override
    protected void doPost(HttpServletRequest req, HttpServletResponse resp)
throws ServletException, IOException {
        req.getSession().removeAttribute("loginUser");
        String contextPath = req.getContextPath();
        resp.sendRedirect(contextPath+"/jsp/index.jsp");
    }
}
```

（7）登录页面效果图

用户登录页面如图 16-13 所示。

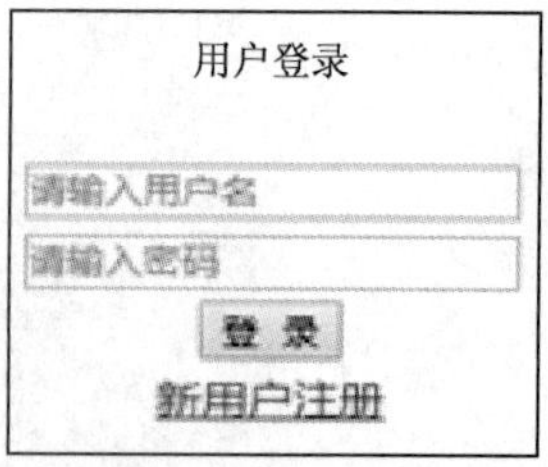

图 16-13　用户登录界面

16.5.3　用户注册模块

（1）注册页面

文件路径：/WebContent/jsp/register.jsp。

代码：

```
<%@ page language="java" contentType="text/html; charset=UTF-8"
   pageEncoding="UTF-8"%>
<!DOCTYPE html>
<html>
<head>
<meta charset="UTF-8">
<title>新用户注册</title>
</head>
<body style="height: 80%">
      <table width="100%" height="100%">
         <tr align="center" >
            <td valign="center">
               <table>
                  <form action="../register" method="post">
                     <tr>
                        <td>
                           <label>用户名: </label>
                        </td>
                        <td>
                           <input type="text" name="userName" id="userName"/>
                        </td>
                     </tr>
                     <tr>
                        <td>
                           <label>密码: </label>
                        </td>
                        <td>
                           <input type="password" name="password"
id="password">
                        </td>
                     </tr>
                     <tr>
                        <td>
                           <label>姓名: </label>
                        </td>
                        <td>
                           <input type="text" name="name" id="name">
                        </td>
                     </tr>
                     <tr>
                        <td>
                           <label>性别: </label>
                        </td>
                        <td>
                           <select name="sex" id="sex">
```

```
                                <option>请选择</option>
                                <option value="1">男</option>
                                <option value="2">女</option>
                            </select>
                        </td>
                    </tr>
                    <tr>
                        <td>
                            <label>生日: </label>
                        </td>
                        <td>
                            <input type="date" name="birthday"
id="birthday">
                        </td>
                    </tr>
                    <tr>
                        <td>
                            <label>手机号码: </label>
                        </td>
                        <td>
                            <input type="text" name="phoneNum"
id="phoneNum">
                        </td>
                    </tr>
                    <tr>
                        <td align="center">
                            <input type="submit" value="注  册" />
                        </td>
                        <td align="center">
                            <input type="button" value="返  回"
onclick="javascript:history.go(-1);"/>
                        </td>
                    </tr>
                </form>
            </table>
        </td>
    </tr>
    </table>
  </body>
</html>
```

（2）注册逻辑

文件路径：src/activityManagement/userModular/servlet/RegisterServlet.java。

代码：

```
package activityManagement.userModular.servlet;
import java.io.IOException;
import java.text.DateFormat;
import java.text.ParseException;
import java.text.SimpleDateFormat;
import java.util.Date;
import javax.servlet.ServletException;
import javax.servlet.http.HttpServlet;
import javax.servlet.http.HttpServletRequest;
import javax.servlet.http.HttpServletResponse;
```

```
import activityManagement.userModular.dao.UserDao;
import activityManagement.userModular.entity.User;

public class RegisterServlet extends HttpServlet {
    @Override
    protected void doGet(HttpServletRequest req, HttpServletResponse resp)
throws ServletException, IOException {
        doPost(req,resp);
    }
    @Override
    protected void doPost(HttpServletRequest req, HttpServletResponse resp)
throws ServletException, IOException {
        req.setCharacterEncoding("UTF-8");
        String userName = req.getParameter("userName");
        String password = req.getParameter("password");
        String nickname = req.getParameter("name");
        String sex = req.getParameter("sex");
        String birthday = req.getParameter("birthday");
        String phoneNum = req.getParameter("phoneNum");
        UserDao userDao = new UserDao();
        User user = userDao.queryByUserName(userName);
        if(user!=null) {
            req.getRequestDispatcher("/html/userIsExists.html"). forward(req,
resp);
            return;
        }
        DateFormat df = new SimpleDateFormat("yyyy-MM-dd");
        user = new User();
        user.setUserName(userName);
        user.setPassword(password);
        user.setNickname(nickname);
        user.setRegisterDate(new Date());
        user.setSex(sex);
        try {
            user.setBirthday(df.parse(birthday));
        } catch (ParseException e) {
            e.printStackTrace();
        }
        user.setPhoneNum(phoneNum);
        Boolean isSuccess = userDao.save(user);
        if(isSuccess) {
            req.getRequestDispatcher("/html/registerSuccess.html"). forward (req,
resp);
        }else {
            req.getRequestDispatcher("/html/registerFail.html").forward (req,resp);
        }
    }
}
```

（3）注册成功提示页面

文件路径：/WebContent/html/registerSuccess.html。

代码：

```
<!DOCTYPE html>
<html>
    <head>
```

```
        <meta charset="UTF-8">
        <title>注册成功</title>
    </head>
    <body>
        注册成功
        <a href="html/login.html">返回登录</a>
    </body>
</html>
```

(4) 注册失败提示页面

文件路径：/WebContent/html/registerFail.html。

代码：

```
<!DOCTYPE html>
<html>
    <head>
        <meta charset="UTF-8">
        <title>注册失败</title>
    </head>
    <body>
        注册失败
        <a href="html/login.html">返回登录页面</a>
    </body>
</html>
```

(5) 用户已存在提示页面

文件路径：/WebContent/html/userIsExists.html。

代码：

```
<!DOCTYPE html>
<html>
    <head>
        <meta charset="UTF-8">
        <title>用户已存在</title>
    </head>
    <body>
        账号已存在
        <a href="#" onclick="javascript:history.go(-1)">返回注册页面</a>
    </body>
</html>
```

(6) 用户注册页面效果图

用户注册页面效果如图 16-14 所示。

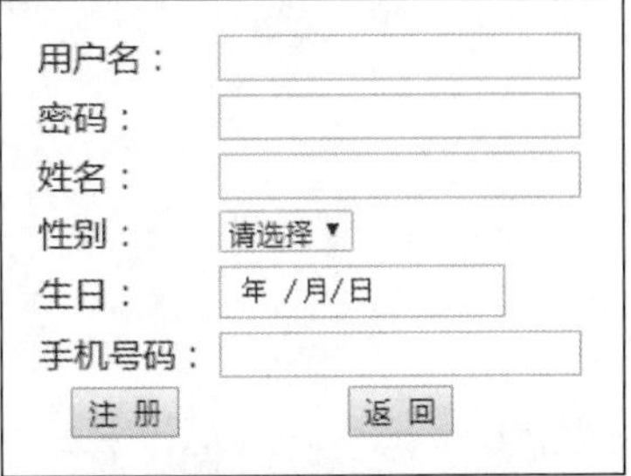

图 16-14　用户注册界面

16.5.4　用户信息管理模块

(1) 用户列表页面

文件路径：/WebContent/jsp/userManagement.jsp。

代码：

```
<%@ page language="java" contentType="text/html;
charset=UTF-8"
    pageEncoding="UTF-8"%>
<%@ page import="activityManagement.userModular.dao.UserDao,
                activityManagement.userModular.entity.User,
```

```
                    java.util.List,java.text.DateFormat,java.text.Simple
DateFormat"%>
    <!DOCTYPE html>
    <html style="height: 80%">
    <head>
    <meta charset="UTF-8">
    <title>用户管理</title>
    </head>
    <body style="height: 80%">
        <table width="100%" height="100%">
            <tr align="center"  height="10px">
                <td>
                    <font size="6"><b>用户管理</b></font>     
                    <a href="activityManagement.jsp">活动管理 </a>    
 
                    <a href="index.jsp">返回首页</a>
                </td>
            </tr>
            <tr align="center" >
                <td valign="top">
                    <table border="1">
                        <tr>
                            <th>序号</th>
                            <th>用户名</th>
                            <th>姓名</th>
                            <th>性别</th>
                            <th>生日</th>
                            <th>手机号码</th>
                            <th>注册日期</th>
                            <th>操作</th>
                        </tr>
                    <%
                    DateFormat df = new SimpleDateFormat("yyyy年MM月dd日");
                    UserDao userDao= new UserDao();
                    List<User> userList = userDao.queryAllList();
                    for(int i=0;i<userList.size();i++){
                        User user = userList.get(i);
                        %>
                        <tr>
                            <td><%=i+1 %></td>
                            <td><%=user.getUserName() %></td>
                            <td><%=user.getNickname() %></td>
                            <td><% if(user.getSex()!=null){%><%=user.getSex(). equals
("1")?"男":"女" %><%} %></td>
                            <td><% if(user.getBirthday()!=null){%><%=df.format (user.
getBirthday()) %><%} %></td>
                            <td><%=user.getPhoneNum() %></td>
                            <td><% if(user.getRegisterDate()!=null){%><%=df. format
(user.getRegisterDate()) %><%} %></td>
                            <td><a href="userEdit.jsp?userId=<%=user.getId() %>">修
改</a></td>
                        </tr>
                        <%
                    }
                    %></table>
```

```
            </td>
        </tr>
    </table>
</body>
</html>
```

（2）用户信息修改页面

文件路径：/WebContent/jsp/userEdit.jsp。

代码：

```
<%@ page language="java" contentType="text/html; charset=UTF-8"
    pageEncoding="UTF-8"%>
<%@ page import="activityManagement.userModular.dao.UserDao,
                activityManagement.userModular.entity.User,
    java.util.List,java.text.DateFormat,java.text.SimpleDateFormat"%>
<!DOCTYPE html>
<html>
<head>
<meta charset="UTF-8">
<title>用户信息</title>
</head>
<body style="height: 80%">
<%
    String userId = request.getParameter("userId");
    UserDao userDao = new UserDao();
    User user = userDao.queryByUserId(Integer.parseInt(userId));
    DateFormat df = new SimpleDateFormat("yyyy-MM-dd");
%>
        <table width="100%" height="100%">
            <tr align="center" >
                <td valign="center">
                    <table>
                        <form action="../userEdit" method="post">
                        <input type="hidden" id="userId" name = "userId" value
="<%=user.getId()%>"/>
                            <tr>
                                <td>
                                    <label>用户名: </label>
                                </td>
                                <td>
                                    <input type="text" name="userName" id= "userName"
value="<%=user.getUserName() %>"/>
                                </td>
                            </tr>
                            <tr>
                                <td>
                                    <label>密码: </label>
                                </td>
                                <td>
                                    <input type="password" name="password" id="password"
value="<%=user.getPassword() %>">
                                </td>
                            </tr>
                            <tr>
                                <td>
                                    <label>姓名: </label>
```

```
                        </td>
                        <td>
                            <input type="text" name="name" id="name" value="
<%=user.getNickname() %>">
                        </td>
                    </tr>
                    <tr>
                        <td>
                            <label>性别: </label>
                        </td>
                        <td>
                            <select name="sex" id="sex">
                                <option value="1"<%if(user.getSex ()!=null&&user.
getSex().equals("1")){%> selected <%} %>>男</option>
                                <option value="2"<%if(user.getSex ()!=null&&user.
getSex().equals("2")){%> selected <%} %>>女</option>
                            </select>
                        </td>
                    </tr>
                    <tr>
                        <td>
                            <label>生日: </label>
                        </td>
                        <td>
                            <input type="date" name="birthday" id= "birthday"
value="<%=user.getBirthday()!=null?df.format(user.getBirthday ()):"" %>">
                        </td>
                    </tr>
                    <tr>
                        <td>
                            <label>手机号码: </label>
                        </td>
                        <td>
                            <input type="text" name="phoneNum" id="phoneNum"
value="<%=user.getPhoneNum() %>">
                        </td>
                    </tr>
                    <tr>
                        <td>
                            <label>注册时间: </label>
                        </td>
                        <td>
                            <label><%=user.getRegisterDate()!=null?df.
format(user.getRegister Date()):"" %></label>
                        </td>
                    </tr>
                    <tr>
                        <td align="center">
                            <input type="submit" value="确  定" />
                        </td>
                        <td align="center">
                            <input type="button" value="返   回" onclick
="javascript:history.go(-1);"/>
                        </td>
                    </tr>
```

```
                    </form>
                </table>
            </td>
        </tr>
    </table>
</body>
</html>
```

（3）用户信息修改逻辑

文件路径：src/activityManagement/userModular/servlet/UserEditServlet.java。

代码：

```
package activityManagement.userModular.servlet;
import java.io.IOException;
import java.text.DateFormat;
import java.text.ParseException;
import java.text.SimpleDateFormat;

import javax.servlet.ServletException;
import javax.servlet.http.HttpServlet;
import javax.servlet.http.HttpServletRequest;
import javax.servlet.http.HttpServletResponse;
import activityManagement.userModular.dao.UserDao;
import activityManagement.userModular.entity.User;

public class UserEditServlet extends HttpServlet {
    @Override
    protected void doGet(HttpServletRequest req, HttpServletResponse resp)
throws ServletException, IOException {
        doPost(req,resp);
    }

    @Override
    protected void doPost(HttpServletRequest req, HttpServletResponse resp)
throws ServletException, IOException {
        req.setCharacterEncoding("UTF-8");
        String contextPath = req.getContextPath();
        String userId = req.getParameter("userId");
        String userName = req.getParameter("userName");
        String password = req.getParameter("password");
        String nickname = req.getParameter("name");
        String sex = req.getParameter("sex");
        String birthday = req.getParameter("birthday");
        String phoneNum = req.getParameter("phoneNum");

        UserDao userDao = new UserDao();
        DateFormat df = new SimpleDateFormat("yyyy-MM-dd");
        User user = new User();
        user.setId(Integer.parseInt(userId));
        user.setUserName(userName);
        user.setPassword(password);
        user.setNickname(nickname);
```

```
            user.setSex(sex);
            try {
                if(birthday!=null && !"".equals(birthday)) {
                    user.setBirthday(df.parse(birthday));
                }
            } catch (ParseException e) {
                e.printStackTrace();
            }
            user.setPhoneNum(phoneNum);
            Boolean isSuccess = userDao.update(user);
            if(isSuccess) {
                User loginUser = (User) req.getSession().getAttribute ("loginUser");
                if("admin".equals(loginUser.getUserName())) {
                    resp.sendRedirect(contextPath+"/jsp/userManagement.jsp");
                } else {
                    resp.sendRedirect(contextPath+"/jsp/userActivity.jsp");
                }
            }else {
                req.getRequestDispatcher("/html/registerFail.html").forward (req,resp);
            }
        }
    }
```

（4）用户管理界面

用户管理界面如图 16-15 所示。

用户管理　活动管理　返回首页

序号	用户名	姓名	性别	生日	手机号码	注册日期	操作
1	admin	超管	男	2019年01月04日	123	2019年01月04日	修改
2	zhangSan	张三	男	2009年12月18日	1231231231*	2019年01月02日	修改
3	liSi	李四	男	2013年05月29日	1231231231*	2019年01月02日	修改
4	test	测试员	男	2019年01月15日	1231231231*	2019年01月15日	修改

图 16-15　用户管理界面

（5）用户信息修改界面

用户信息修改界面如图 16-16 所示。

用户名：test
密码：•••
姓名：测试员
性别：男
生日：2019/01/15
手机号码：1231231231*
注册时间：2019-01-15
确 定　返 回

图 16-16　用户信息修改界面

16.5.5　个人信息管理模块

（1）个人信息页面

与用户信息修改页面功能相同，重用该页面。

（2）个人信息修改逻辑

与用户信息修改逻辑功能相同，重用该逻辑代码。

（3）个人活动报名情况页面

文件路径：/WebContent/jsp/userActivity.jsp。

代码：

```
<%@ page language="java" contentType="text/html; charset=UTF-8"
    pageEncoding="UTF-8"%>
```

```
    <%@ page import="activityManagement.activityModular.dao.ActivityDao,
                    activityManagement.activityModular.entity.Activity,
                    activityManagement.userModular.entity.User,
                    java.util.List,java.text.DateFormat,java.text.Simple
DateFormat"%>
    <!DOCTYPE html>
    <html style="height: 80%">
    <head>
    <meta charset="UTF-8">
    <title>已报名活动</title>
    </head>
    <%
        ActivityDao activityDao = new ActivityDao();
        User loginUser = (User)session.getAttribute("loginUser");
        List<Activity> actList = activityDao.querySignUpList(loginUser.getId());
        DateFormat df = new SimpleDateFormat("yyyy年MM月dd日");
    %>
    <body style="height: 80%">
        <table width="100%" height="100%">
            <tr align="center"  height="10px">
                <td>
                    <font size="6"><b>已报名活动</b></font>     
                    <a href="userEdit.jsp?userId=<%=loginUser.getId() %>">个人信息
</a>    
                    <a href="index.jsp">返回首页</a>
                </td>
            </tr>
            <tr align="center" >
                <td valign="top">
                    <table border="1">
                        <tr>
                            <th>序号</th>
                            <th>活动名称</th>
                            <th>活动开始时间</th>
                            <th>活动结束时间</th>
                            <th>操作</th>
                        </tr>
                        <%for(int i=0;i<actList.size();i++){
                            Activity act = actList.get(i);
                            %><tr>
                            <td>
                              <%=i+1 %>
                            </td>
                            <td>
                              <%=act.getActName() %>
                            </td>
                            <td>
                              <%=act.getActStartDate()==null?"":df.format(
act. getActStartDate()) %>
                            </td>
                            <td>
                              <%=act.getActEndDate()==null?"":df.format(
act. getActEndDate()) %>
                            </td>
                            <td>
```

```
                        <a href="activityDetail.jsp?id=<%=act.getId()%>">查看详
情</a>    
                        <a href="../cancelSign?userId=<%=loginUser.getId() %>&
actId=<%=act.getId()%>">取消报名</a>
                    </td>
                    </tr>
                    <%
                }
                    %>
                </table>
            </td>
        </tr>
    </table>
</body>
</html>
```

（4）个人取消活动报名逻辑

文件路径：src/activityManagement/activityModular/servlet/CancelSignServlet.java。

代码：

```
package activityManagement.activityModular.servlet;

import java.io.IOException;

import javax.servlet.ServletException;
import javax.servlet.http.HttpServlet;
import javax.servlet.http.HttpServletRequest;
import javax.servlet.http.HttpServletResponse;

import activityManagement.activityModular.dao.ActivityDao;

public class CancelSignServlet extends HttpServlet {
    @Override
    protected void doGet(HttpServletRequest req, HttpServletResponse resp)
throws ServletException, IOException {
        doPost(req,resp);
    }
    @Override
    protected void doPost(HttpServletRequest req, HttpServletResponse resp)
throws ServletException, IOException {
        req.setCharacterEncoding("UTF-8");
        String contextPath = req.getContextPath();
        String userId = req.getParameter("userId");
        String actId = req.getParameter("actId");

        if(userId==null || "".equals(userId) || actId==null || "".equals(actId)) {
            resp.sendRedirect(contextPath+"/html/fail.html");
        }
        ActivityDao activityDao = new ActivityDao();
        Boolean isSuccess = activityDao.cancelSign(Integer.parseInt(userId), Integer.
parseInt(actId));
        if(isSuccess) {
            resp.sendRedirect(contextPath+"/jsp/userActivity.jsp");
        }else {
            resp.sendRedirect(contextPath+"/html/fail.html");
        }
```

```
    }
}
```

（5）个人活动报名情况界面效果图

个人活动报名情况界面如图 16-17 所示。

已报名活动　个人信息　返回首页

序号	活动名称	活动开始时间	活动结束时间	操作
1	测试活动1	2019年02月02日	2019年02月03日	查看详情　取消报名
2	测试活动2	2019年02月01日	2019年02月02日	查看详情　取消报名

图 16-17　个人活动报名界面

16.5.6　活动发布模块

（1）活动信息实体类

文件路径：src/activityManagement/activityModular/entity/Activity.java。

代码：

```
package activityManagement.activityModular.entity;
import java.util.Date;
public class Activity {
    private Integer id;
    private String actName;
    private String actPicture;
    private String sponsor;
    private String coOrganizer;
    private Date signUpStartDate;
    private Date signUpEndDate;
    private Date actStartDate;
    private Date actEndDate;
    private String actContent;
    public Integer getId() {
        return id;
    }
    public void setId(Integer id) {
        this.id = id;
    }
    public String getActName() {
        return actName;
    }
    public void setActName(String actName) {
        this.actName = actName;
    }
    public String getActPicture() {
        return actPicture;
    }
    public void setActPicture(String actPicture) {
        this.actPicture = actPicture;
    }
    public String getSponsor() {
        return sponsor;
    }
    public void setSponsor(String sponsor) {
```

```
        this.sponsor = sponsor;
    }
    public String getCoOrganizer() {
        return coOrganizer;
    }
    public void setCoOrganizer(String coOrganizer) {
        this.coOrganizer = coOrganizer;
    }
    public Date getSignUpStartDate() {
        return signUpStartDate;
    }
    public void setSignUpStartDate(Date signUpStartDate) {
        this.signUpStartDate = signUpStartDate;
    }
    public Date getSignUpEndDate() {
        return signUpEndDate;
    }
    public void setSignUpEndDate(Date signUpEndDate) {
        this.signUpEndDate = signUpEndDate;
    }
    public Date getActStartDate() {
        return actStartDate;
    }
    public void setActStartDate(Date actStartDate) {
        this.actStartDate = actStartDate;
    }
    public Date getActEndDate() {
        return actEndDate;
    }
    public void setActEndDate(Date actEndDate) {
        this.actEndDate = actEndDate;
    }
    public String getActContent() {
        return actContent;
    }
    public void setActContent(String actContent) {
        this.actContent = actContent;
    }
}
```

（2）活动信息 DAO

文件路径：src/activityManagement/activityModular/dao/ActivityDao.java。

代码：

```
package activityManagement.activityModular.dao;
import java.sql.Connection;
import java.sql.PreparedStatement;
import java.sql.ResultSet;
import java.sql.SQLException;
import java.sql.Timestamp;
import java.text.DateFormat;
import java.text.SimpleDateFormat;
import java.util.ArrayList;
import java.util.Date;
import java.util.HashMap;
import java.util.List;
```

```
import java.util.Map;
import activityManagement.activityModular.entity.Activity;
import connection.DBConnection;

public class ActivityDao {
    public Activity queryById(Integer actId) {
        if(actId==null) {
            return null;
        }
        Connection conn = null;
        PreparedStatement ps = null;
        ResultSet rs = null;
        try {
            conn = DBConnection.getConnection();
            String sql = "select * from activity where id = ?";
            ps = conn.prepareStatement(sql);
            ps.setInt(1, actId);
            rs = ps.executeQuery();
            if(rs.next()==false) {
                return null;
            }
            return resultSet2Activity(rs);

        } catch (ClassNotFoundException e) {
            e.printStackTrace();
        } catch (SQLException e) {
            e.printStackTrace();
        }finally {
            try {
                if(rs!=null) {
                    rs.close();
                }
                if(ps!=null) {
                    ps.close();
                }
            } catch (SQLException e) {
                e.printStackTrace();
            }
        }
        return null;
    }

    public Boolean saveOrUpdate(Activity act) {
        if(act == null) {
            return false;
        }
        Connection conn = null;
        PreparedStatement ps = null;
        try {
            conn = DBConnection.getConnection();
            String sql = null;
            if(act.getId()==null) {
                sql = "insert into Activity(act_name,act_picture,sponsor,
co_organizer,sign_up_start_date,sign_up_end_date,act_start_date,act_end_date,
act_content) values(?,?,?,?,?,?,?,?,?)";
```

```
            }else {
                sql = "update Activity set act_name=?,act_picture=?, sponsor=?,
co_organizer=?,sign_up_start_date=?,sign_up_end_date=?,act_start_date=?,act_en
d_date=?,act_content=? where id=?";
            }
            ps = conn.prepareStatement(sql);
            ps.setString(1, act.getActName());
            ps.setString(2, act.getActPicture());
            ps.setString(3, act.getSponsor());
            ps.setString(4, act.getCoOrganizer());
            ps.setTimestamp(5, new Timestamp(act.getSignUpStartDate(). getTime()));
            ps.setTimestamp(6, new Timestamp(act.getSignUpEndDate(). getTime()));
            ps.setTimestamp(7, new Timestamp(act.getActStartDate(). getTime()));
            ps.setTimestamp(8, new Timestamp(act.getActEndDate(). getTime()));
            ps.setString(9, act.getActContent());

            if(act.getId()!=null) {
                ps.setInt(10, act.getId());
            }
            return ps.executeUpdate()>0;
        } catch (ClassNotFoundException e) {
            e.printStackTrace();
        } catch (SQLException e) {
            e.printStackTrace();
        }finally {
            try {
                if(ps!=null) {
                    ps.close();
                }
            } catch (SQLException e) {
                e.printStackTrace();
            }
        }
        return false;
    }

    public List<Activity> queryAllList(){
        Connection conn = null;
        PreparedStatement ps = null;
        ResultSet rs = null;
        try {
            conn = DBConnection.getConnection();
            String sql = "select * from Activity";
            ps = conn.prepareStatement(sql);
            rs = ps.executeQuery();
            Activity temp = null;
            List<Activity> actList = new ArrayList<Activity>();
            while(rs.next()) {
                temp = resultSet2Activity(rs);
                actList.add(temp);
            }
            return actList;
        } catch (ClassNotFoundException e) {
            e.printStackTrace();
        } catch (SQLException e) {
```

```
            e.printStackTrace();
        }finally {
            try {
                if(rs!=null) {
                    rs.close();
                }
                if(ps!=null) {
                    ps.close();
                }
            } catch (SQLException e) {
                e.printStackTrace();
            }
        }
        return null;
    }

    public List<Activity> querySignUpList(Integer userId){
        Connection conn = null;
        PreparedStatement ps = null;
        ResultSet rs = null;
        try {
            conn = DBConnection.getConnection();
            String sql = "select act.* from Activity act "
            + "join activity_sign_up sign on act.id=sign. activity_id "
            + "where sign.user_id=?";
            ps = conn.prepareStatement(sql);
            ps.setInt(1, userId);
            rs = ps.executeQuery();
            Activity temp = null;
            List<Activity> actList = new ArrayList<Activity>();
            while(rs.next()) {
                temp = resultSet2Activity(rs);
                actList.add(temp);
            }
            return actList;
        } catch (ClassNotFoundException e) {
            e.printStackTrace();
        } catch (SQLException e) {
            e.printStackTrace();
        }finally {
            try {
                if(rs!=null) {
                    rs.close();
                }
                if(ps!=null) {
                    ps.close();
                }
            } catch (SQLException e) {
                e.printStackTrace();
            }
        }
        return null;
    }

    private Activity resultSet2Activity(ResultSet rs) {
```

```
        Activity act = new Activity();
        try {
            act.setId(rs.getInt("id"));
            act.setActName(rs.getString("act_name"));
            act.setActPicture(rs.getString("act_picture"));
            act.setSponsor(rs.getString("sponsor"));
            act.setCoOrganizer(rs.getString("co_organizer"));
            act.setSignUpStartDate(rs.getDate("sign_up_start_date"));
            act.setSignUpEndDate(rs.getDate("sign_up_end_date"));
            act.setActStartDate(rs.getDate("act_start_date"));
            act.setActEndDate(rs.getDate("act_end_date"));
            act.setActContent(rs.getString("act_content"));
            return act;
        } catch (SQLException e) {
            e.printStackTrace();
        }
        return null;
    }
    public Boolean signUp(Integer userId, Integer actId) {
        if(userId == null || actId==null) {
            return false;
        }
        Connection conn = null;
        PreparedStatement ps = null;
        try {
            conn = DBConnection.getConnection();
            String sql = "insert into activity_sign_up(user_id,activity_ id,
sign_up_time) values(?,?,?)";
            ps = conn.prepareStatement(sql);
            ps.setInt(1, userId);
            ps.setInt(2, actId);
            ps.setTimestamp(3, new Timestamp(new Date().getTime()));
            return ps.executeUpdate()>0;
        } catch (ClassNotFoundException e) {
            e.printStackTrace();
        } catch (SQLException e) {
            e.printStackTrace();
        }finally {
            try {
                if(ps!=null) {
                    ps.close();
                }
            } catch (SQLException e) {
                e.printStackTrace();
            }
        }
        return false;
    }

    public Boolean isSignUp(Integer userId, Integer actId) {
        if(userId == null || actId==null) {
            return false;
        }
        Connection conn = null;
```

```
        PreparedStatement ps = null;
        ResultSet rs = null;
        try {
            conn = DBConnection.getConnection();
            String sql = "select * from activity_sign_up where user_id=? and
activity_id=?";
            ps = conn.prepareStatement(sql);
            ps.setInt(1, userId);
            ps.setInt(2, actId);
            rs = ps.executeQuery();
            return rs.next();
        } catch (ClassNotFoundException e) {
            e.printStackTrace();
        } catch (SQLException e) {
            e.printStackTrace();
        }finally {
            try {
                if(rs!=null) {
                    rs.close();
                }
                if(ps!=null) {
                    ps.close();
                }
            } catch (SQLException e) {
                e.printStackTrace();
            }
        }
        return false;
    }
    public Integer getSingUpNum(Integer actId) {
        if(actId==null) {
            return 0;
        }
        Connection conn = null;
        PreparedStatement ps = null;
        ResultSet rs = null;
        try {
            conn = DBConnection.getConnection();
            String sql = "select count(*) from activity_sign_up where activity
_id=?";
            ps = conn.prepareStatement(sql);
            ps.setInt(1, actId);
            rs = ps.executeQuery();
            rs.next();
            return rs.getInt(1);
        } catch (ClassNotFoundException e) {
            e.printStackTrace();
        } catch (SQLException e) {
            e.printStackTrace();
        }finally {
            try {
                if(rs!=null) {
                    rs.close();
                }
                if(ps!=null) {
```

```
                ps.close();
            }
        } catch (SQLException e) {
            e.printStackTrace();
        }
    }
    return 0;
}

public List<Map<String,String>> getSingUpListByActId(Integer actId){
    Connection conn = null;
    PreparedStatement ps = null;
    ResultSet rs = null;
    try {
        DateFormat df = new SimpleDateFormat("yyyy年MM月dd日");
        conn = DBConnection.getConnection();
        String sql = "select nickname,phone_num,sign_up_time " +
                "from activity_sign_up s " +
                "join 'user' u on s.user_id=u.id " +
                "where s.activity_id=?";
        ps = conn.prepareStatement(sql);
        ps.setInt(1, actId);
        rs = ps.executeQuery();
        List<Map<String,String>> userList = new ArrayList<Map<String, String>>();
        while(rs.next()) {
            Map<String,String> map = new HashMap<String, String>();
            map.put("nickname", rs.getString("nickname"));
            map.put("phone_num", rs.getString("phone_num"));
            map.put("sign_up_time", df.format(rs.getDate("sign_up_ time")));
            userList.add(map);
        }
        return userList;

    } catch (ClassNotFoundException e) {
        e.printStackTrace();
    } catch (SQLException e) {
        e.printStackTrace();
    }finally {
        try {
            if(rs!=null) {
                rs.close();
            }
            if(ps!=null) {
                ps.close();
            }
        } catch (SQLException e) {
            e.printStackTrace();
        }
    }
    return null;
}

public Boolean cancelSign(Integer userId, Integer actId) {
    if(userId == null || actId==null) {
        return false;
```

```
        }
        Connection conn = null;
        PreparedStatement ps = null;
        try {
            conn = DBConnection.getConnection();
            String sql = "delete from activity_sign_up where user_id=? and 
activity_id=?";
            ps = conn.prepareStatement(sql);
            ps.setInt(1, userId);
            ps.setInt(2, actId);
            return ps.executeUpdate()>0;
        } catch (ClassNotFoundException e) {
            e.printStackTrace();
        } catch (SQLException e) {
            e.printStackTrace();
        }finally {
            try {
                if(ps!=null) {
                    ps.close();
                }
            } catch (SQLException e) {
                e.printStackTrace();
            }
        }
        return false;
    }
}
```

（3）活动发布页面

文件路径：/WebContent/jsp/activityEdit.jsp。

代码：

```
<%@ page language="java" contentType="text/html; charset=UTF-8"
    pageEncoding="UTF-8"%>
<%@ page import="activityManagement.activityModular.dao.ActivityDao,
                activityManagement.activityModular.entity.Activity,
                java.util.List,java.text.DateFormat,java.text.Simple DateFormat"%>
<!DOCTYPE html>
<html>
<head>
<meta charset="UTF-8">
<title>活动信息</title>
</head>
<body style="height: 80%">
<%
    String actId = request.getParameter("id");
    Activity act = null;
    if(actId==null){
        act = new Activity();
    }else{
        ActivityDao activityDao = new ActivityDao();
        act = activityDao.queryById(Integer.parseInt(actId));
    }
    DateFormat df = new SimpleDateFormat("yyyy-MM-dd");
%>
        <table width="100%" height="100%">
```

```
            <tr align="center" >
                <td valign="center">
                    <table>
                        <form  id="actForm"  action="../activityEdit"  method=
"post" enctype="multipart/form-data">
                        <input  type="hidden"  id="actId"  name  =  "actId"  value=
"<%=act.getId()!=null?act.getId():"" %>"/>
                            <tr>
                                <td>
                                    <label>活动图片: </label>
                                </td>
                                <td>
                                    <%if(act.getActPicture()!=null&&!"".equals(act.
getActPicture())){ %>
                                    <img  alt=""  src="<%=act.getActPicture()  %>"
width="100">
                                <%} %>
                                    <input type="file" name="actPicture" id="actPicture" />
                                </td>
                            </tr>
                            <tr>
                                <td>
                                    <label>活动名称: </label>
                                </td>
                                <td>
                                    <input type="text" name="actName" id= "actName"
value="<%=act.getActName()!=null?act.getActName():"" %>"/>
                                </td>
                            </tr>
                            <tr>
                                <td>
                                    <label>主办方: </label>
                                </td>
                                <td>
                                    <input type="text" name="sponsor" id= "sponsor"
value="<%=act.getSponsor()!=null?act.getSponsor():"" %>">
                                </td>
                            </tr>
                            <tr>
                                <td>
                                    <label>协办方: </label>
                                </td>
                                <td>
                                    <input type="text" name="coOrganizer" id="coOrganizer"
value="<%=act.getCoOrganizer()!=null?act.getCoOrganizer(): "" %>">
                                </td>
                            </tr>
                            <tr>
                                <td>
                                    <label>报名开始时间: </label>
                                </td>
                                <td>
                                    <input type="date" name="signUpStart" id="signUpStart"
value="<%=act.getSignUpStartDate()!=null?df.format(act.  getSignUpStartDate()):
"" %>">
```

```
                                </td>
                            </tr>
                            <tr>
                                <td>
                                    <label>报名结束时间：</label>
                                </td>
                                <td>
                                    <input type="date" name="signUpEnd" id="signUpEnd"
value="<%=act.getSignUpEndDate()!=null?df.format(act. getSignUpEndDate()):"" %>">
                                </td>
                            </tr>
                            <tr>
                                <td>
                                    <label>活动开始时间：</label>
                                </td>
                                <td>
                                    <input type="date" name="actStart" id= "actStart"
value="<%=act.getActStartDate()!=null?df.format(act.getActStart Date()):"" %>">
                                </td>
                            </tr>
                            <tr>
                                <td>
                                    <label>活动结束时间：</label>
                                </td>
                                <td>
                                    <input type="date" name="actEnd" id= "actEnd"
value="<%=act.getActEndDate()!=null?df.format(act.getActEndDate()):"" %>">
                                </td>
                            </tr>
                            <tr>
                                <td>
                                    <label>活动内容：</label>
                                </td>
                                <td>
                                    <textarea rows="5" form="actForm" name ="actContent"
id="actContent" ><%=act.getActContent()!=null?act.getAct Content():"" %></textarea>
                                </td>
                            </tr>
                            <tr>
                                <td align="center">
                                    <input type="submit" value="确  定" />
                                </td>
                                <td align="center">
                                    <input type="button" value="返  回" onclick=
"javascript:history.go(-1);"/>
                                </td>
                            </tr>
                        </form>
                    </table>
                </td>
            </tr>
        </table>
    </body>
</html>
```

（4）活动发布逻辑

文件路径：src/activityManagement/activityModular/servlet/ActivityEditServlet.java。

代码：

```
package activityManagement.activityModular.servlet;
import java.io.File;
import java.io.FileOutputStream;
import java.io.IOException;
import java.io.InputStream;
import java.io.OutputStream;
import java.text.DateFormat;
import java.text.ParseException;
import java.text.SimpleDateFormat;
import java.util.HashMap;
import java.util.List;
import java.util.Map;
import javax.servlet.ServletException;
import javax.servlet.http.HttpServlet;
import javax.servlet.http.HttpServletRequest;
import javax.servlet.http.HttpServletResponse;
import org.apache.tomcat.util.http.fileupload.FileItem;
import org.apache.tomcat.util.http.fileupload.FileUploadException;
import org.apache.tomcat.util.http.fileupload.RequestContext;
import org.apache.tomcat.util.http.fileupload.disk.DiskFileItemFactory;
import org.apache.tomcat.util.http.fileupload.servlet.ServletFileUpload;
import org.apache.tomcat.util.http.fileupload.servlet.ServletRequestContext;
import activityManagement.activityModular.dao.ActivityDao;
import activityManagement.activityModular.entity.Activity;
public class ActivityEditServlet extends HttpServlet {
    @Override
    protected void doGet(HttpServletRequest req, HttpServletResponse resp)
throws ServletException, IOException {
        doPost(req,resp);
    }
    @Override
    protected void doPost(HttpServletRequest req, HttpServletResponse resp)
throws ServletException, IOException {
        req.setCharacterEncoding("UTF-8");
        String contextPath = req.getContextPath();
        // 创建 DiskFileItemFactory 文件项工厂对象
        DiskFileItemFactory factory = new DiskFileItemFactory();
        // 通过工厂对象获取文件上传请求核心解析类 ServletFileUpload
        ServletFileUpload upload = new ServletFileUpload(factory);
        Map<String, String> parameterMap = new HashMap<String, String>();
        String filePath = null;
        InputStream in = null;
        OutputStream out = null;
        try {
            // 使用 ServletFileUpload 对应 Request 对象进行解析
            RequestContext reqContext = new ServletRequestContext(req);
            List<FileItem> items = upload.parseRequest(reqContext);
            // 遍历每个 fileItem
            for (FileItem fileItem : items) {
                // 判断 fileItem 是否是上传项
```

```
                // 通过 FileItem.isFormField()方法判断当前是普通项还是文件项 返回布尔
值: true: 普通项; false: 文件项
                if (fileItem.isFormField()) {
                    // 返回 true:表示不是上传项
                    String fieldName = fileItem.getFieldName(); //获取普通项的
name 属性值
                    String str = fileItem.getString("utf-8");   //获取普通项的文
本内容
                    parameterMap.put(fieldName, str);
            }else{
                    // 返回 false:表示是上传项
                    String name = fileItem.getName();    //获取文件项的上传文件名称
                    in = fileItem.getInputStream();  //获取文件项的上传文件输入流
                    if(name!=null&&!"".equals(name)) {
                        String doc = "/upload";
                        String uploadPath = getServletContext().getReal Path(doc);
                        File uploadFile = new File(uploadPath, name);
                        filePath = doc+"/"+name;
                        out = new FileOutputStream(uploadFile);
                        byte[] buf = new byte[1024];
                        int len = 0;
                        while ((len=in.read(buf)) != -1) {
                            out.write(buf,0, len);
                        }
                    }
                }
            }
        } catch (FileUploadException e) {
            e.printStackTrace();
        }finally {
            if(in!=null) {
                in.close();
            }
            if(out!=null) {
                out.close();
            }
        }
        String actId = parameterMap.get("actId");
        String actName = parameterMap.get("actName");
        String sponsor = parameterMap.get("sponsor");
        String coOrganizer = parameterMap.get("coOrganizer");
        String signUpStart = parameterMap.get("signUpStart");
        String signUpEnd = parameterMap.get("signUpEnd");
        String actStart = parameterMap.get("actStart");
        String actEnd = parameterMap.get("actEnd");
        String actContent = parameterMap.get("actContent");
        DateFormat df = new SimpleDateFormat("yyyy-MM-dd");
        Activity activity = new Activity();
        ActivityDao activityDao = new ActivityDao();
        if(actId!=null && !"".equals(actId)) {
            activity = activityDao.queryById(Integer.parseInt(actId));
        }
        activity.setActName(actName);
        activity.setSponsor(sponsor);
        activity.setCoOrganizer(coOrganizer);
```

```
            activity.setActContent(actContent);
            if(filePath!=null) {
               activity.setActPicture(filePath);
            }
            try {
               if(signUpStart!=null && !"".equals(signUpStart)) {
                  activity.setSignUpStartDate(df.parse(signUpStart));
               }
               if(signUpEnd!=null && !"".equals(signUpEnd)) {
                  activity.setSignUpEndDate(df.parse(signUpEnd));
               }
               if(actStart!=null && !"".equals(actStart)) {
                  activity.setActStartDate(df.parse(actStart));
               }
               if(actEnd!=null && !"".equals(actEnd)) {
                  activity.setActEndDate(df.parse(actEnd));
               }
            } catch (ParseException e) {
               e.printStackTrace();
            }
            Boolean isSuccess = activityDao.saveOrUpdate(activity);
            if(isSuccess) {
               resp.sendRedirect(contextPath+"/ jsp/activityManagement.jsp");;
            }else {
               resp.sendRedirect(contextPath+"
/html/fail.html");
            }
         }
      }
```

（5）活动发布页面效果图

活动发布页面如图 16-18 所示。

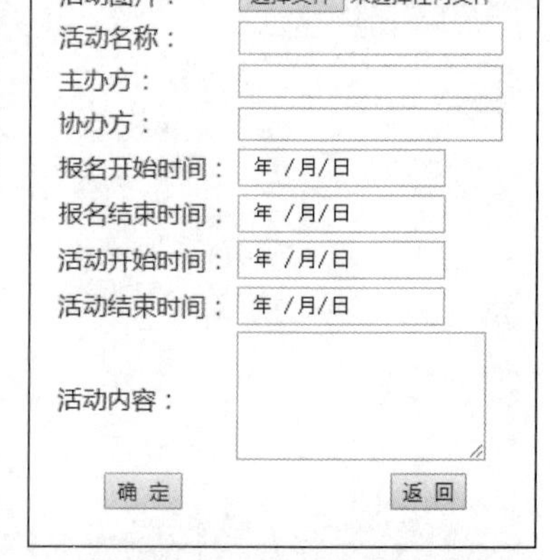

图 16-18 活动发布页面

16.5.7 活动管理模块

（1）活动管理页面

文件路径：/WebContent/jsp/activitManagement.jsp。

代码：

```
   <%@ page language="java" contentType="text/html; charset=UTF-8"
      pageEncoding="UTF-8"%>
   <%@ page import="activityManagement.activityModular.dao.ActivityDao,
                  activityManagement.activityModular.entity.Activity,
                  java.util.List,java.text.DateFormat,java.text.Simple
DateFormat"%>
   <!DOCTYPE html>
   <html style="height: 80%">
   <head>
   <meta charset="UTF-8">
   <title>活动管理</title>
   </head>
   <%
      ActivityDao activityDao = new ActivityDao();
      List<Activity> actList = activityDao.queryAllList();
      DateFormat df = new SimpleDateFormat("yyyy 年 MM 月 dd 日");
```

```
    %>
    <body style="height: 80%">
        <table width="100%" height="100%">
            tr align="center"  height="10px">
                <td>
                    <font size="6"><b>活动管理</b></font>     
                    <a href="userManagement.jsp">用户管理</a>    
 
                    <a href="index.jsp">返回首页</a>
                </td>
            </tr>
            <tr align="center" height="10%">
                <td valign="center">
                    <table>
                        <tr>
                            <td>
                                <a href="activityEdit.jsp">新增活动</a>
                            </td>
                        </tr>
                    </table>
                </td>
            </tr>
            <tr align="center" >
                <td valign="top">
                    <table border="1">
                        <tr>
                            <th>序号</th>
                            <th>活动名称</th>
                            <th>主办方</th>
                            <th>协办方</th>
                            <th>报名开始时间</th>
                            <th>报名结束时间</th>
                            <th>活动开始时间</th>
                            <th>活动结束时间</th>
                            <th>活动报名人数</th>
                            <th>操作</th>
                        </tr>
                        <%for(int i=0;i<actList.size();i++){
                        Activity act = actList.get(i);
                            %><tr>
                            <td>
                              <%=i+1 %>
                            </td>
                            <td>
                              <%=act.getActName() %>
                            </td>
                            <td>
                              <%=act.getSponsor() %>
                            </td>
                            <td>
                              <%=act.getCoOrganizer() %>
                            </td>
                            <td>
                              <%=act.getSignUpStartDate()==null?"":df.format(act.
getSignUpStart Date())%>
                            </td>
```

```
                        <td>
                          <%=act.getSignUpEndDate()==null?"":df.format(act.
getSignUpEnd Date())%>
                        </td>
                        <td>
                          <%=act.getActStartDate()==null?"":df.format(act.
getActStartDate()) %>
                        </td>
                        <td>
                          <%=act.getActEndDate()==null?"":df.format(act.
getActEndDate()) %>
                        </td>
                        <td align="center">
                            <a href="signUpDetail.jsp?id=<%=act.getId()%>"
><%=activityDao. getSingUpNum(act.getId()) %></a>
                        </td>
                        <td>
                          <a href="/jsp/activityEdit.jsp?id=<%=act.getId()% >">修
改</a>
                        </td>
                        </tr>
                        <%
                    }
                        %>
                </table>
            </td>
        </tr>
    </table>
</body>
</html>
```

（2）活动管理页面效果图

活动管理页面如图 16-19 所示。

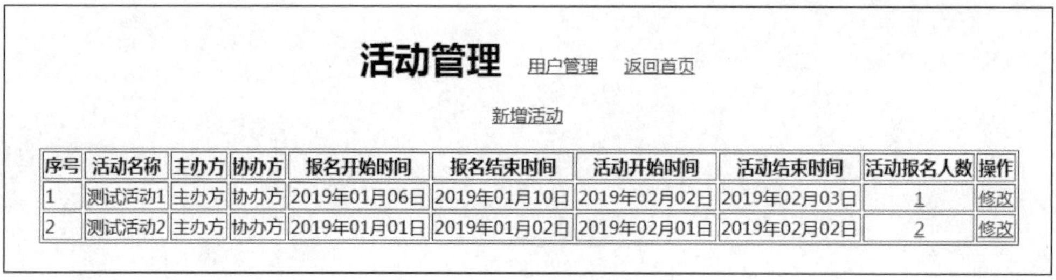

序号	活动名称	主办方	协办方	报名开始时间	报名结束时间	活动开始时间	活动结束时间	活动报名人数	操作
1	测试活动1	主办方	协办方	2019年01月06日	2019年01月10日	2019年02月02日	2019年02月03日	1	修改
2	测试活动2	主办方	协办方	2019年01月01日	2019年01月02日	2019年02月01日	2019年02月02日	2	修改

图 16-19　活动管理页面

16.5.8　活动列表模块

（1）活动列表页面

文件路径：/WebContent/jsp/activityList.jsp。

代码：

```
<%@ page language="java" contentType="text/html; charset=UTF-8"
    pageEncoding="UTF-8"%>
<%@     page     import="activityManagement.userModular.entity.User,activity
Management.activityModular.dao.ActivityDao,activityManagement.activityModular.
entity.Activity,
java.util.List,java.text.DateFormat,java.text.SimpleDateFormat"%>
<!DOCTYPE html>
```

```
<html>
    <head>
        <meta charset="utf-8">
        <title>首页</title>
    </head>
<%
    User loginUser = (User)session.getAttribute("loginUser");
    ActivityDao activityDao = new ActivityDao();
    List<Activity> actList = activityDao.queryAllList();
    DateFormat df = new SimpleDateFormat("yyyy年MM月dd日");%>
    <body style="height: 80%">
        <table width="100%" height="100%">
            <tr align="center" height="10%">
                <td valign="center" width="100">
                    <table>
                        <tr>
                        <%if(loginUser==null){ %>
                            <td><a href="../html/login.html">请登录</a></td>
                        <%}else{ %>
                            <td><%=loginUser.getNickname() %></td>
                        <%if("admin".equals(loginUser.getUserName())) { %>
                            <td><a href="userManagement.jsp">后台管理</a> </td>
                        <%}else{ %>
                            <td><a href="userActivity.jsp">个人中心</a> </td>
                        <%} %>
                            <td><a href="../logout">登出</a></td>
                        <%} %>
                        </tr>
                    </table>
                </td>
            </tr>
            <tr align="center" >
                <td valign="top">
                    <table>
                        <%for(int i=0;i<actList.size();i++){
                            Activity act = actList.get(i);
                            %>
                            <tr>
                            <td>
                              <img src="<%=act.getActPicture()%>" width="200">
                            </td>
                            <td>
                            <%=act.getActName() %><br/>
                            主办方：<%=act.getSponsor() %><br/>
                            协办方：<%=act.getCoOrganizer() %><br/>
                            报名时间：<%=act.getSignUpStartDate()==null?"
":df.format(act.getSignUpStartDate()) %> — 
                            <%=act.getSignUpEndDate()==null?"":df.format
(act.getSignUpEndDate()) %><br/>
                            活动时间：<%=act.getActStartDate()==null?"":df.
format(act.getActStartDate()) %> — 
                            <%=act.getActEndDate()==null?"":df.format(act.
getActEndDate()) %><br/>
                            <a href="activityDetail.jsp?id=<%=act.getId() %>">活
动详情</a>
                            </td>
                            </tr>
                            <tr>
```

```
                            <td colspan="2">
                            ------------------------------------------
                            </td>
                            </tr>
                            <%
                        }
                            %>
                    </table>
                </td>
            </tr>
        </table>
    </body>
</html>
```

（2）活动列表页面效果图

活动列表页面效果如图 16-20 所示。

图 16-20　活动列表页面

16.5.9　活动报名模块

（1）活动报名实体类

文件路径：src/activityManagement/activityModular/entity/ActivitySignUp.java。

代码：

```
package activityManagement.activityModular.entity;
import java.util.Date;
public class ActivitySignUp {
    private Integer userId;
    private Integer activityId;
    private Date signUpTime;
    public Integer getUserId() {
        return userId;
    }
    public void setUserId(Integer userId) {
        this.userId = userId;
    }
    public Integer getActivityId() {
        return activityId;
    }
    public void setActivityId(Integer activityId) {
        this.activityId = activityId;
    }
    public Date getSignUpTime() {
        return signUpTime;
```

```
        }
        public void setSignUpTime(Date signUpTime) {
            this.signUpTime = signUpTime;
        }
    }
```

（2）活动报名页面

文件路径：/WebContent/jsp/activityDetail.jsp。

代码：

```
    <%@ page language="java" contentType="text/html; charset=UTF-8"
        pageEncoding="UTF-8"%>
    <%@    page    import="activityManagement.userModular.entity.User,activity
Management.activityModular.dao.ActivityDao,
activityManagement.activityModular.entity.Activity,
    java.util.List,java.text.DateFormat,java.text.SimpleDateFormat"%>
    <!DOCTYPE html>
    <html>
        <head>
            <meta charset="utf-8">
            <title>活动详情</title>
        </head>
    <%
        User loginUser = (User)session.getAttribute("loginUser");
        String actId = request.getParameter("id");
        Activity act = null;
        ActivityDao activityDao = new ActivityDao();

        if(actId==null){
            act = new Activity();
        }else{
            act = activityDao.queryById(Integer.parseInt(actId));
        }
        DateFormat df = new SimpleDateFormat("yyyy年MM月dd日");%>
        <body style="height: 80%">
            <table width="100%" height="100%">
                <tr align="center" >
                    <td valign="top">
                        <table>
                            <tr>
                                <td>
                                    <a href="#" onclick="javascript:history. go(-1)">
返回</a>
                                </td>
                            </tr>
                            <tr align="center" >
                                <td colspan="2">
                                    <h1><%=act.getActName() %></h1>
                                </td>
                            </tr>
                            <tr>
                                <td>
                                    <img src="<%=act.getActPicture()%>" width= "400">
                                </td>
                                <td>
                                    主办方: <%=act.getSponsor() %><br/>
                                    协办方: <%=act.getCoOrganizer() %><br/>
                                    报名时间: <%=act.getSignUpStartDate()==null?"
":df.format(act.getSignUpStartDate()) %> — 
```

```
                                    <%=act.getSignUpEndDate()==null?"":df.format
(act.getSignUpEndDate()) %><br/>
                                    活动时间：<%=act.getActStartDate()==null?"
":df.format(act.getActStartDate()) %> — 
                                    <%=act.getActEndDate()==null?"":df.format
(act.getActEndDate()) %><br/><br/><br/>
                                    <%if(loginUser==null){ %>
                                    <a href="../html/login.html">请先登录再报名</a>
                                    <%}else if(activityDao.isSignUp(loginUser. getId(),
act.getId())){ %>
                                    <label>已    报    名</label>
                                    <%}else{ %>
                                    <a href="../signUp?userId=<%=loginUser. getId()%>
&actId=<%=act.getId() %>">报    名</a>
                                    <%} %>
                                </td>
                            </tr>
                            <tr>
                                <td>
                                    <%if(act.getActContent()!=null){ %>
                                    <%=act.getActContent().replaceAll("\n", "<br/>") %>
                                    <%} %>
                                </td>
                            </tr>
                        </table>
                    </td>
                </tr>
            </table>
        </body>
    </html>
```

（3）活动报名逻辑

文件路径：src/activityManagement/activityModular/servlet/SignUpServlet.java。

代码：

```
    package activityManagement.activityModular.servlet;
    import java.io.IOException;
    import javax.servlet.ServletException;
    import javax.servlet.http.HttpServlet;
    import javax.servlet.http.HttpServletRequest;
    import javax.servlet.http.HttpServletResponse;
    import activityManagement.activityModular.dao.ActivityDao;
    public class SignUpServlet extends HttpServlet {
        @Override
        protected void doGet(HttpServletRequest req, HttpServletResponse resp)
throws ServletException, IOException {
            doPost(req,resp);
        }
        @Override
        protected void doPost(HttpServletRequest req, HttpServletResponse resp)
throws ServletException, IOException {
            req.setCharacterEncoding("UTF-8");
            String contextPath = req.getContextPath();
            String userId = req.getParameter("userId");
            String actId = req.getParameter("actId");

            if(userId==null || "".equals(userId) || actId==null || "".equals
(actId)) {
                resp.sendRedirect(contextPath+"/html/fail.html");
```

```
            }
            ActivityDao activityDao = new ActivityDao();
            Boolean   isSuccess   =   activityDao.signUp(Integer.parseInt(userId),
Integer.parseInt(actId));
            if(isSuccess) {
                resp.sendRedirect(contextPath+"/jsp/activityDetail.jsp?id="
+actId);
            }else {
                req.getRequestDispatcher("/html/fail.html").forward(req, resp);
            }
        }
    }
```

（4）活动报名页面效果图

活动报名页面效果如图 16-21 所示。

图 16-21　活动报名页面

16.5.10　活动报名统计模块

（1）活动报名统计页面

功能包含在活动管理页面，重用该页面代码。

（2）活动报名名单页面

文件路径：/WebContent/jsp/signUpDetail.jsp。

代码：

```
<%@ page language="java" contentType="text/html; charset=UTF-8"
    pageEncoding="UTF-8"%>
<%@ page import="activityManagement.activityModular.dao.ActivityDao,
                java.util.List,java.util.Map"%>
<!DOCTYPE html>
<html style="height: 80%">
<head>
<meta charset="UTF-8">
<title>已报名名单</title>
</head>
<body style="height: 80%">
    <table width="100%" height="100%">
        <tr align="center"  height="10px">
            <td>
                <font size="6"><b>已报名名单</b></font>     
                <a href="activityManagement.jsp">返回</a>
            </td>
        </tr>
        <tr align="center" >
            <td valign="top">
```

```
                <table border="1">
                    <tr>
                        <th>序号</th>
                        <th>姓名</th>
                        <th>手机号码</th>
                        <th>报名日期</th>
                    </tr>
                <%
                String actId = request.getParameter("id");
                ActivityDao activityDao= new ActivityDao();
                List<Map<String,String>>   userList   =   activityDao.getSing
UpListByActId(Integer.parseInt(actId));
                for(int i=0;i<userList.size();i++){
                    Map<String,String> map = userList.get(i);
                    %>
                    <tr>
                        <td><%=i+1 %></td>
                        <td><%=map.get("nickname") %></td>
                        <td><%=map.get("phone num") %></td>
                        <td><%=map.get("sign up time") %></td>
                    </tr>
                    <%
                }
                %></table>
            </td>
        </tr>
    </table>
  </body>
</html>
```

（3）活动已报名名单页面效果图

活动已报名名单页面如图 16-22 所示。

已报名名单 返回

序号	姓名	手机号码	报名日期
1	张三	1231231231*	2019年01月07日
2	测试员	1231231231*	2019年01月15日

图 16-22　活动已报名名单页面

16.5.11　其他必要文件

（1）web.xml

文件路径：/WebContent/WEB-INF/web.xml。

代码：

```
<?xml version="1.0" encoding="UTF-8"?>
<web-app xmlns:xsi="http://www.w3.org/2001/XMLSchema-instance" xmlns= "http:
//xmlns.jcp.org/xml/ns/javaee"  xsi:schemaLocation="http://xmlns. jcp.org/xml/
ns/javaee http://xmlns.jcp.org/xml/ns/javaee/web-app 4 0. xsd" version="4.0">
    <display-name>ActivityManagementSystem</display-name>
    <servlet>
      <servlet-name>LoginServlet</servlet-name>
      <servlet-class>activityManagement.userModular.servlet.LoginServlet
</servlet-class>
    </servlet>
    <servlet>
      <servlet-name>LogoutServlet</servlet-name>
      <servlet-class>activityManagement.userModular.servlet.LogoutServlet
</servlet-class>
    </servlet>
    <servlet>
      <servlet-name>RegisterServlet</servlet-name>
      <servlet-class>activityManagement.userModular.servlet.RegisterServlet
</servlet-class>
    </servlet>
```

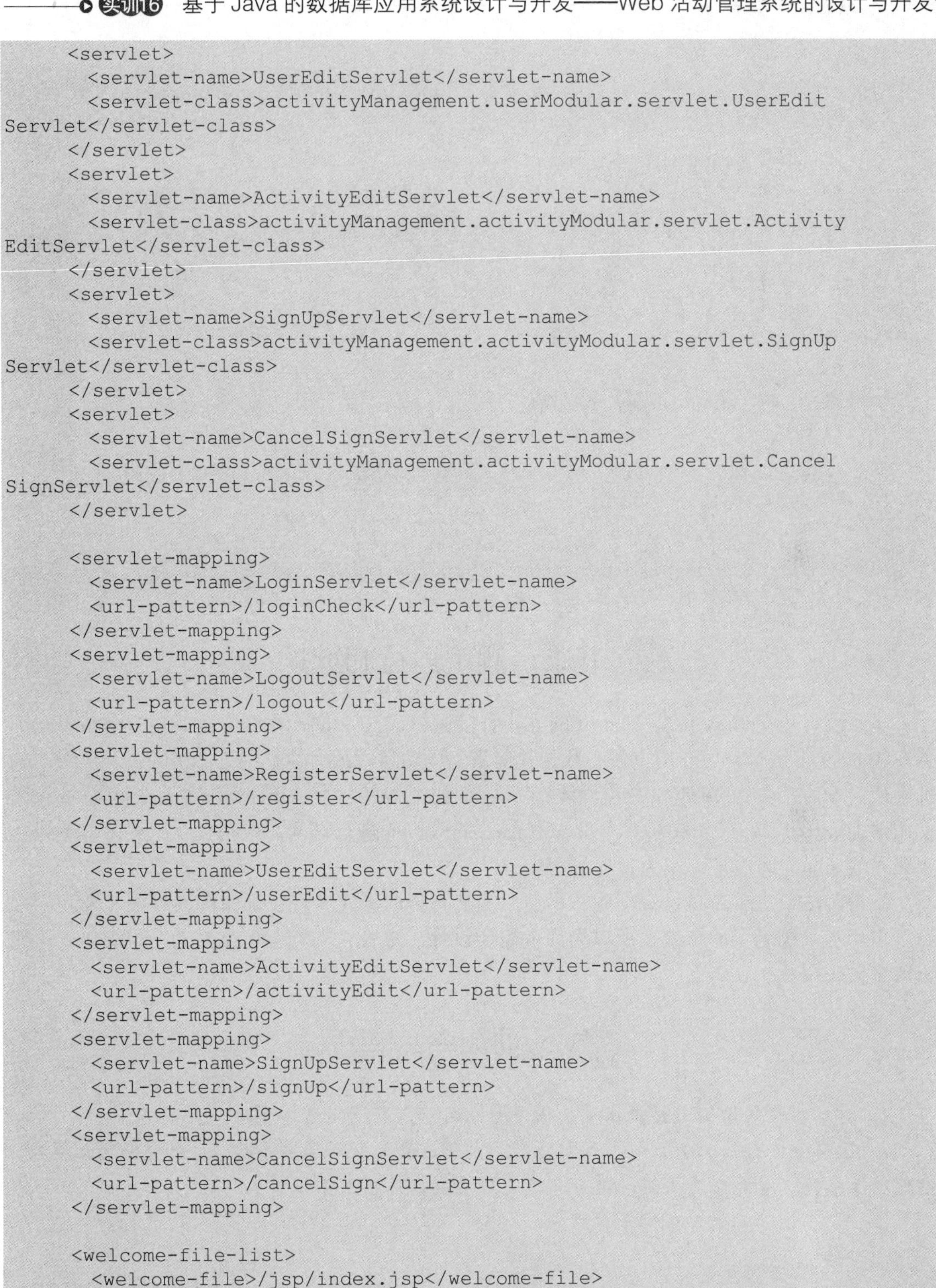

```
    <servlet>
      <servlet-name>UserEditServlet</servlet-name>
      <servlet-class>activityManagement.userModular.servlet.UserEdit
Servlet</servlet-class>
    </servlet>
    <servlet>
      <servlet-name>ActivityEditServlet</servlet-name>
      <servlet-class>activityManagement.activityModular.servlet.Activity
EditServlet</servlet-class>
    </servlet>
    <servlet>
      <servlet-name>SignUpServlet</servlet-name>
      <servlet-class>activityManagement.activityModular.servlet.SignUp
Servlet</servlet-class>
    </servlet>
    <servlet>
      <servlet-name>CancelSignServlet</servlet-name>
      <servlet-class>activityManagement.activityModular.servlet.Cancel
SignServlet</servlet-class>
    </servlet>

    <servlet-mapping>
      <servlet-name>LoginServlet</servlet-name>
      <url-pattern>/loginCheck</url-pattern>
    </servlet-mapping>
    <servlet-mapping>
      <servlet-name>LogoutServlet</servlet-name>
      <url-pattern>/logout</url-pattern>
    </servlet-mapping>
    <servlet-mapping>
      <servlet-name>RegisterServlet</servlet-name>
      <url-pattern>/register</url-pattern>
    </servlet-mapping>
    <servlet-mapping>
      <servlet-name>UserEditServlet</servlet-name>
      <url-pattern>/userEdit</url-pattern>
    </servlet-mapping>
    <servlet-mapping>
      <servlet-name>ActivityEditServlet</servlet-name>
      <url-pattern>/activityEdit</url-pattern>
    </servlet-mapping>
    <servlet-mapping>
      <servlet-name>SignUpServlet</servlet-name>
      <url-pattern>/signUp</url-pattern>
    </servlet-mapping>
    <servlet-mapping>
      <servlet-name>CancelSignServlet</servlet-name>
      <url-pattern>/cancelSign</url-pattern>
    </servlet-mapping>

    <welcome-file-list>
      <welcome-file>/jsp/index.jsp</welcome-file>
    </welcome-file-list>
  </web-app>
```

（2）操作失败提示页面

文件路径：/WebContent/html/fail.html。

代码：

```
<!DOCTYPE html>
<html>
  <head>
    <meta charset="UTF-8">
    <title>操作失败</title>
  </head>
  <body>
    操作失败
    <a href="#" onclick="javascript:history.go(-1)">返回</a>
  </body>
</html>
```

（3）index.jsp

文件路径：/WebContent/jsp/index.jsp。

代码：

```
<%@ page language="java" contentType="text/html; charset=UTF-8"
    pageEncoding="UTF-8"%>
<%
    String contextPath = request.getContextPath();
    response.sendRedirect(contextPath+"/jsp/activityList.jsp");
%>
```

16.6 测试运行和维护

本系统可用 Eclipse 配置 Tomcat 的方式直接运行，也可以使用 Eclipse 功能打包成 war 部署在 Tomcat 上运行，为开发方便一般选择前者。成功运行后，通过浏览器访问系统。访问地址一般为 http://127.0.0.1:8080/加上工程名称，例如工程名称为 ActivityManagementSystem，则使用地址 http://127.0.0.1:8080/ActivityManagementSystem 进行访问。成功打开工程后，注册一个账号为 admin 的用户，作为管理员用户。

维护阶段最主要是备份数据库，可使用定期备份的形式实现，确保系统数据安全。

由于本系统是实验形式，所以界面上需要设计、重写，功能上也需要进一步优化，才能正式交付使用。

实训内容与要求

1. 对本实验的示例进行调试，使程序顺利运行，并适当增加模块。

2. 选择一个行业业务系统，如智能农业大棚、智能空气监测系统、智能水质监测系统、智能物流系统、智能交通系统等进行分析，建立数据库应用系统。

第二篇 习题

第1章

数据库基础 «‹

一、选择题

1. 数据库系统的核心和基础是（　　）。

   A. 物理模型　　B. 概念模型　　C. 数据模型　　D. 逻辑模型

2. 实现将现实世界抽象为信息世界的是（　　）。

   A. 物理模型　　B. 概念模型　　C. 关系模型　　D. 逻辑模型

3. 数据管理技术经历了若干阶段，其中人工管理阶段和文件系统阶段相比，文件系统的一个显著优势是（　　）。

   A. 数据可以长期保存　　B. 数据共享性很强

   C. 数据独立性很好　　D. 数据整体结构化

4. 能够保证数据库系统中的数据具有较高的逻辑独立性的是（　　）。

   A. 外模式/模式映像　　B. 模式

   C. 模式/内模式映像　　D. 外模式

5. IBM 公司的 IMS 数据库管理系统采用的数据模型是（　　）。

   A. 层次模型　　B. 网状模型

   C. 关系模型　　D. 面向对象模型

6. DBMS 是一类系统软件，它是建立在（　　）之上的。

   A. 应用系统　　B. 编译系统　　C. 操作系统　　D. 硬件系统

7. 关于网状数据库，以下说法正确的是（　　）。

   A. 只有一个结点可以无双亲　　B. 一个结点可以有多于一个的双亲

   C. 两个结点之间只能有一种联系　　D. 每个结点有且只有一个双亲

8. 以下说法正确的是（　　）。

   A. 数据库的概念模型与具体的 DBMS 有关

   B. 三级模式中描述全体数据的逻辑结构和特征的是外模式

   C. 数据库管理员负责设计和编写应用系统的程序模块

   D. 从逻辑模型到物理模型的转换一般是由 DBMS 完成的

9. 长期存储在计算机内，有组织的、可共享的大量数据的集合是（　　）。

   A. 数据（Data）　　B. 数据库（DataBase）

   C. 数据库管理系统（DBMS）　　D. 数据库系统（DBS）

10. 在数据管理技术发展过程中，需要应用程序管理的数据是（　　）。

   A. 人工管理阶段

B. 人工管理阶段和文件系统阶段

C. 文件系统阶段和数据库系统阶段

D. 数据库系统阶段

11. 能够对数据库进行科学地组织和存储数据、高效地获取和维护数据的软件是（　　）。

A. Java　　B. C#　　C. DBMS　　D. Python

12. 概念模型的一种表示方法是（　　）。

A. 概念解析　　B. 对象重构

C. 属性分解方法　　D. 实体-联系方法（E-R 方法）

二、判断题

1. 在文件系统管理阶段，由文件系统提供数据存取方法，所以数据已经达到很强的独立性。（　　）

2. 通常情况下，外模式是模式的子集。（　　）

3. 数据库管理系统是指在计算机系统中引入数据库后的系统，一般由 DB、DBS、应用系统和 DBA 组成。（　　）

4. 在数据模型的组成要素中，数据结构是刻画一个数据模型性质最重要的方面，人们通常按照数据结构的类型来命名数据模型。（　　）

5. 数据库系统的三级模式是对数据进行抽象的 3 个级别，把数据的具体组织留给 DBMS 管理。（　　）

6. 层次模型是比网状模型更具普遍性的结构，网状模型是层次模型的一个特例。（　　）

7. 数据由数据库管理系统统一管理和控制。（　　）

8. 从现实世界到概念模型的转换是由数据库管理系统自动完成的。（　　）

9. 模式是外模式的子模式。（　　）

10. 监控数据库的使用和运行是系统分析员的职责。（　　）

三、填空题

1. 数据库系统的逻辑模型按照计算机的观点对数据建模，主要包括______、______、______、面向对象模型、对象关系模型和半结构化数据模型等。

2. 最经常使用的概念模型是______。

3. 数据独立性是数据库领域的重要概念，包括数据的___独立性和___独立性。

4. 数据库系统的三级模式结构是指数据库系统是由______、______和______三级构成。

5. 两个实体型之间的联系可以分为三种：一对一联系、______和______。

6. 数据库管理系统提供的数据控制方面的功能包括数据的______保护、数据的______检查、______和数据库恢复。

7. 数据库的三级模式结构中，描述局部数据的逻辑结构和特征的是______。

8. 层次模型和网状模型中的单位是基本层次联系，这是指两个______以及它们之间的______（包括一对一）的联系。

9. 数据模型的组成要素中描述系统的静态特性和动态特性的分别是___、___。

10. 数据模型的三要素是______、______、______。

第2章 关系数据库

一、选择题

1. 关于关系模型，下列叙述不正确的是（　　）。

A. 一个关系至少要有一个候选码　　B. 列的次序可以任意交换

C. 行的次序可以任意交换　　D. 一个列的值可以来自不同的域

2. 下列说法正确的是（　　）。

A. 候选码都可以唯一地标识一个元组　　B. 候选码中只能包含一个属性

C. 主属性可以取空值　　D. 关系的外码不可以取空值

3. 关系操作中，操作的对象和结果都是（　　）。

A. 记录　　B. 集合　　C. 元组　　D. 列

4. 实体完整性和（　　）是关系模型必须满足的完整性约束条件。

A. 实体完整性　　B. 参照完整性　　C. 用户定义完整性　　D. 域完整性

5. 假设存在一张职工表，包含“性别”属性，要求这个属性的值只能取“男”或“女”，这属于（　　）。

A. 实体完整性　　B. 参照完整性　　C. 用户定义完整性　　D. 关系不变性

6. 有两个关系R(A,B,C)和S(B,C,D)，将R和S进行自然连接，得到的结果包含（　　）个列。

A. 6　　B. 5　　C. 4　　D. 2

7. 具有关系代数和关系演算双重特点的语言是（　　）。

A. ISBL　　B. QUEL　　C. QBE　　D. SQL

8.（　　）是关系代数语言。

A. ISBL　　B. QUEL　　C. QBE　　D. SQL

9.（　　）是元组关系演算语言。

A. ISBL　　B. QUEL　　C. QBE　　D. SQL

10.（　　）是域关系演算语言。

A. ISBL　　B. QUEL　　C. QBE　　D. SQL

二、判断题

1. 关系模型的特点是实体以及实体之间的联系可以使用相同的结构类型来表示。（　　）

2. 关系模型中，非主属性不可能出现在任何候选码中。（　　）

3. 在左外连接中，保留的是左边关系中所有的元组。（　　）

4. 关系模式是对关系的描述，关系是关系模式在某一时刻的状态或内容。 （　　）

5. 运算对象、运算符、运算结果是运算的三大要素。 （　　）

6. 在参照完整性中，在任何情况下，参照关系的外码都不可以取空值。 （　　）

7. 在参照完整性中，在任何情况下，参照关系的外码都可以取空值。 （　　）

8. 传统的集合运算可以从关系的行和列两个方面进行运算。 （　　）

9. 专门的关系运算只能从关系的水平方向（行）进行运算。 （　　）

10. 传统的集合运算和专门的关系运算都是二目运算。 （　　）

11. 从用户角度，关系模型中数据的逻辑结构是一张二维表。 （　　）

12. 在一个给定的应用领域中，所有关系的集合构成一个关系数据库。 （　　）

13. 若属性（或属性组）F是基本关系R的外码，它与基本关系S的主码Ks相对应，则对于R中每个元组在F上的值可以根据实际情况取任意值。 （　　）

14. 可以用象集解决除法运算问题。 （　　）

15. 在左外连接中，保留的是右边关系中所有的元组。 （　　）

三、填空题

1. 在关系模型中，关系操作包括查询、________、________和________等。

2. 关系模型的三类完整性是指________、________和________等。

3. 关系模型包括8种查询操作，其中________、________、并、________和笛卡儿积是5种基本操作，其他操作可以用基本操作定义和导出。

4. 目标关系的________和参照关系的________必须定义在同一个域上。

5. 职工（职工号,姓名,年龄,部门号）和部门（部门号,部门名称）存在引用关系，其中________是参照关系，其属性________是外码。

6. 关系代数的运算按运算符的不同可分为传统的________和专门的________两类。

第 3 章 关系数据库语言 SQL «‹

一、选择题

1. 关于 SQL，下列说法正确的是（　　）。

　A. 数据控制功能不是 SQL 的功能之一

　B. SQL 采用的是面向记录的操作方式，以记录为单位进行操作

　C. SQL 是非过程化语言，用户无须指定存取路径

　D. SQL 作为嵌入式语言的语法与作为独立语言的语法有较大差别

2. 对表中数据进行删除的操作命令是（　　）。

　A. DELETE　　B. DROP　　C. ALTER　　D. UPDATE

3. 数据库中建立索引的目的是（　　）。

　A. 加快建表速度　　B. 加快查询速度

　C. 提高安全性　　D. 节省存取空间

4. 视图是数据库系统三级模式中的（　　）。

　A. 外模式　　B. 模式　　C. 内模式　　D. 模式映像

5. 下列说法不正确的是（　　）。

　A. 基本表和视图一样，都是关系

　B. 可以使用 SQL 对基本表或视图进行操作

　C. 可以从基本表或视图上定义视图

　D. 基本表和视图都存数据

6. 关系模型中实体和实体之间的联系均用（　　）表示。

　A. 联系　　B. 关系　　C. 任意表格　　D. 模式

7. SQL 完成核心功能的动词有（　　）个。

　A. 7　　B. 8　　C. 9　　D. 10

8. 语句“CREATE TABLE SC(Sno CHAR(9),Cno char(4),Grade SMALLINT,PRIMARY KEY (Sno,Cno), FOREIGN KEY (Sno) REFERENCES Student(Sno), FOREIGN KEY (Cno) REFERENCES Course(Cno));”中，“PRIMARY KEY (Sno,Cno)”的含义是（　　）。

　A. 定义列级完整性主码规则

　B. 表级参照完整性规则

　C. 用户自定义完整性规则

　D. 主码由两个属性构成，必须作为表级完整性定义

9.（　　）是关系数据库管理系统内部的一组系统表，它记录了数据库中所有的定义信

息，包括关系模式定义、视图定义、索引定义、完整性约束定义、各类用户对数据库的操作权限、统计信息等。

A. 数据字典　　B. 关系表　　C. 系统数据表　　D. 模式表

10. 若视图的字段来自聚集函数，则此视图（　　）。

A. 允许更新　　B. 不允许更新　　C. 可更新部分字段　　D. 不能删除

11. 要进行数据的检索、输出操作，通常使用的语句是（　　）。

A. SELECT　　B. INSERT　　C. DELETE　　D. UPDATE

12. 在 SELECT 语句中，要将结果集中的数据行根据选择列的值进行逻辑分组，以便实现对每个组的聚集计算，可以使用的子句是（　　）。

A. LIMIT　　B. GROUP BY　　C. WHERE　　D. ORDER BY

13. 有学生表 student(Sno,name,sex,age,dept)（Sno 代表“学号”，name 代表“姓名”，sex 代表“性别”，age 代表“年龄”，dept 代表“系”），选课表 Sc(Sno,Cno,Grade)（Sno 代表“学号”，Cno 代表“课程号”，Grade 代表“成绩”），有如下语句：“SELECT name FROM Student WHERE EXISTS (SELECT * FROM Sc WHERE Sno=Student.Sno AND Cno='1'); ”，该语句的含义是（　　）。

A. 查询所有选修了 1 号课程的学生姓名

B. 查询没有选修 1 号课程的学生姓名

C. 是一条语法错误的查询语句

D. 查询了选修 1 号课程和没有选修课程的学生姓名

14. 在选课表 Sc(Sno,Cno,Grade)（Sno 代表“学号”，Cno 代表“课程号”，Grade 代表“成绩”）中，查询了选修课程 1 或者选修了课程 2 的学生的 SELECT 语句是（　　）。

A. SELECT Sno FROM Sc WHERE Cno='1' AND Cno='2';

B. SELECT Sno FROM Sc WHERE Cno='1' AND (NOT Cno='2');

C. SELECT Sno FROM Sc WHERE Cno='1' UNION SELECT Sno FROM Sc WHERE Cno='2';

D. SELECT Sno FROM Sc WHERE Cno='1' AND (NOT Cno='3');

15. 有学生表 student(Sno,name,sex,age,dept)（Sno 代表“学号”，name 代表“姓名”，sex 代表“性别”，age 代表“年龄”，dept 代表“系”），选课表 Sc(Sno,Cno,Grade)（Sno 代表“学号”，Cno 代表“课程号”，Grade 代表“成绩”），有如下语句：“SELECT name FROM Student, (SELECT Sno FROM Sc WHERE Cno='1') AS Sc1 WHERE Student.Sno=Sc1.Sno; ”，该语句中“Sc1”的含义是（　　）。

A. 派生表，先存储在内存中，查询结束保存在磁盘上

B. 派生表，直接保存在磁盘上

C. 派生表，临时存储在内存中

D. 派生表，查询结束，就不存在了

16. 在 MySQL 逻辑运算中，X 为 T ，Y 为 NULL， X and Y 的结果是（　　）。

A. NULL　　B. T　　C. 0　　D. 1

二、判断题

1. 视图不仅可以从基本表导出，还可以从多个基本表导出。（　　）

2. 不是所有的视图都可以进行更新，但视图都可以进行插入。 ( )

3. SELECT 子句中的目标列可以是表中的属性列，也可以是表达式。 ( )

4. 在 SQL 语句中表达某个属性 X 值为空，可以使用 WHERE X=NULL 子句。 ( )

5. SQL 语句中逻辑运算符 AND 和 OR 的优先级是一样的。 ( )

6. 使用 ANY 或 ALL 谓词时必须与比较运算符同时使用。 ( )

7. 许多软件厂商对 SQL 基本命令集还进行了不同程度的扩充和修改，又可以支持标准以外的一些功能特性。 ( )

8. SQL 语句是面向过程的语言。 ( )

9. SQL 语句是采用面向记录的操作方式。 ( )

10. SQL 语句既是独立的语言，又是嵌入式语言。 ( )

11. SQL 中一个关系就对应一个基本表。 ( )

12. 定义模式实际上定义了一个命名空间。 ( )

13. SQL 中域的概念用数据类型来实现。 ( )

14. 查询满足条件的元组时，WHERE 子句中的条件表达式有多种写法。 ( )

15. HAVING 短语作用于基表或视图。 ( )

16. 关系数据库管理系统在执行多表连接时，通常是先进行两个表的连接操作，再将其连接结果与第三个表进行连接。 ( )

17. 带有 EXISTS 谓词的子查询不返回任何数据，只产生逻辑真值“true”或逻辑假值“false”。 ( )

18. 子查询不仅可以出现在 WHERE 子句中，也可以出现在 FROM 子句中，这时子查询生成的临时派生表（derived table）成为主查询对象。 ( )

19. INSERT INTO 语句一次只能向数据表中插入一条记录。 ( )

20. DROP VIEW ABC CASCADE; 的功能是：把 ABC 视图和由它导出的所有视图一起删除。 ( )

三、填空题

1. SQL 集________、________、________和数据控制功能于一体。

2. SELECT 语句中用来消除重复行的关键字是________。

3. 若一个视图是从单个基本表导出的，并且只是去掉了基本表的某些行和某些列，但保留了主码，这类视图称为________。

4. SQL 的数据定义功能包括________、表定义、视图定义和________等。

第 4 章

数据库安全性 «‹

一、选择题

1. 强制存取控制策略是 TCSEC/TDI（　　）级安全级别的特色。

A. C1　　B. C2　　C. B1　　D. B2

2. SQL 的 GRANT 和 REVOKE 语句可以用来实现（　　）。

A. 自主存取控制　　B. 强制存取控制

C. 数据库角色创建　　D. 数据库审计

3. 在强制存取控制机制中，当主体的许可证级别等于客体的密级时，主体可以对客体进行（　　）操作。

A. 只读取　　B. 只写入

C. 不可操作　　D. 同时读取、写入

4. 如果“黑客”攻入了某单位的“数据库”，这时最好的数据保护技术是（　　）。

A. 自主存取控制　　B. 数据加密

C. 强制存取控制　　D. 角色授权

5. 数据库安全（　　）系统提供了一种事后检查的安全机制。

A. 审计　　B. 授权　　C. 用户身份识别　　D. 加密

二、判断题

1. 数据库的安全技术就是保证数据完整性。（　　）

2. 数据库存取控制需要通过高级程序设计语言编程来完成。（　　）

3. 数据库安全技术是由数据库管理系统提供的。（　　）

4. 动态口令技术要比静态口令技术安全。（　　）

5. 数据库安全除了加强技术方面外，还要加强管理、法律等方面的建设。（　　）

6. 视图能够对机密数据提供一定程度的安全保护。（　　）

7. 用户权限组成包括数据对象和操作类型，通过 SQL 的 GRANT 语句和 REVOKE 语句实现。（　　）

8. 所有用户都拥有数据库中所有对象的所有权限。（　　）

9. DAC 与 MAC 共同构成 DBMS 的安全机制。（　　）

10. 实现数据库系统安全性的技术和方法包括：身份识别、存取控制技术、视图技术、审计技术、加密技术等。（　　）

三、填空题

1. 数据库安全技术包括用户身份鉴别、____________、____________、____________和数据加密等。

2. 在数据加密技术中，原始数据通过某种加密算法变换为不可直接识别的格式，称为____________。

3. 数据库角色实际上是一组与数据库操作相关的各种____________。

4. 在对用户授予列 INSERT 权限时，一定要包含对____________的 INSERT 权限，否则用户的插入会因为空值被拒绝。除了授权的列，其他列的值或者取____________，或者为____________。

5. 数据库____________机制用来避免用户利用其能够访问的数据推知更高密级的数据。

第 5 章 数据库完整性 <<<

一、选择题

1. 定义关系的主码意味着主码属性（　　）。

   A. 必须唯一　　B. 不能为空

   C. 唯一且部分主码属性不为空　　D. 唯一且所有主码属性不为空

2. 关于语句 CREATE TABLE R(no int, sum int CHECK(sum>0))和 CREATE TABLE R(no int, sum int,CHECK(sum>0))，以下说法不正确的是（　　）。

   A. 两条语句都是合法的

   B. 前者定义了属性上的约束条件，后者定义了元组上的约束条件

   C. 两条语句的约束效果不一样

   D. 当 sum 属性改变时检查，上述两种约束都要被检查

3. 下列说法正确的是（　　）。

   A. 使用 ALTER TABLE ADD CONSTRAINT 可以增加基于元组的约束

   B. 如果属性 A 上定义了 UNIQUE 约束，则 A 不可以为空

   C. 如果属性 A 上定义了外码约束，则 A 不可以为空

   D. 不能使用 ALTER TABLE ADD CONSTRAINT 增加主码约束

4. 下列说法正确的是（　　）。

   A. 域是一组具有不同数据类型的值的集合

   B. 数据库中不同的属性可以来自同一个域

   C. 创建域的语句是 CREATE ASSERTION

   D. 当域上的完整性约束条件改变时必须一一修改域上的各个属性

5. 下列说法正确的是（　　）。

   A. 断言可以定义涉及多个表或聚集操作的比较复杂的完整性约束

   B. 断言创建以后，需要用户执行相关语句手动操作，才能执行对断言的检查

   C. 创建断言的语句是 CREATE DOMAIN

   D. 任何使断言为真值的操作都会被拒绝执行

6. 下列说法正确的是（　　）。

   A. 任何用户都具有创建触发器的权限

   B. 触发器只能定义在基本表上，不能定义在视图上

   C. 创建触发器的语句是 CREATE PROCEDURE

   D. 语句级触发器可以对表中每一行执行触发器动作体

7. 能够实现对数据表 Student 添加约束条件，满足年龄小于 40 的要求，下面符合要求的语句是（　　）。

A. ALTER TABLE Student DROP CONSTRAINT C1 CHECK (Sage < 40);

B. ALTER TABLE Student UPDATE CONSTRAINT C1 CHECK (Sage < 40);

C. ALTER TABLE Student ADD CONSTRAINT C1 CHECK (Sage < 40);

D. ALTER TABLE Student INSERT CONSTRAINT C1 CHECK (Sage < 40);

8. 下面（　　）命令能够完成限制每个学期每一门课程最多 60 名学生选修，SC 有学号（Sno）、课程号（Cno）、学期（Term）、成绩（Grade）等属性。

A. CREATE ASSERTION ASSC_SC_CNUM2 CHECK(60>=ALL(SELECT count(*)
FROM SC GROUP by cno,TERM));

B. CREATE ASSERTION ASSC_SC_CNUM1 CHECK(60>=ALL (SELECT count(*)
FROM SC GROUP by cno));

C. CREATE ASSERTION ASSC_SC_DB_NUM CHECK(60>=(SELECT count(*)
FROM Course,SC WHERE SC.CNO=COURSE.CNO AND COURSE.CNAME='数据库'));

D. CREATE DOMAIN ASSC_SC_CNUM2 CHECK(60>=ALL(ELECT count(*) FROM
SC GROUP by cno,TERM));

二、判断题

1. 数据库的完整性就是保证数据不被窃取。（　　）

2. 触发器可以定义复杂的数据完整性。（　　）

3. 触发器被激活时，只有当触发条件为真时触发动作体才执行。（　　）

4. 执行如下命令后，删除 Course 表中某一元组时，如果 SC 表中有学生选修了该元组的课程，则 SC 表中对应该课程号的元组一并删除。（　　）

```
CREATE TABLE SC
  (Sno CHAR(9)NOT NULL,
   Cno CHAR(4)NOT NULL,
   Grade SMALLINT,
   PRIMARY KEY(Sno,Cno),
   FOREIGN KEY(Sno)REFERENCES Student(Sno)
     ON DELETE CASCADE
     ON UPDATE CASCADE,
   FOREIGN KEY(Cno)REFERENCES Course(Cno)
     ON DELETE NO ACTION
     ON UPDATE CASCADE
   );
```

5. 数据库完整性约束条件的定义必须由数据库应用系统程序员利用高级程序语言（如 C、C++等）编写一段程序进行控制。（　　）

三、填空题

1. 在执行 CREATE TABLE 命令时，用户定义的完整性可以通过__________、__________、__________等子句实现。

2. 关系 R 的属性 A 参照引用关系 T 的属性 A，T 的某条元组对应的 A 属性值在 R 中出现，当要删除 T 的这些元组时，系统可以采用的策略包括__________、__________、__________。

3. 定义数据库完整性一般是由 SQL 的__________语句实现的。

4. __________是用户定义在关系表上的一类由事件驱动的特殊过程。

关系数据理论 «‹

一、选择题

1. 满足每一个分量必须是不可分的数据项条件的关系属于（　　）。

A. 第 4 范式　　B. 第 3 范式　　C. 第 2 范式　　D. 第 1 范式

2. 若关系模式 R<U,F>中每一个决定因素都包含码，则关系模式 R<U,F>属于（　　）。

A. BCNF　　B. 3NF　　C. 2NF　　D. 4NF

3. 对于表 student(Sno,Sdept,Mname,Cno,Grade)，Sno、Sdept、Mname、Cno、Grade 分别表示学生的学号、学生所在的系、系主任的姓名、课程号、学生课程成绩。有 Student 表数据如下：

表 student

Sno	Sdept	Mname	Cno	Grade
S1	数学系	张俊华	C1	98
S2	数学系	张俊华	C1	87
S3	数学系	张俊华	C1	90
S4	数学系	张俊华	C1	85
S5	数学系	张俊华	C1	69

则 Student 模式存在以下问题（　　）。

A. 数据冗余　　B. 更新异常

C. 插入异常　　D. 删除异常

E. 数据冗余、更新异常、插入异常、删除异常

4. 设 K 为 R<U,F>中的属性或属性组合，如果 U 部分函数依赖于 K，则 K 称为（　　）。

A. 全码　　B. 超码　　C. 候选码　　D. 外码

5. 若 R 属于 1NF，且每一个非主属性完全依赖于任何一个候选码，则 R 属于（　　）。

A. 第 4 范式　　B. 第 3 范式　　C. 第 2 范式　　D. 第 1 范式

6. 模式 S-L(Sno,Sdept,Sloc)，Sno、Sdept、Sloc 分别为学生的学号、所在系、学生住处，每个系的学生住在同一个地方，即存在 Sno→Sdept，Sdept→Sloc，Sloc 传递依赖于 Sno，则模式 S-L 属于（　　）。

A. 第 1 范式　　B. 第 2 范式　　C. 第 3 范式　　D. 第 4 范式

7. 限制关系模式的属性之间不允许有非平凡且非函数依赖的多值依赖的范式是（　　）。

A. 第 1 范式　　B. 第 2 范式　　C. 第 3 范式　　D. 第 4 范式

8. 在 2NF 关系模式 S-L(Sno, Sdept, Sloc)中存在传递函数依赖的是（　　）。

A. Sdept → Sno，Sno → Sloc，则 Sdept → Sloc

B. Sno → Sdept，Sdept → Sloc，则 Sno → Sloc

C. Sloc → Sno，Sno → Sdept，则 Sloc → Sdept

D. Sno → Sloc，Sno → Sdept，则 Sloc → Sdept

二、判断题

1. 一个低一级范式的关系模式通过模式分解可以转换为若干个高一级范式的关系模式的集合，这种过程称为规范化。（　　）

2. 数据依赖是一个关系内部属性与属性之间的一种约束关系，是现实世界属性间相互联系的抽象，是数据内在的性质，是语义的体现。（　　）

3. 如果 K 是超码，则 K 的任意一个真子集都不是候选码。（　　）

4. 规范化的基本思想是逐步消除数据依赖中不合适的部分，使模式中的各关系模式达到某种程度的“分离”，即“一事一地”的模式设计原则。（　　）

5. 规范化实质上是概念的多样化。（　　）

6. 函数依赖是语义范畴的概念，数据库设计者可以对现实世界进行强制的规定。（　　）

7. 如果 $R \in 3NF$，且 R 只有一个候选码，那么 $R \in BCNF$ 与 $R \in 3NF$ 互为充分必要条件。（　　）

8. 4NF 就是限制关系模式的属性之间不允许有非平凡且非函数依赖的多值依赖。（　　）

三、填空题

1. 如果关系的每一个非主属性既不传递依赖于码，也不部分依赖于码，则该关系属于________范式。

2. 多值依赖具有对称性和________的性质。

3. 如果消除了属于 4NF 的关系模式中存在的________，则可进一步达到 5NF 的关系模式。

4. 包含在任何一个候选码中的属性称为________。

5. 一个模式中的关系模式如果都属于________，那么在函数依赖范畴内它已实现了彻底的分离，已消除了插入和删除的异常。

6. 设 R(U)是属性集 U 上的一个关系模式，X、Y、Z 是 U 的子集，并且 Z=U-X-Y，关系模式 R(U)中________X→→Y 成立，当且仅当对 R(U)的任一关系 r，给定的一对(x,z)值，有一组 Y 的值，这组值仅仅决定于 x 值而与 z 值无关。

第 7 章

数据库设计 «

一、选择题

1. 在数据库设计过程中要把结构特性和（　　）结合起来。

A. 行为特性　　B. 逻辑特性　　C. 概念特性　　D. 物理特性

2. E-R 模型主要用在数据库设计的（　　）设计阶段。

A. 逻辑结构　　B. 物理结构　　C. 概念结构　　D. 物理实施

3. 能够独立于任何数据库管理系统进行数据库设计的阶段是（　　）。

A. 逻辑结构设计和物理结构设计　　B. 需求分析和逻辑结构设计
C. 概念结构设计和物理结构设计　　D. 需求分析和概念结构设计

4.（　　）是在需求分析阶段建立，是关于数据库中数据（即元数据）的描述，在数据库设计过程中不断修改、充实、完善的，它在数据库设计中占有很重要的地位。

A. 数据报告　　B. 运营报告　　C. 运营字典　　D. 数据字典

5. 数据库外模式在（　　）阶段设计。

A. 数据库概念结构设计　　B. 数据库逻辑结构设计
C. 数据库物理结构设计　　D. 数据库实施和维护

6. 生成数据库管理系统 DBMS 支持的数据模型在（　　）阶段完成。

A. 数据库概念结构设计　　B. 数据库逻辑结构设计
C. 数据库物理结构设计　　D. 数据库实施和维护

7. 根据应用需求建立索引是在（　　）阶段完成。

A. 数据库概念结构设计　　B. 数据库逻辑结构设计
C. 数据库物理结构设计　　D. 数据库实施和维护

8. 员工性别的取值，有的为“男”“女”，有的为“1”“0”，这种情况属于（　　）。

A. 属性冲突　　B. 命名冲突　　C. 结构冲突　　D. 数据冗余

9. 在 E-R 模型中，联系用（　　）表示。

A. 矩形　　B. 椭圆　　C. 六角形　　D. 菱形

10.（　　）于 1976 年提出的 E-R 模型是用 E-R 图来描述现实世界的概念模型。

A. Charles William Bachman　　B. 比尔.盖茨
C. 美籍华人 P.P.S.Chen　　D. E.F.Codd

11. 在下图所示的学生与课程的联系中，学生最少应该选修（　　）门课程。

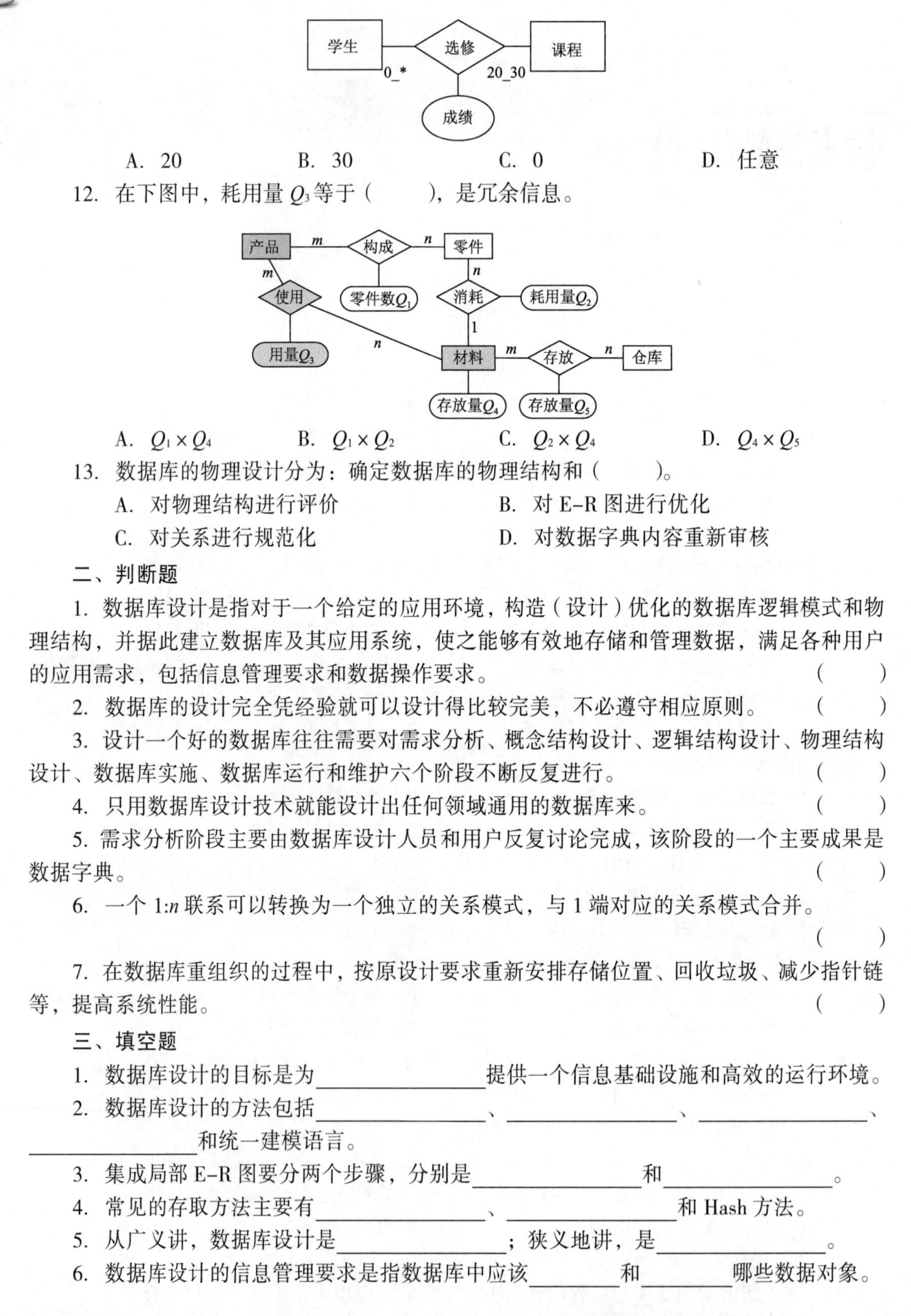

A. 20　　B. 30　　C. 0　　D. 任意

12. 在下图中，耗用量 Q_3 等于（　　），是冗余信息。

A. $Q_1 \times Q_4$　　B. $Q_1 \times Q_2$　　C. $Q_2 \times Q_4$　　D. $Q_4 \times Q_5$

13. 数据库的物理设计分为：确定数据库的物理结构和（　　）。

A. 对物理结构进行评价　　B. 对 E-R 图进行优化

C. 对关系进行规范化　　D. 对数据字典内容重新审核

二、判断题

1. 数据库设计是指对于一个给定的应用环境，构造（设计）优化的数据库逻辑模式和物理结构，并据此建立数据库及其应用系统，使之能够有效地存储和管理数据，满足各种用户的应用需求，包括信息管理要求和数据操作要求。（　　）

2. 数据库的设计完全凭经验就可以设计得比较完美，不必遵守相应原则。（　　）

3. 设计一个好的数据库往往需要对需求分析、概念结构设计、逻辑结构设计、物理结构设计、数据库实施、数据库运行和维护六个阶段不断反复进行。（　　）

4. 只用数据库设计技术就能设计出任何领域通用的数据库来。（　　）

5. 需求分析阶段主要由数据库设计人员和用户反复讨论完成，该阶段的一个主要成果是数据字典。（　　）

6. 一个 1:n 联系可以转换为一个独立的关系模式，与 1 端对应的关系模式合并。（　　）

7. 在数据库重组织的过程中，按原设计要求重新安排存储位置、回收垃圾、减少指针链等，提高系统性能。（　　）

三、填空题

1. 数据库设计的目标是为________提供一个信息基础设施和高效的运行环境。

2. 数据库设计的方法包括________、________、________、________和统一建模语言。

3. 集成局部 E-R 图要分两个步骤，分别是________和________。

4. 常见的存取方法主要有________、________和 Hash 方法。

5. 从广义讲，数据库设计是________；狭义地讲，是________。

6. 数据库设计的信息管理要求是指数据库中应该________和________哪些数据对象。

第 8 章

数据库编程 «‹

一、选择题

1. 下面计算机语言中，不是主语言的是（　　）。

A. SQL　　B. C　　C. C++　　D. Java

2. SQL 语句中使用的主语言程序变量简称为（　　）。

A. 指示变量　　B. 主变量　　C. 游标　　D. 静态变量

3.（　　）是系统为用户开设的一个数据缓冲区，存放 SQL 语句产生的多条记录数据。

A. 指示变量　　B. 主变量　　C. 游标　　D. 静态变量

4. 嵌入式 SQL 程序要访问数据库必须先（　　）数据库。

A. 控制　　B. 授权　　C. 关闭　　D. 连接

5. 当某个连接上的所有数据库操作完成后，应用程序应该主动释放所占用的连接资源，（　　）数据库。

A. 控制　　B. 授权　　C. 关闭　　D. 切断

6. 使用游标的 SQL 语句是（　　）。

A. 数据定义语句　　B. 数据控制语句

C. 非 CURRENT 形式的增删改语句　　D. CURRENT 形式的增删改语句

7. 过程和函数是（　　）。

A. 命名块　　B. 匿名块　　C. 主变量块　　D. 游标

8. 在 ODBC 应用系统体系结构中，提供用户界面、应用逻辑和事务逻辑的是（　　）。

A. 用户应用程序　　B. ODBC 驱动程序管理器

C. 数据库 ODBC 驱动程序　　D. 数据源

9. 可以建立、配置或删除数据源并查看系统当前所安装的数据库 ODBC 驱动程序的是（　　）。

A. 用户应用程序　　B. ODBC 驱动程序管理器

C. 数据库 ODBC 驱动程序　　D. 数据源

10. ODBC 应用程序不能直接存取数据库，其各种操作请求由驱动程序管理器提交给某个关系数据库管理系统的（　　）。

A. 用户应用程序　　B. ODBC 驱动程序管理器

C. 数据库 ODBC 驱动程序　　D. 数据源

11. OLE DB 的（　　）是一个由 COM 组件构成的数据访问中介。

A. 消费者　　B. 提供者　　C. 数据源　　D. 游标

12.（　　）为 Java 程序提供统一、无缝地操作各种数据库的接口。

A. ODBC　　B. OLE DB　　C. JDBC　　D. RDO

二、判断题

1. 标准化 SQL 提供了流程控制能力，能够较好地实现业务中的逻辑控制。（　　）

2. SQL 编程技术可以有效克服 SQL 实现复杂应用方面的不足，提高应用系统和数据库管理系统间的互操作性。（　　）

3. SQL 可以使用程序设计语言来定义过程和函数，也可以用关系数据库管理系统自己的过程语言来定义。（　　）

4. 只有特殊的数据库管理系统才支持过程化 SQL 编程，像 MySQL 这样的数据库是不支持过程化 SQL 编程的。（　　）

5. 单束 ODBC 驱动程序支持客户机-服务器、客户机-应用服务器-数据库服务器等网络环境下的数据访问，这时由驱动程序完成数据库访问请求的提交和结果集接收，应用程序使用驱动程序提供的结果集管理接口操纵执行后的结果数据。（　　）

6. 多束 ODBC 驱动程序一般指数据源和应用程序在同一台机器上，驱动程序直接完成对数据文件的 I/O 操作，这时驱动程序相当于数据管理器。（　　）

7. OLE DB 支持的数据源可以是数据库，但不能是文本文件、Excel 表格、ISAM 等其他不同格式的数据存储。（　　）

8. OLE DB 的消费者利用 OLE DB 提供者提供的接口访问数据源数据的客户端应用程序或其他工具。（　　）

9. OLE DB 基于 COM 对象技术形成一个支持数据访问的通用编程模型：数据管理任务必须由消费者访问数据，由提供者发布数据。（　　）

10. Rowset 编程模型假定数据源中的数据比较规范，提供者以行集（recordset）形式发布数据。（　　）

11. Binder 编程模型主要用于提供者不提供标准表格式数据的情况，这时 OLE DB 采用 Binder 编程模型将一个统一资源定位符（Uniform Resource Locator，URL）和一个 OLE DB 对象相关联或绑定，并在必要时创建层次结构的对象。（　　）

12. JDBC 是 Java 实现数据库访问的应用程序编程接口，它是建立在 X/Open SQL CLI 基础上的。（　　）

13. 嵌入式 SQL 程序要访问数据库必须先连接数据库，关系数据库管理系统根据用户信息对连接请求进行合法性验证，不通过身份验证，也能建立一个可用的连接。（　　）

14. 在动态 SQL 中，程序主变量包含的内容是 SQL 语句的内容，而不是原来保存数据的输入或输出变量。（　　）

15. 过程化 SQL 是基本 SQL 语句构成，没有条件控制和循环控制语句。（　　）

16. 函数的定义和存储过程类似，不同之处是函数必须指定返回的类型。（　　）

17. 在过程化 SQL 中，如果 SELECT 语句只返回一条记录，可以将结果存放到主变量中。当查询返回多条记录时，就要使用游标对结果集进行处理。（　　）

18. ODBC、OLE DB、JDBC 等都是高级语言进行基于数据库的应用系统编程。（　　）

三、填空题

1. SQL 是面向集合的，主语言是面向记录的，可以使用________解决一条 SQL 语句产生或处理多条记录的情况。

2. 存储过程经过编译、优化之后存储在________________________。

3. 应用程序中访问和管理数据库的方法有________、________、________、________和OLE DB等。

4. 对嵌入式SQL，数据库管理系统一般采用________方法处理。

5. 将SQL嵌入高级语言中混合编程，________语句负责操纵数据库，________语句负责控制逻辑流程。

6. 过程化SQL块主要有两种类型，即匿名块和________。

7. ODBC应用系统的体系结构由4部分组成：__________、__________、__________、__________。

8. ODBC驱动程序主要有________和________两类。

9. ________是最终用户需要访问的数据，包含了数据库位置和数据库类型等信息。

10. ODBC工作流程包括________、________、________、________、________、________、________。

11. OLE DB编程模型有两种：________和________。

12. ________是Java的开发者Sun制定的Java数据库连接技术的简称，为DBMS提供支持无缝连接应用的技术。

第 9 章 关系查询处理和查询优化

一、选择题

1. 在关系数据库管理系统查询优化中，一般情况下，(　　) 先做。

   A. 选择　　B. 投影　　C. 连接　　D. 笛卡儿积

2. 在计算查询代价时一般用查询处理读写的 (　　) 作为衡量单位。

   A. 数据表　　B. 块数　　C. 字节　　D. 文件

3. (　　) 是通过对关系代数表达式的等价变换来提高查询效率。

   A. 基于规则的优化　　B. 基于代价的优化

   C. 代数优化　　D. 索引优化

4. 代数优化的策略是通过对关系代数表达式的 (　　) 来提高查询效率。

   A. 数据分析　　B. 成本计算　　C. 优化计算　　D. 等价变换

5. 物理优化就是要选择高效合理的 (　　) 或存取路径，求得优化的查询计划，达到查询优化的目标。

   A. 选择结构　　B. 操作算法　　C. 计算模拟　　D. 等价变换

二、判断题

1. 代数优化是指关系代数表达式的优化。 (　　)
2. 物理优化是指通过存取路径和底层操作算法的选择进行的优化。 (　　)
3. 自顶向下查询计划的执行方式是一种主动的执行方式。 (　　)
4. 自底向上查询计划的执行方式是一种被动的执行方式。 (　　)
5. 等值连接 (或自然连接) 常用的算法有嵌套循环算法、排序-合并算法、索引连接算法、hash join 算法等。 (　　)
6. 代数优化一般用查询树来完成，即把 SQL 语句转换成查询树，再转换成关系代数语法树，进行优化，最后转换成优化的查询树。 (　　)
7. 写出优化的 SQL 语句，在提高查询速度上，没有实际的帮助。 (　　)

三、填空题

1. 关系数据库管理系统查询处理可以分为________、查询检查、查询优化和查询执行。
2. 查询优化一般可分为________和________。
3. 物理优化选择的方法是________、________以及两者结合的优化。
4. 查询计划的执行可分为________和________两种执行方法。

第 10 章

数据库恢复技术

一、选择题

1. 登记日志文件，必须（　　）。

A. 先写日志文件，后写数据库　　B. 先写数据库，后写日志文件

C. 同时写日志文件和数据库　　D. 只写日志文件，不用写数据库

2. 将事务中所有对数据库的更新写回到磁盘上的物理数据库中去，事务正常结束，用（　　）语句表示。

A. ROLLBACK　　B. COMMIT

C. BEGIN TRANSACTION　　D. END TRANSACTION

3.（　　）即数据库管理员定期地将整个数据库复制到磁带、磁盘或其他存储介质上保存起来的过程。

A. 系统故障　　B. 数据恢复

C. 数据转储　　D. 故障恢复

4. 利用检查点恢复策略时，下图中需要重做的队列（　　）。

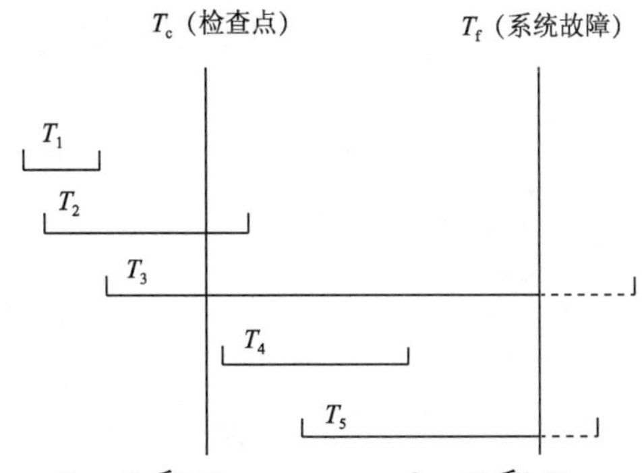

A. T_2和T_4　　B. T_3和T_4　　C. T_2和T_5　　D. T_3和T_5

5. 下面几种数据库恢复技术中，较高的一种是（　　）。

A. 数据转储　　B. 登记日志

C. 完全备份　　D. 具有检查点的恢复技术

6. 硬故障是指（　　）。

A. 事务故障　　B. 介质故障

C. 系统故障　　D. 计算机病毒

二、判断题

1. 事务是用户定义的一个数据库操作序列，是一个不可分割的工作单位。 (　　)

2. 数据转储和登记日志文件是建立冗余数据最常用的技术。 (　　)

3. 为保证数据库是可恢复的，必须先写数据库，后写日志。 (　　)

4. 介质故障恢复时，DBA 要重装最近转储的数据库副本和有关的各日志文件副本，执行系统提供的恢复命令。 (　　)

5. 镜像技术可以改善介质故障的恢复效率。 (　　)

三、填空题

1. 事务具有 4 个特性，即原子性、一致性、____________和持续性。

2. 故障的种类包括____________、____________、____________和____________。

3. 建立冗余数据最常用的技术是____________和登记日志文件。

4. 数据转储方法包括____________、____________、____________和____________。

5. 为避免磁盘介质出现故障影响数据库的可用性，许多数据库管理系统提供了____________功能用于数据库恢复。

并发控制 ‹‹‹

一、选择题

1. 并发控制要保证事务的（　　）。

A. 一致性和原子性 B. 原子性和相伴性 C. 隔离性和一致性 D. 隔离性和原子性

2. 并发控制的基本单位是（　　）。

A. 进程　　B. 线程　　C. 程序　　D. 事务

3. 并发操作带来的数据不一致性包括（　　）、不可重复读和读“脏”数据。

A. 增加新值　　B. 丢失修改　　C. 无效删除　　D. 插入拒绝

4.（　　）是并发事务正确调度的原则。

A. 可交叉性　　B. 可耦合性　　C. 可并行性　　D. 可串行性

5. 预防死锁的办法通常有一次封锁法和（　　）法两种方法。

A. 二次封锁　　B. 顺序封锁　　C. 三级封锁　　D. 等待封锁

6. “两段”锁的含义是，事务分为两个阶段，即（　　）。

A. 第一阶段获得封锁，称为扩展阶段；第二阶段释放封锁，称为收缩阶段

B. 第一阶段获得封锁，称为收缩阶段；第二阶段释放封锁，称为扩展阶段

C. 第一阶段释放封锁，称为扩展阶段；第二阶段获得封锁，称为收缩阶段

D. 第一阶段释放封锁，称为收缩阶段；第二阶段获得封锁，称为扩展阶段

7. 事务 T 在修改数据 R 之前必须先对其加 X 锁，直到事务结束才释放，称为（　　）。

A. 三级封锁协议　B. 二级封锁协议　C. 一级封锁协议　D. 多版本封锁协议

8. 若事务 T 对数据对象 A 加上（　　），则只允许 T 读取和修改 A，其他任何事务都不能再对 A 加任何类型的锁，直到 T 释放 A 上的锁。

A. 排他锁（X 锁） B. 共享锁（S 锁） C. 多粒度锁　　D. 细粒度锁

9. 由图 1 和图 2 可以分析得出如下正确结论（　　）。

T_1	T_2	T_3	T_4
lock R		•	•
•	lock R	•	•
•	等待	Lock R	•
Unlock	等待	•	Lock R
•	等待	Lock R	等待
•	等待	•	等待
•	等待	Unlock	等待
•	等待	•	Lock R
•	等待	•	•

图1

T_1	T_2
lock R_1	•
•	Lock R_2
•	•
Lock R_2.	•
等待	•
等待	Lock R_1
等待	等待
等待	等待

图2

A. 图 1 中 T_2 可能出现死锁，图 2 出现死锁

B. 图 1 中 T_2 可能出现活锁，图 2 出现死锁

C. 图 1 中 T_2 可能出现死锁，图 2 出现活锁

D. 图 1 中 T_2 可能出现活锁，图 2 出现活锁

10. 在下图中，遵守两段锁协议的事务有（　　）。

事务 T_1	事务 T_2
Slock(A)	
R(A=260)	
	Slock(C)
	R(C=300)
Xlock(A)	
W(A=160)	
	Xlock(C)
	W(C=250)
	Slock(A)
Slock(B)	等待
R(B=1000)	等待
Xlock(B)	等待
W(B=1100)	等待
Unlock(A)	Unlock(C)
	R(A=160)
	Xlock(A)
Unlock(B)	
	W(A=210)
	Unlock(A)

A. 事务 T_1 和 T_2 都没有遵守　　B. T_2

C. T_1　　D. T_1 和 T_2

11. 最弱的锁是（　　）。

A. X　　B. SIX　　C. S 和 IX　　D. IS

12. 在改进的多版本并发控制中，下面叙述正确的是（　　）。

A. 读锁和写锁不相容　　B. 读锁和写锁相容

C. 写锁和写锁相容　　D. 验证锁和验证锁相容

二、判断题

1. 避免活锁的简单方法是采用先来先服务的策略。（　　）

2. 显示封锁是应事务的要求直接加到数据对象上的锁。（　　）

3. 意向锁 IX 在所有锁中的强度是最强的。（　　）

4. 目前的并发事务控制技术能够同时保证 ACID 特性。（　　）

5. 数据库中诊断死锁的方法使用超时法或事务等待图法。（　　）

三、填空题

1. ________是并发事务正确调度的原则。

2. 封锁对象的大小称为________。

3. 常用的意向锁有意向共享锁、意向排它锁和________。

4. ________是应事务的要求直接加到数据对象上的锁；________是该数据对象没有被独立加锁，是由于其上级节点加锁而使该数据对象加上了锁。

5. ________是指数据库中数据对象的一个快照，记录了数据对象某个时刻的状态。

习题参考答案

第1章

一、选择题

1. C　2. B　3. A　4. A　5. A　6. C　7. B　8. D　9. B
10. A　11. C　12. D

二、判断题

1. 错　2. 对　3. 错　4. 对　5. 对　6. 错　7. 对　8. 错　9. 错
10. 错

三、填空题

1. 层次模型　网状模型　关系模型
2. E-R 模型
3. 物理　逻辑
4. 外模式　模式　内模式
5. 一对多联系　多对多联系
6. 安全性　完整性　并发控制
7. 外模式
8. 记录（型）　一对多
9. 数据结构　数据操作
10. 数据结构　数据操作　数据的完整性约束条件

第2章

一、选择题

1. D　2. A　3. B　4. B　5. C　6. C　7. D　8. A
9. B　10. C

二、判断题

1. 对　2. 对　3. 对　4. 对　5. 对　6. 错　7. 错　8. 错　9. 错
10. 错　11. 对　12. 对　13. 错　14. 对　15. 错

三、填空题

1. 插入　修改　删除　2. 实体完整性　参照完整性　用户定义完整性
3. 选择　投影　差　4. 主码　外码　5. 职工　部门号
6. 集合运算　关系运算

第3章

一、选择题

1. C　2. A　3. B　4. A　5. D　6. B　7. C　8. D　9. A
10. B　11. A　12. B　13. A　14. C　15. D　16. A

二、判断题

1. 对　2. 错　3. 对　4. 错　5. 错　6. 对　7. 对　8. 错　9. 错
10. 对　11. 对　12. 对　13. 对　14. 对　15. 错　16. 对　17. 对　18. 对
19. 错　20. 对

三、填空题

1. 数据查询　数据操纵　数据定义　　2. DISTINCT
3. 行列子集视图　　4. 模式定义　索引定义

第4章

一、选择题

1. C　2. A　3. D　4. B　5. A

二、判断题

1. 错　2. 错　3. 对　4. 对　5. 对　6. 对　7. 对　8. 错　9. 对
10. 对

三、填空题

1. 自主存取控制和强制存取控制　视图　审计　　2. 密文
3. 权限　　4. 主码　空值　默认值　　5. 推理控制

第5章

一、选择题

1. D　2. C　3. A　4. B　5. A　6. B　7. C　8. A

二、判断题

1. 错　2. 对　3. 对　4. 错　5. 错

三、填空题

1. NOT NULL　UNIQUE　CHECK　　2. 拒绝执行　级联删除　设为空值
3. DDL　　4. 触发器

第6章

一、选择题

1. D　2. A　3. E　4. B　5. C　6. B　7. D　8. B

二、判断题

1. 对　2. 对　3. 错　4. 对　5. 错　6. 对　7. 对　8. 对

三、填空题

1. 第 3（3NF）　2. 传递性　3. 连接依赖　4. 主属性　5. BCNF
6. 多值依赖

第7章

一、选择题

1. A　2. C　3. D　4. D　5. B　6. B　7. C　8. A　9. D
10. C　11. A　12. B　13. A

二、判断题

1. 对　2. 错　3. 对　4. 错　5. 对　6. 错　7. 对

三、填空题

1. 用户和各种应用系统
2. 新奥尔良　基于 E-R 模型的方法　3NF 的设计方法　面向对象的设计方法
3. 合并　修改与重构
4. 索引　聚簇
5. 数据库及其应用系统的设计　设计数据库本身
6. 存储　管理

第 8 章

一、选择题

1. A　2. B　3. C　4. D　5. C　6. D　7. A　8. A　9. B
10. C　11. B　12. C

二、判断题

1. 错　2. 对　3. 对　4. 错　5. 错　6. 错　7. 错　8. 对　9. 对
10. 对　11. 对　12. 对　13. 错　14. 对　15. 错　16. 对　17. 对　18. 对

三、填空题

1. 游标
2. 数据库服务器中
3. 嵌入式 SQL　PL/SQL　ODBC　JDBC
4. 预编译
5. SQL　高级语言
6. 命名块
7. 用户应用程序　ODBC 驱动程序管理器　数据库驱动程序　数据源
8. 单束　多束
9. 数据源
10. 配置数据源　初始化环境　建立连接　分配语句句柄　执行 SQL 语句　结果集处理　中止处理
11. Rowset 模型　Binder 模型
12. JDBC

第 9 章

一、选择题

1. A　2. B　3. C　4. D　5. B

二、判断题

1. 对　2. 对　3. 错　4. 错　5. 对　6. 对　7. 错

三、填空题

1. 查询分析
2. 代数优化（逻辑优化）　物理优化（非代数优化）

3. 基于规则的启发式优化　基于代价估算的优化

4. 自顶向下　自底向上

第 10 章

一、选择题

1. A　2. B　3. C　4. A　5. D　6. B

二、判断题

1. 对　2. 对　3. 错　4. 对　5. 对

三、填空题

1. 隔离性（Isolation）
2. 事务内部的故障　系统故障　介质故障　计算机病毒
3. 数据转储
4. 动态海量存储　动态增量存储　静态海量存储　静态增量存储
5. 数据库镜像（mirror）

第 11 章

一、选择题

1. C　2. D　3. B　4. D　5. B　6. A　7. C　8. A　9. B
10. C　11. D　12. B

二、判断题

1. 对　2. 对　3. 错　4. 错　5. 对

三、填空题

1. 可串行性
2. 封锁粒度（granularity）
3. 共享意向排它锁（SIX）
4. 显示封锁　隐式封锁
5. 版本

附 录

附录A MySQL常用命令

MySQL 常用的命令如附表 1 所示。

附表 1 MySQL 常用命令

命令	功能
net start mysql	启动 MySQL 服务（DOS）
net stop mysql	停止 MySQL 服务（DOS）
mysql -h 主机地址 -u 用户名 －p 用户密码	连接 MySQL（DOS）
exit	退出 MySQL
mysqladmin -u 用户名 -p 旧密码 password 新密码	修改连接 MySQL 的密码（DOS）
status;	查看运行环境信息
select version();	显示 MySQL 版本
select now();	显示系统当前时间
show databases;	显示 MySQL 中所有数据库
use 数据库名;	切换连接数据库
select database();	显示正在使用的数据库名
show tables;	显示数据库中的所有表
create database 数据库名;	创建数据库
drop database 数据库名;	删除数据库
alter database 数据库名称 default character set 编码方式 collate 校对规则;	修改数据库编码
create table 表名 (字段 1 数据类型,字段 2 数据类型);	创建数据表
show columns from 表名;	列出数据表字段
show create table 表名;	显示表创建时的全部信息
describe 表名;	查看表的具体属性信息
alter table 表名 add column (字段名 字段类型);	向数据表增加一个字段
alter table 表名 add column 字段名 字段类型 after 某字段;	在指定字段后插入新字段
alter table 表名 drop 字段名;	删除一个字段
alter table 表名 change 旧字段名 新字段名 新字段的类型;	更改数据表字段名称
alter table table_name rename to new_table_name;	更改数据表的名称
alter table articles add constraint……	向表中增加约束命令

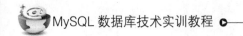

续表

命　令	功　能
drop table 表名;	删除数据表
insert into 表名[(字段 1, 字段 2, ….)] values (值 1, 值 2, …);	向数据表添加数据
select 属性列表 from 表名 where 条件;	查询表中所有数据
update 表名 set 字段名='新值' [, …][where 条件]	更新数据表中数据
delete from 表名 where 条件;	删除数据表数据
truncate table 表名;	清空表中的所有数据
alter table users engine=引擎名;	修改数据库引擎名
create user 用户名 identified by 'password';	创建数据库用户
select user();	显示当前使用数据库的用户
grant all on 数据库.表名 to 用户名 [indentified by 'password'];	向数据库用户授予权限
show grants for 用户名	列出某用户权限
create index	创建索引命令
alter table 表名 add index 索引名 (字段名 1[, …]);	增加索引
show index from 表名;	显示表中的索引
alter table 表名 drop index 索引名;	删除某个索引
create view 视图名 as select…;	创建视图命令
drop view 视图名;	删除视图
select * from 表名 into outfile '文件名';	使用 SQL 语句备份数据表
load data infile '备份文件' into table 表名;	使用 SQL 语句恢复数据表
mysqldump -u 用户名 -p 数据库名 > 导出的文件名	备份整个数据库（DOS）
mysqldump -u 用户名 -p 数据库名 表名> 导出的文件名	导出一个数据表（DOS）
mysql -u 用户名 -p 数据库名<备份数据库文件	恢复整个数据库（DOS）
mysqlimport -u 用户名 -p 数据库名 数据表的备份文件	恢复数据表的数据（DOS）

附录 B　MySQL 常用函数及操作符

1．常用函数

MySQL 常用的字符串函数、数值函数、日期函数、高级函数分别如附表 2、附表 3、附表 4、附表 5 所示。

附表 2　字符串函数

函　数	作　用
ASCII(s)	返回字符串 s 的第一个字符的 ASCII 码
CHAR_LENGTH(s)	返回字符串 s 的字符数
CHARACTER_LENGTH(s)	返回字符串 s 的字符数
CONCAT(s1,s2...sn)	将字符串 s1,s2,…,sn 合并为一个字符串
CONCAT_WS(x, s1,s2...sn)	同 CONCAT(s1,s2...sn) 函数，但是每个字符串之间要加上 x，x 是分隔符
FIELD(s,s1,s2...)	返回第一个字符串 s 在字符串列表(s1,s2...)中的位置

续表

函　数	作　用
FIND_IN_SET(s1,s2)	返回在字符串 s2 中与 s1 匹配的字符串的位置
FORMAT(x,n)	函数可以将数字 x 进行格式化 "#,###.##", 将 x 保留到小数点后 n 位，最后一位四舍五入
INSERT(s1,x,len,s2)	字符串 s2 替换 s1 的 x 位置开始长度为 len 的字符串
LOCATE(s1,s)	从字符串 s 中获取 s1 的开始位置
LCASE(s)	将字符串 s 的所有字母变成小写字母
LEFT(s,n)	返回字符串 s 的前 n 个字符
LOWER(s)	将字符串 s 的所有字母变成小写字母
LPAD(s1,len,s2)	在字符串 s1 的开始处填充字符串 s2，使字符串长度达到 len
LTRIM(s)	去掉字符串 s 开始处的空格
MID(s,n,len)	从字符串 s 的 n 位置截取长度为 len 的子字符串，同 SUBSTRING(s,n,len)
POSITION(s1 IN s)	从字符串 s 中获取 s1 的开始位置
REPEAT(s,n)	将字符串 s 重复 n 次
REPLACE(s,s1,s2)	将字符串 s2 替代字符串 s 中的字符串 s1
REVERSE(s)	将字符串 s 的顺序反过来
RIGHT(s,n)	返回字符串 s 的后 n 个字符
RPAD(s1,len,s2)	在字符串 s1 的结尾处添加字符串 s2，使字符串的长度达到 len
RTRIM(s)	去掉字符串 s 结尾处的空格
SPACE(n)	返回 n 个空格
STRCMP(s1,s2)	比较字符串 s1 和 s2,如果 s1 与 s2 相等返回 0 ,如果 s1>s2 返回 1,如果 s1<s2 返回 -1
SUBSTR(s, start, length)	从字符串 s 的 start 位置截取长度为 length 的子字符串
SUBSTRING(s, start, length)	从字符串 s 的 start 位置截取长度为 length 的子字符串
SUBSTRING_INDEX(s, delimiter, number)	返回从字符串 s 的第 number 个出现的分隔符 delimiter 之后的子串。如果 number 是正数,返回第 number 个字符左边的字符串。如果 number 是负数,返回第[number 的绝对值（从右边数）]个字符右边的字符串
TRIM(s)	去掉字符串 s 开始和结尾处的空格
UCASE(s)	将字符串转换为大写
UPPER(s)	将字符串转换为大写

附表 3　数值函数

函　数	作　用
ABS(x)	返回 x 的绝对值
ACOS(x)	求 x 的反余弦值（参数是弧度）
ASIN(x)	求反正弦值（参数是弧度）
ATAN(x)	求反正切值（参数是弧度）
ATAN2(n, m)	求反正切值（参数是弧度）
AVG(expression)	返回一个表达式的平均值，expression 是一个字段
CEIL(x)	返回大于或等于 x 的最小整数

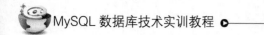

续表

函 数	作 用
CEILING(x)	返回大于或等于 x 的最小整数
COS(x)	求余弦值（参数是弧度）
COT(x)	求余切值（参数是弧度）
COUNT(expression)	返回查询的记录总数，expression 参数是一个字段或者 * 号
DEGREES(x)	将弧度转换为角度
n DIV m	整除，n 为被除数，m 为除数
EXP(x)	返回 e 的 x 次方
FLOOR(x)	返回小于或等于 x 的最大整数
GREATEST(expr1, expr2, expr3, ...)	返回列表中的最大值
LEAST(expr1, expr2, expr3, ...)	返回列表中的最小值
LN	返回数字的自然对数
LOG(x)	返回自然对数（以 e 为底的对数）
LOG10(x)	返回以 10 为底的对数
LOG2(x)	返回以 2 为底的对数
MAX(expression)	返回字段 expression 中的最大值
MIN(expression)	返回字段 expression 中的最小值
MOD(x,y)	返回 x 除以 y 以后的余数
PI()	返回圆周率（3.141593）
POW(x,y)	返回 x 的 y 次方
POWER(x,y)	返回 x 的 y 次方
RADIANS(x)	将角度转换为弧度
RAND()	返回 0 到 1 的随机数
ROUND(x)	返回离 x 最近的整数
SIGN(x)	返回 x 的符号，x 是负数、0、正数分别返回 -1、0 和 1
SIN(x)	求正弦值（参数是弧度）
SQRT(x)	返回 x 的平方根
SUM(expression)	返回指定字段的总和
TAN(x)	求正切值（参数是弧度）
TRUNCATE(x,y)	返回数值 x 保留到小数点后 y 位的值（与 ROUND 最大的区别是不会进行四舍五入）

附表 4　日期函数

函 数	作 用
ADDDATE(d,n)	计算起始日期 d 加上 n 天的日期
ADDTIME(t,n)	时间 t 加上 n 秒的时间
CURDATE()	返回当前日期
CURRENT_DATE()	返回当前日期
CURRENT_TIME	返回当前时间
CURRENT_TIMESTAMP()	返回当前日期和时间

续表

函　数	作　用
CURTIME()	返回当前时间
DATE()	从日期或日期时间表达式中提取日期值
DATEDIFF(d1,d2)	计算日期 d1、d2 之间相隔的天数
DATE_ADD(d, INTERVAL expr type)	计算起始日期 d 加上一个时间段后的日期
DATE_FORMAT(d,f)	按表达式 f 的要求显示日期 d
DATE_SUB(date,INTERVAL expr type)	函数从日期减去指定的时间间隔
DAY(d)	返回日期值 d 的日期部分
DAYNAME(d)	返回日期 d 是星期几，如 Monday、Tuesday
DAYOFMONTH(d)	计算日期 d 是本月的第几天
DAYOFWEEK(d)	日期 d 今天是星期几，1 星期日、2 星期一，依此类推
DAYOFYEAR(d)	计算日期 d 是本年的第几天
EXTRACT(type FROM d)	从日期 d 中获取指定的值，type 指定返回的值。type 可取值为：MICROSECOND、SECOND、MINUTE、HOUR、DAY、WEEK、MONTH、QUARTER、YEAR、SECOND_MICROSECOND、MINUTE_MICROSECOND、MINUTE_SECOND、HOUR_MICROSECOND、HOUR_SECOND、HOUR_MINUTE、DAY_MICROSECOND、DAY_SECOND、DAY_MINUTE、DAY_HOUR、YEAR_MONTH
FROM_DAYS(n)	计算从 0000 年 1 月 1 日开始 n 天后的日期
HOUR(t)	返回 t 中的小时值
LAST_DAY(d)	返回给给定日期的那一月份的最后一天
LOCALTIME()	返回当前日期和时间
LOCALTIMESTAMP()	返回当前日期和时间
MAKEDATE(year, day-of-year)	基于给定参数年份 year 和所在年中的天数序号
MAKETIME(hour, minute, second)	组合时间，参数分别为小时、分钟、秒
MICROSECOND(date)	返回日期参数所对应的微秒数
MINUTE(t)	返回 t 中的分钟值
MONTHNAME(d)	返回日期当中的月份名称，如 November
MONTH(d)	返回日期 d 中的月份值，1～12
NOW()	返回当前日期和时间
PERIOD_ADD(period, number)	为日期增加一个时段
PERIOD_DIFF(period1, period2)	返回两个时段之间的月份差值
QUARTER(d)	返回日期 d 是第几季节，返回 1～4
SECOND(t)	返回 t 中的秒值
SEC_TO_TIME(s)	将以秒为单位的时间 s 转换为时分秒的格式
STR_TO_DATE(string, format_mask)	将字符串转变为日期
SUBDATE(d,n)	日期 d 减去 n 天后的日期
SUBTIME(t,n)	时间 t 减去 n 秒的时间
SYSDATE()	返回当前日期和时间
TIME(expression)	提取表达式的时间部分

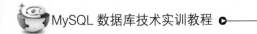

续表

函　数	作　用
TIME_FORMAT(t,f)	按表达式 f 的要求显示时间 t
TIME_TO_SEC(t)	将时间 t 转换为秒
TIMEDIFF(time1, time2)	计算时间差值
TIMESTAMP(expression, interval)	单个参数时，函数返回日期或日期时间表达式；有 2 个参数时，将参数加和
TO_DAYS(d)	计算日期 d 距离 0000 年 1 月 1 日的天数
WEEK(d)	计算日期 d 是本年的第几个星期，范围是 0~53
WEEKDAY(d)	日期 d 是星期几，0 表示星期一，1 表示星期二，依此类推
WEEKOFYEAR(d)	计算日期 d 是本年的第几个星期，范围是 0~53
YEAR(d)	返回年份
YEARWEEK(date, mode)	返回年份及第几周（0~53），mode 中 0 表示周天，1 表示周一，依此类推

附表 5　高级函数

函　数	作　用
BIN(x)	返回 x 的二进制编码
BINARY(s)	将字符串 s 转换为二进制字符串
CASE expression WHEN condition1 THEN result1 WHEN condition2 THEN result2 ... WHEN conditionN THEN resultN ELSE result END	CASE 表示函数开始，END 表示函数结束。如果 condition1 成立，则返回 result1，如果 condition2 成立，则返回 result2，当全部不成立则返回 result，而当有一个成立之后，后面的就不执行了
CAST(x AS type)	转换数据类型
COALESCE(expr1, expr2, ..., expr_n)	返回参数中的第一个非空表达式（从左向右）
CONNECTION_ID()	返回服务器的连接数
CONV(x,f1,f2)	返回 f1 进制数变成 f2 进制数
CONVERT(s USING cs)	将字符串 s 的字符集变成 cs
CURRENT_USER()	返回当前用户
DATABASE()	返回当前数据库名
IF(expr,v1,v2)	如果表达式 expr 成立，返回结果 v1；否则，返回结果 v2
IFNULL(v1,v2)	如果 v1 的值不为 NULL，则返回 v1，否则返回 v2
ISNULL(expression)	判断表达式是否为 NULL
LAST_INSERT_ID()	返回最近生成的 AUTO_INCREMENT 值
NULLIF(expr1, expr2)	比较两个字符串，如果字符串 expr1 与 expr2 相等，返回 NULL，否则返回 expr1
SESSION_USER()	返回当前用户
SYSTEM_USER()	返回当前用户
USER()	返回当前用户
VERSION()	返回数据库的版本号

2．操作符

MySQL 常用的算术运算符、比较运算符、逻辑运算符、位运算符如附表 6、附表 7、附表 8、附表 9 所示。

附表 6　算术运算符

运 算 符	作　　用	运 算 符	作　　用
+	用于加法运算	/	用于除法运算，返回商
-	用于减法运算	%	用于求余运算，返回余数
*	用于乘法运算		

附表 7　比较运算符

运 算 符	作　　用
==	等于
<=>	安全的等于
<> 或者!=	不等于
<=	小于或等于
>=	大于或等于
>	大于
<	小于
IS NULL	用于判断一个值是否为 NULL
IS NOT NULL	用于判断一个值是否不为 NULL
LEAST	用于在有两个或者多个参数时，返回最小值
GREATEST	用于在有两个或者多个参数时，返回最大值
BETWEEN AND	用于判断一个值是否落在两个值之间
ISNULL	与 IS NULL 作用相同
IN	用于判断一个值是否是列表中的一个值
NOT IN	用于判断一个值不是 IN 列表中的任意一个值
LIKE	通配符匹配
REGEXP	正则表达式匹配

附表 8　逻辑运算符

运 算 符	作　　用	运 算 符	作　　用
NOT 或者!	逻辑非	OR 或者||	逻辑或
AND 或者&&	逻辑与	XOR	逻辑异或

附表 9　位运算符

运 算 符	作　　用	运 算 符	作　　用
&	位与	>>	位右移
^	位异或	~	位取反
<<	位左移		

附录 C　API-C

MySQL 与 C 语言的接口函数分别如附表 10、附表 11、附表 12、附表 13 所示。

附表 10　API 概述

API	作　用
mysql_affected_rows()	返回上次 UPDATE、DELETE 或 INSERT 查询更改 / 删除 / 插入的行数
mysql_autocommit()	切换 autocommit 模式，ON/OFF
mysql_change_user()	更改打开连接上的用户和数据库
mysql_charset_name()	返回用于连接的默认字符集的名称
mysql_close()	关闭服务器连接
mysql_commit()	提交事务
mysql_connect()	连接到 MySQL 服务器。该函数已不再被重视，使用 mysql_real_connect()取代
mysql_create_db()	创建数据库。该函数已不再被重视，使用 SQL 语句 CREATE DATABASE 取而代之
mysql_data_seek()	在查询结果集中查找属性行编号
mysql_debug()	用给定的字符串执行 DBUG_PUSH
mysql_drop_db()	撤销数据库。该函数已不再被重视，使用 SQL 语句 DROP DATABASE 取而代之
mysql_dump_debug_info()	服务器将调试信息写入日志
mysql_eof()	确定是否读取了结果集的最后一行。该函数已不再被重视，可以使用 mysql_errno()或 mysql_error()取而代之
mysql_errno()	返回上次调用的 MySQL 函数的错误编号
mysql_error()	返回上次调用的 MySQL 函数的错误消息
mysql_escape_string()	为了用在 SQL 语句中，对特殊字符进行转义处理
mysql_fetch_field()	返回下一个表字段的类型
mysql_fetch_field_direct()	给定字段编号，返回表字段的类型
mysql_fetch_fields()	返回所有字段结构的数组
mysql_fetch_lengths()	返回当前行中所有列的长度
mysql_fetch_row()	从结果集中获取下一行
mysql_field_seek()	将列光标置于指定的列
mysql_field_count()	返回上次执行语句的结果列的数目
mysql_field_tell()	返回上次 mysql_fetch_field()所使用字段光标的位置
mysql_free_result()	释放结果集使用的内存
mysql_get_client_info()	以字符串形式返回客户端版本信息
mysql_get_client_version()	以整数形式返回客户端版本信息
mysql_get_host_info()	返回描述连接的字符串
mysql_get_server_version()	以整数形式返回服务器的版本号
mysql_get_proto_info()	返回连接所使用的协议版本
mysql_get_server_info()	返回服务器的版本号
mysql_info()	返回关于最近所执行查询的信息
mysql_init()	获取或初始化 MySQL 结构

续表

API	作　用
mysql_insert_id()	返回上一个查询为 AUTO_INCREMENT 列生成的 ID
mysql_kill()	杀死给定的线程
mysql_library_end()	最终确定 MySQL C API 库
mysql_library_init()	初始化 MySQL C API 库
mysql_list_dbs()	返回与简单正则表达式匹配的数据库名称
mysql_list_fields()	返回与简单正则表达式匹配的字段名称
mysql_list_processes()	返回当前服务器线程的列表
mysql_list_tables()	返回与简单正则表达式匹配的表名
mysql_more_results()	检查是否还存在其他结果
mysql_next_result()	在多语句执行过程中返回/初始化下一个结果
mysql_num_fields()	返回结果集中的列数
mysql_num_rows()	返回结果集中的行数
mysql_options()	为 mysql_connect()设置连接选项
mysql_ping()	检查与服务器的连接是否工作，如有必要重新连接
mysql_query()	执行指定为“以 Null 终结的字符串”的 SQL 查询
mysql_real_connect()	连接到 MySQL 服务器
mysql_real_escape_string()	考虑到连接的当前字符集，为了在 SQL 语句中使用，对字符串中的特殊字符进行转义处理
mysql_real_query()	执行指定为计数字符串的 SQL 查询
mysql_refresh()	刷新或复位表和高速缓冲
mysql_reload()	通知服务器再次加载授权表
mysql_rollback()	回滚事务
mysql_row_seek()	使用从 mysql_row_tell( )返回的值，查找结果集中的行偏移
mysql_row_tell()	返回行光标位置
mysql_select_db()	选择数据库
mysql_server_end()	最终确定嵌入式服务器库
mysql_server_init()	初始化嵌入式服务器库
mysql_set_server_option()	为连接设置选项（如多语句）
mysql_sqlstate()	返回关于上一个错误的 SQL STATE 错误代码
mysql_shutdown()	关闭数据库服务器
mysql_stat()	以字符串形式返回服务器状态
mysql_store_result()	检索完整的结果集至客户端
mysql_thread_id()	返回当前线程 ID
mysql_thread_safe()	如果客户端已编译为线程安全的，返回 1
mysql_use_result()	初始化逐行的结果集检索
mysql_warning_count()	返回上一个 SQL 语句的告警数

附表 11　API 预处理语句

函　数	作　用
mysql_stmt_affected_rows()	返回由预处理语句 UPDATE、DELETE、INSERT 更新、删除或插入的行数目
mysql_stmt_attr_get()	获取预处理语句属性的值
mysql_stmt_attr_set()	设置预处理语句的属性
mysql_stmt_bind_param()	将应用程序数据缓冲与预处理 SQL 语句中的参数标记符关联
mysql_stmt_bind_result()	将应用程序数据缓冲与结果集中的列关联起来
mysql_stmt_close()	释放预处理语句使用的内存
mysql_stmt_data_seek()	寻找语句结果集中的任意行编号
mysql_stmt_errno()	返回上次语句执行的错误编号
mysql_stmt_error()	返回上次语句执行的错误消息
mysql_stmt_execute()	执行预处理语句
mysql_stmt_fetch()	从结果集获取数据的下一行，并返回所有绑定列的数据
mysql_stmt_fetch_column()	获取结果集当前行中某列的数据
mysql_stmt_field_count()	对于最近的语句，返回结果行的数目
mysql_stmt_free_result()	释放分配给语句句柄的资源
mysql_stmt_init()	为 MySQL_STMT 结构分配内存并初始化它
mysql_stmt_insert_id()	对于预处理语句的 AUTO_INCREMENT 列，返回生成的 ID
mysql_stmt_num_rows()	从语句缓冲结果集返回总行数
mysql_stmt_param_count()	返回预处理 SQL 语句中的参数数目
mysql_stmt_param_metadata()	返回结果集的参数元数据
mysql_stmt_prepare()	为执行操作准备 SQL 字符串
mysql_stmt_reset()	复位服务器中的语句缓冲区
mysql_stmt_result_metadata()	以结果集形式返回预处理语句元数据
mysql_stmt_row_seek()	从 mysql_stmt_row_tell()返回的值，查找语句结果集中的行偏移
mysql_stmt_row_tell()	返回语句行光标位置
mysql_stmt_send_long_data()	将程序块中的长数据发送到服务器
mysql_stmt_sqlstate()	返回关于上次语句执行的 SQL STATE 错误代码
mysql_stmt_store_result()	将完整的结果集检索到客户端

附表 12　API 线程函数

函　数	作　用
my_init()	调用任何 MySQL 函数之前，需要在程序中调用该函数。它将初始化 MySQL 所需的某些全局变量。如果你正在使用线程安全客户端库，它还能为该线程调用 mysql_thread_init()
mysql_thread_init()	对于每个创建的线程，需要调用该函数来初始化与线程相关的变量。它可由 my_init()和 mysql_connect()自动调用
mysql_thread_end()	调用 pthread_exit()来释放 mysql_thread_init()分配的内存之前，需要调用该函数。注意，该函数不会被客户端库自动调用。必须明确调用它以避免内存泄漏
mysql_thread_safe()	该函数指明了客户端是否编译为线程安全的

附表 13 API 嵌入式服务器函数

函　数	作　用
mysql_server_init()	调用任何其他 MySQL 函数之前，必须在使用嵌入式服务器的程序中调用该函数
mysql_server_end()	在所有其他 MySQL 函数后，在程序中必须调用该函数一次。它将关闭嵌入式服务器

附录 D　MySQL 编程简介

1. 什么是存储程序

数据库存储程序又称存储模块或者存储例程——一种被数据库服务器所存储和执行的计算机程序（有一系列不同的称呼），存储程序的源代码（有时）可能是二进制编译版本几乎总是占据着数据库服务器系统的表空间，程序总是位于其数据库服务器的进程或线程的内存地址中被执行。

主要有三种类型的数据库存储程序：

① 存储过程：存储过程是最常见的存储程序，存储过程是能够接受输入和输出参数并且能够在请求时被执行的程序单元。

② 存储函数：存储函数和存储过程很像，但是它的执行结果会返回一个值。最重要的是存储函数可以被用来充当标准的 SQL 语句，允许程序员有效地扩展 SQL 语言的能力。

③ 触发器：触发器是用来响应激活或者数据库行为事件的存储程序，通常，触发器用来作为 DML（数据库操纵语言）的响应而被调用，触发器可以被用来作为数据校验和自动反向格式化。

2. 创建存储过程

使用 CREATE PROCEDURE，CREATE FUNCTION ，或者 CREATE TRIGGER 语句来创建存储程序，可以把这些语句直接输入 MySQL 命令行。基本格式为：

```
delimiter $
create procedure sp_name ([参数1,参数2…])
begin
执行体
end
delimiter ;
```

其中，create procedure 为用来创建存储过程的关键字。sp_name 为存储过程的名称。begin...end 为存储过程执行代码的开始和结束关键字，里面的执行体可以写多条 sql。

3. 使用存储过程

```
call 存储过程名称();
```

4. 变量

本地变量可以用 DECLARE 语句进行声明。变量名称必须遵循 MySQL 的列名规则，并且可以是 MySQL 内建的任何数据类型。可以用 DEFAULT 子句给变量赋一个初始值，并且可以用 SET 语句给变量赋一个新值。

（1）声明局部变量的语法

```
declare var_name [, var_name]... data_type [ default value ];
```

declare 为声明变量的关键字，var_name 为局部变量的名称，data_type 为变量的数据类型（MySQL 的全部数据类型都可以使用），default value 给变量提供一个默认值，否则为 null。

（2）局部变量赋值

语法 1：set 为变量赋值

```
set var_name=expr [, var_name=expr]...;
```

expr 为变量的值，也可以是一个表达式。

语法 2： SELECT INTO 为变量赋值

```
select <数据表字段名>[,...] into <变量名称>[,...] table_expr [WHERE...];
```

（3）创建全局变量

语法 1：set @name:=value;

语法 2：select @name:=value,@name:=value....;

5. 参数

参数的设置语法：

```
create procedure 名称([in|out|inout] 参数名称 type...)
```

type 表示参数的数据类型，MySQL 全部数据类型都可以使用。

in：输入参数，可以是常量，也可以是变量。可以向存储过程传递信息，存储过程内部可以接收实参信息。如果是变量，在存储过程中做了修改，则外部感觉不到，仍然保持原值（值传递）。

out：输出参数，必须是变量。在存储过程内部，该参数初始值为 null，忽略调用者传递进来的信息。并且存储内部对该变量做了修改，外部也能访问到，类似“引用传递”。

inout：输入/输出参数，必须是变量。可以向存储过程内部传递信息，如果存储过程内部值被改变，则从外部可以感知到。该参数与 out 类似，都可以从存储过程内部传值给外部。

6. 流程控制

（1）If 分支

语法：

```
if 判断表达式
  then 表述;
elseif 判断表达式
  then 表述;
else
  表述;
end if;
```

（2）case 分支

语法 1：

```
case 表达式
when 值 then 表述
when 值 then 表述
else 表述
end case
```

语法 2：

```
case
when 判断表达式 then 表述
when 判断表达式 then 表述
```

```
else 表述
end case
```

（3）while 循环

语法：

```
while 表达式 do
  循环体
end while
```

（4）REPEAT...UNTIL 循环

REPEAT...UNTIL 循环用于创建一直重复直到遇到某些逻辑条件才终止的循环。

```
REPEAT
    表述
UNTIL 表达式
END REPEAT
```

（5）LEAVE 语句

LEAVE 语句用于终止循环。

```
LEAVE 块名称;
```

（6）ITERATE 语句

ITERATE 语句用来重新从循环头部开始执行。

```
ITERATE 块名称;
```

7．游标

MySQL 中可以使用游标来实现查询多条记录数据，游标允许将一个或者多个 SQL 结果集放进存储程序变量中，通常用来执行结果集中各个单记录的处理。

（1）声明游标

```
declare 游标名称 cursor for  <sql 语句>
```

（2）打开游标

```
open 游标名称;
```

（3）获得游标中的具体数据信息

```
fetch 游标名称 into 参数 1,参数 2,参数 3…
```

（4）关闭游标

```
close 游标名称;
```

8．查看存储过程

（1）查看存储过程的状态

```
show procedure status like 存储过程名称\G;
```

（2）查看创建存储过程的信息

```
show create procedure 存储过程名称\G;
```

（3）查看所有存储过程的信息

```
select * from mysql.proc;
```

9．删除存储过程

```
drop procedure [if exists] 名称;
```

参 考 文 献

[1] 王珊，萨师煊．数据库系统概论[M]．5 版．北京：高等教育出版社，2014.

[2] 钱雪忠，王燕玲，张平．MySQL 数据库技术与实验指导[M]．北京：清华大学出版社，2012.

[3] 黄靖．全国计算机等级考试二级教程：MySQL 数据库程序设计[M]．北京：高等教育出版社，2017.

[4] 聚慕课教育研发中心．MySQL 从入门到项目实践[M]．北京：清华大学出版社，2018.

[5] 西泽梦路．MySQL 基础教程[M]．卢克贵，译．北京：人民邮电出版社，2020.

[6] 肖海蓉，任民宏．数据库原理与应用[M]．北京：清华大学出版社，2016.

[7] 李莉，宋晏．Java 语言程序设计[M]．北京：清华大学出版社，2018.

[8] 唐汉明，翟振兴，关宝军．深入浅出 MySQL 数据库开发优化与管理维护[M]．3 版．北京：人民邮电出版社，2019.